机械结构分析与设计

主　　编　韦　林　杨小红
副 主 编　邓海英　林　泉　欧艳华
主　　审　林若森

北京理工大学出版社
BEIJING INSTITUTE OF TECHNOLOGY PRESS

内容简介

本书是根据高职机械类专业教学改革实践,对传统的力学和机械设计基础教材进行整合,并结合多年教学经验编写而成的。全书分为3个项目,共12章,主要内容包括:平面机构的结构分析、平面连杆机构、凸轮机构、带传动与链传动、齿轮传动、轴及其零部件、连接、轴承、构件与机构的静力分析、构件的变形及强度计算、机械传动及零部件设计等。

本书可作为高职院校机械类、近机类机械基础和机械设计基础课程教材,也可供相关工程技术人员参考。

版权专有　侵权必究

图书在版编目（CIP）数据

机械结构分析与设计/韦林,杨小红主编.—北京:北京理工大学出版社,2019.7重印
　ISBN 978 – 7 – 5640 – 2708 – 7

Ⅰ.机… Ⅱ.①韦…②杨… Ⅲ.机械设计:结构设计 – 高等学校:技术学校 – 教材　Ⅳ.TH122

中国版本图书馆 CIP 数据核字（2009）第 150802 号

出版发行 /	北京理工大学出版社有限责任公司
社　　址 /	北京市海淀区中关村南大街5号
邮　　编 /	100081
电　　话 /	（010）68914775（总编室）
	（010）82562903（教材售后服务热线）
	（010）68948351（其他图书服务热线）
网　　址 /	http://www.bitpress.com.cn
经　　销 /	全国各地新华书店
印　　刷 /	三河市华骏印务包装有限公司
开　　本 /	710毫米×1000毫米　1/16
印　　张 /	21.75
字　　数 /	342千字
版　　次 /	2019年7月第1版第9次印刷
定　　价 /	59.00元

责任编辑 / 赵　岩
文案编辑 / 赵　岩
责任校对 / 陈玉梅
责任印制 / 边心超

图书出现印装质量问题,请拨打售后服务热线,本社负责调换

出版说明

21世纪是科技全面创新和社会高速发展的时代，面临这个难得的机遇和挑战，本着"科教兴国"的基本战略，我国已着力对高等学校进行了教学改革。为顺应国家对于培养应用型人才的要求，满足社会对高校毕业生的技能需要，北京理工大学出版社特邀一批知名专家、学者进行了本系列规划教材的编写，以期能为广大读者提供良好的学习平台。

本系列规划教材面向机电类相关专业。作者在编写之际，广泛考察了各校应用型学生的学习实际，本着"实用、适用、先进"的编写原则和"通俗、精炼、可操作"的编写风格，以学生就业所需的专业知识和操作技能为着眼点，力求提高学生的实际运用能力，使学生更好地适应社会需求。

一、教材定位

- 以就业为导向，培养学生的实际运用能力，以达到学以致用的目的。
- 以科学性、实用性、通用性为原则，以使教材符合机电类课程体系设置。
- 以提高学生综合素质为基础，充分考虑对学生个人能力的提高。
- 以内容为核心，注重形式的灵活性，以便学生易于接受。

二、编写原则

- 定位明确。本系列教材所列案例均贴合工作实际，以满足广大企业对于机电类专业应用型人才实际操作能力的需求，增强学生在就业过程中的竞争力。
- 注重培养学生职业能力。根据机电类专业实践性要求，在完成基础课的前提下，使学生掌握先进的机电类相关操作软件，培养学生的实际动手能力。

三、丛书特色

- 系统性强。丛书各教材之间联系密切，符合各个学校的课程体系设置，为学生构建牢固的知识体系。
- 层次性强。各教材的编写严格按照由浅及深，循序渐进的原则，重点、难点突出，以提高学生的学习效率。
- 先进性强。吸收最新的研究成果和企业的实际案例，使学生对当前专业发展方向有明确的了解，并提高创新能力。
- 操作性强。教材重点培养学生的实际操作能力，以使理论来源于实践，并最大限度运用于实践。

北京理工大学出版社

序

随着我国高等教育的迅速发展，高等职业教育按原有模式进行改良式的零敲碎打的改革已经不能满足形势发展要求，高职院校基于自身发展和高职生源特点的需要，无不积极投入全面的教学改革。从2007年下半年开始，全国各示范性高职院校都不同程度地进行基于工作过程的课程教学改革，有的已进行了近两年的重点课程试验并取得了显著的效果。为了适应我国高等职业教育改革迅速发展的形势需要，广西高职教育应该以骨干高职院校为主体、以示范性高职院校为榜样，各高职院校尤其是骨干高职院校的相关专业教学系要加强联系与交流，团结奋斗、共同进步，促进广西高职教育快速和谐发展，把广西的高职教学改革推向全国前列。

正是在上述形势和理念推动下，从2008年3月开始，北京理工大学出版社与广西高职院校开始了一系列的合作，组建了北京理工大学出版社广西区高等职业教育专家委员会，成立了机电与汽车类、电子信息及自动化类精品系列规划教材编委会，召开了专家委员会工作会议、编委会工作会议、主编工作会议、工作过程系统化课程与教材建设研讨会等一系列有广西17所高职高专院校参加的教材建设活动，催生了第一批21世纪高等职业教育精品课程示范性规划教材。

通过这一系列的建设活动，大家有了共同的认识：我国高等职业教育最近10年走过的历程有本科压缩型、多元整合型、行动引导型三个阶段，目前正向工作过程导向型发展；行动引导型和工作过程导向型教学模式是一脉相承的，前者是后者的前导阶段，后者是前者的发展目标，一个专业或一门课目一旦全面完成行动引导型，就在实际上实现了工作过程导向型。行动引导型教学法以职业活动为导向，以提高人的职业能力为核心，脑手并用，行知结合，适应能力本位的教育方向，使职业教育更适应我国的经济发展对高技能人才的需要、适应新形势发展需要，最适合职业教育的特点和条件。

广西大部分骨干高职院校目前只处在多元整合型向行动引导型过渡的阶段，有些高职院校还处于本科压缩型向多元整合型过渡的阶段。为了促进广西高职教育快速和谐发展，适应教学改革形势的需要，本批教材分A型、B型、C型三大类，要求反映我国高职教育近几年的改革成果，具有鲜明的高等职业教育特色。

1.A型教材，主要是针对内容比较单一的教材，要求采用行动引导型教学法组织教学内容。重点是符合高等职业教育教学目标和特点，以能力为本位，以应用为目的，以必需、够用为度。力求精炼明了、通俗易懂，注重对学生基本技能的训练和综合分析能力的培养，避免繁琐抽象的公式推导和冗长的过程叙述。

2.B型教材，主要是针对经过多元整合的综合性课程，要求全面贯彻行动引导型教学法和适用于做、学、教一体化教学模式。因材施教，遵循高等应用型专门人才的认识规律，以开发智力和调动学习积极性为目的，以添加案例和实验/实训项目为手段，形成理论、设计计算、实验/实训一体化教材。

3.C型教材，要求做到工作过程系统化建设。即首先基于工作过程建立专业课程体系和明确课程标准之后再进行具体的教材建设。

应该看到，我区高职高专的师资队伍年轻化较为严重，不同程度地存在照本宣科现象。本批教材的出版发行，一方面解决了各高职高专院校需要相关教材的燃眉之急；另一方面对我区乃至全国的高职高专教育教学改革将起到积极的推动作用。

北京理工大学出版社广西区高等职业教育专家委员会主任　梁建和教授

北京理工大学出版社
广西区高等职业教育专家委员会

主　任：	梁建和	教授	广西水利电力职业技术学院
副主任：	卢勇威	副教授	广西职业技术学院
	林若森	教授	柳州职业技术学院
	邓海鹰	副教授	广西水利电力职业技术学院
	诸小丽	教授	南宁职业技术学院
	叶克力	副教授	广西机电职业技术学院
	刘孝民	教授	广西航天工业高等专科学校
委　员：	田佩林	教授	南宁职业技术学院
	黄卫萍	教授	广西农业职业技术学院
	孙　凯	教授	广西水利电力职业技术学院
	韦余苹	副教授	桂林理工大学南宁分院
	张海燕	副教授	广西电力职业技术学院
	曹　坚	副教授	广西工业职业技术学院
	罗　建	副教授	柳州铁道职业技术学院
	谭琦耀	副教授	广西现代职业技术学院
	覃　群	副教授	广西机电职业技术学院
	唐冬雷	副教授	柳州职业技术学院
	黄锦祝	副教授	广西机电职业技术学院
	韦　抒	副教授	广西电力职业技术学院
	禤旭旸	高级技师	邕江大学
	廖建辉	高级技师	广西职业技术学院

北京理工大学出版社
广西区高等职业教育机电与汽车类教材编委会

主　任：	梁建和	教授	广西水利电力职业技术学院
副主任：	林若森	教授	柳州职业技术学院
	诸小丽	教授	南宁职业技术学院
	叶克力	副教授	广西机电职业技术学院
委　员：	黄卫萍	教授	广西农业职业技术学院
	陈伟珍	教授	广西水利电力职业技术学院
	韦余苹	副教授	桂林理工大学南宁分院
	曹　坚	副教授	广西工业职业技术学院
	罗　建	副教授	柳州铁道职业技术学院
	谭琦耀	副教授	广西现代职业技术学院
	覃　群	副教授	广西机电职业技术学院
	卢　明	副教授	柳州职业技术学院
	蒋运劲	副教授	广西交通职业技术学院
	陈炳森	高级实验师	广西水利电力职业技术学院
	陈国庆	副教授	广西电力职业技术学院
	谭克诚	讲师	柳州铁道职业技术学院
	禤旭旸	高级技师	邕江大学
	廖建辉	高级技师	广西职业技术学院
	林灿东	副教授	百色职业学院
	覃惠芳	副教授	北海职业学院
	苏庆波	副教授	贵港职业学院

前　言

随着高职教育教学改革的不断深入，办学理念和教学目标的逐渐明晰，目前机械设计基础课程的教学已经从"理论＋实践（课程设计）"的简单叠加模式转变为"情境化"和"任务驱动"模式，在内容上从单一的机构、机械零件的讲授转变为从机械系统出发来认识机构和机械零件，在机械零件设计中贯穿力学分析和强度计算理论知识的方式。因此，原来所使用的课程综合化教材是按学科体系来编排的，内容之间缺乏内在的联系，没有能够从整体上来认识和分析机械系统的构成，已不能很好地指导教师及学生进行课程的学习，必须根据新的教学目标和模式重新编写。本书适用于高等院校机械类、近机类机械设计基础课程教材，课内参考学时数为90～120学时。

本书的特点如下：

（1）本教材体现了基于工作过程的课程设计思想，设计了系列实践项目贯穿课程教学。

（2）课程内容编排改变了原来按照机构、零件类型来分章节的模式，而是按照机构认知、机械零件认知再到机械传动系统分析、传动装置及零部件设计的编排方式，符合从感性到理性的认知规律。

（3）对于机构认知、机械零件认知及机械传动系统分析，均选用具体的机械（机器）为载体，从机械系统整体上来进行学习，避免出现"只见树木，不见森林"的弊端。

（4）对于机械零件设计，从静力学和材料力学作为切入点讲解，使力学知识有机融入零件设计，重在力学应用，而不是研究原理和推导，符合培养应用型人才的目标。

参加本书编写工作的有：柳州职业技术学院韦林、邓海英、林泉、欧艳华、苏磊、梁永江、莫文锋、陈勇棠；南宁职业技术学院杨小红；广西电力职业技术学院黄小玲。其中，黄小玲编写第1章、第2章，韦林编写第11章，杨小红编写第3章，邓海英编写第4章，林泉、欧艳华编写第5章，梁永江编写第6章，陈新编写第7章、第8章；苏磊编写第9章、第10章，莫文峰、陈勇棠编写第

12章。全书由柳州职业技术学院韦林统稿。

柳州职业技术学院林若森教授对本书进行了审稿,并在审阅过程中对书稿提出了许多宝贵的修改意见。

本书在编写过程中,得到了北京理工大学出版社、柳州职业技术学院教务处的诸多支持和热情帮助,在此一并表示感谢。

由于高等职业教育教学改革还将不断地深化进行,编者的水平有限,疏漏之处在所难免,教材的完善尚需一个较长的过程,恳请广大读者批评指正。

编 者

目 录

项目1 机构认知 ·· 1
第1章 机械的组成 ·· 1
　1.1 机器与机构 ·· 1
　1.2 构件与零件 ·· 3
第2章 平面机构运动简图及自由度 ·· 4
　2.1 运动副及其分类 ·· 4
　　2.1.1 运动副的概念 ·· 4
　　2.1.2 运动副的分类 ·· 4
　　2.1.3 自由度和运动副约束 ··· 6
　2.2 平面机构的运动简图 ·· 6
　　2.2.1 运动副及构件的表示方法 ··· 6
　　2.2.2 机构的组成 ··· 8
　　2.2.3 平面机构运动简图的绘制 ··· 8
　2.3 平面机构的自由度 ··· 9
　　2.3.1 机构的自由度 ··· 10
　　2.3.2 计算平面机构自由度应注意的事项 ·· 11
第3章 常用机构分析 ·· 16
　3.1 平面连杆机构 ·· 16
　　3.1.1 铰链四杆机构的组成和基本类型 ··· 16
　　3.1.2 铰链四杆机构基本类型的判别 ·· 19
　　3.1.3 铰链四杆机构的演化 ·· 20
　　3.1.4 四杆机构的基本特性 ·· 23
　　3.1.5 平面四杆机构的设计 ·· 27
　3.2 凸轮机构 ·· 30
　　3.2.1 凸轮机构的组成、应用及分类 ·· 30
　　3.2.2 从动件常用运动规律 ·· 32
　　3.2.3 凸轮轮廓设计 ··· 36
　　3.2.4 凸轮工作轮廓的校核 ·· 38
　　3.2.5 凸轮机构常用材料及结构 ·· 41
　3.3 螺旋机构 ·· 42
　　3.3.1 螺旋机构的特点及应用 ··· 42

   3.3.2　螺纹的形成、类型及主要参数 43
   3.3.3　螺旋机构的工作原理及类型 46
  3.4　间歇运动机构 48
   3.4.1　棘轮机构 49
   3.4.2　槽轮机构 51

实践项目1　平面机构运动简图的绘制 54
 一、目的 54
 二、要求 54
 三、设备和工具 54
 四、步骤和方法 54

实践项目2　一种产品的机械结构分析 55
 一、目的 55
 二、任务要求 55
 三、实施步骤 55
 四、选题参考 55

项目2　机械传动系统分析 57
 第4章　简单机械传动系统分析 57
  4.1　机械传动系统概述 57
  4.2　带传动 58
   4.2.1　带传动的工作原理 58
   4.2.2　带传动的主要类型及特点 59
   4.2.3　带传动的工作能力分析 61
   4.2.4　带传动的弹性滑动与传动比 62
   4.2.5　带传动的张紧、安装和维护 63
  4.3　链传动 65
   4.3.1　链传动概述 65
   4.3.2　滚子链和链轮 66
   4.3.3　链传动的布置与维护 69
  1.4　圆柱齿轮传动 71
   4.4.1　齿轮传动的特点和类型 71
   4.4.2　渐开线标准直齿圆柱齿轮的基本参数和几何尺寸计算 72
   4.4.3　渐开线标准直齿圆柱齿轮的啮合传动 76
   4.4.4　内齿轮与齿条 82
   4.4.5　切齿原理和根切现象 83
   4.4.6　渐开线斜齿圆柱齿轮传动 87
  4.5　圆锥齿轮与涡轮蜗杆传动 92

4.5.1	圆锥齿轮传动	……	92
4.5.2	蜗杆传动	……	94

4.6 轮系及减速器 …… 101
- 4.6.1 轮系概述 …… 101
- 4.6.2 定轴轮系传动比及转速的计算 …… 102
- 4.6.3 周转轮系及其传动比 …… 105
- 4.6.4 混合轮系及其传动比 …… 107
- 4.6.5 减速器 …… 109

第5章 连接及轴系结构分析 …… 116

5.1 连接 …… 116
- 5.1.1 螺纹连接 …… 117
- 5.1.2 键连接 …… 123
- 5.1.3 销连接 …… 127
- 5.1.4 联轴器与离合器 …… 127

5.2 轴及轴承 …… 134
- 5.2.1 轴的分类 …… 134
- 5.2.2 轴的结构及轴上零件的定位 …… 135
- 5.2.3 轴承 …… 139

第6章 复杂机械传动系统分析 …… 149

6.1 机床常用的机械传动装置 …… 149
- 6.1.1 机床的传动形式 …… 149
- 6.1.2 机床常用的机械传动装置 …… 150

6.2 机床传动原理及传动系统分析 …… 155
- 6.2.1 CA6140卧式车床功能及结构组成 …… 155
- 6.2.2 传动链及机床传动原理 …… 156
- 6.2.3 机床传动系统分析 …… 158
- 6.2.4 机床转速分布图 …… 165

6.3 CA6140卧式车床主轴箱的主要结构 …… 166
- 6.3.1 卸荷式带轮 …… 166
- 6.3.2 双向式多片摩擦离合器及制动机构 …… 166
- 6.3.3 滑移齿轮的操纵机构 …… 169
- 6.3.4 主轴部件的结构及轴承的调整 …… 170
- 6.3.5 主轴箱中各传动件的润滑 …… 171

实践项目1 渐开线直齿圆柱齿轮的参数测定 …… 174
- 一、实践目的 …… 174
- 二、实践项目内容 …… 174

三、设备和工具 ·· 174
　　四、步骤 ·· 174
实践项目2　减速器拆装 ···································· 175
　　一、实践目的 ·· 175
　　二、实践项目内容 ·· 175
　　三、设备和工具 ·· 175
　　四、步骤和方法 ·· 176
实践项目3　车床主轴箱传动系统分析 ························ 177
　　一、实践目的 ·· 177
　　二、实践项目内容 ·· 177
　　三、设备及工具 ·· 177
　　四、步骤和方法 ·· 178

项目3　传动装置及零部件设计 ·································· 179
第7章　构件受力分析 ··· 179
7.1　静力学基本概念和公理 ····································· 179
　　7.1.1　力的概念 ··· 179
　　7.1.2　静力学基本公理 ······································· 180
7.2　约束和约束反力 ··· 182
　　7.2.1　柔索约束 ··· 183
　　7.2.2　光滑接触面约束 ······································· 183
　　7.2.3　光滑圆柱铰链约束 ····································· 183
7.3　物体的受力分析和受力图 ··································· 185
7.4　力的投影、力矩及力偶 ····································· 188
　　7.4.1　力在平面直角坐标轴上的投影 ··························· 188
　　7.4.2　力矩及合力矩定理 ····································· 189
7.5　平面一般力系的简化与平衡方程 ····························· 192
　　7.5.1　平面任意力系向一点简化——主矢和主矩 ················· 192
　　7.5.2　平面任意力系的平衡条件和平衡方程 ····················· 195
　　7.5.3　平面力系的几种特殊情况 ······························· 196
　　7.5.4　物体系统的平衡问题 ··································· 198
7.6　考虑摩擦力时平衡问题的解法 ······························· 201
　　7.6.1　滑动摩擦定律 ··· 201
　　7.6.2　考虑滑动摩擦时的平衡问题 ····························· 202
7.7　空间力系 ··· 203
　　7.7.1　力在空间直角坐标轴上的投影 ··························· 204
　　7.7.2　空间力对轴之矩 ······································· 204

7.7.3 空间任意力系的平衡条件和平衡方程 ………………………… 205

第8章 构件基本变形和强度分析 ……………………………………… 212
8.1 承载能力分析基本知识 …………………………………………… 212
8.1.1 变形体基本假设 ………………………………………………… 212
8.1.2 内力与应力 ……………………………………………………… 213
8.1.3 构件的基本变形 ………………………………………………… 215
8.1.4 机械零件的失效 ………………………………………………… 215
8.2 轴向拉伸与压缩变形 ……………………………………………… 217
8.2.1 轴向拉伸与压缩的概念 ………………………………………… 217
8.2.2 拉压杆的内力和应力 …………………………………………… 217
8.2.3 拉（压）杆件的强度计算 ……………………………………… 221
8.3 剪切与挤压 ………………………………………………………… 225
8.3.1 剪切实用计算 …………………………………………………… 225
8.3.2 挤压实用计算 …………………………………………………… 227
8.4 扭转 ………………………………………………………………… 229
8.4.1 基本概念 ………………………………………………………… 229
8.4.2 外力偶矩的计算、扭矩和扭矩图 ……………………………… 230
8.4.3 传动轴扭转时的应力与强度计算 ……………………………… 231
8.5 弯曲 ………………………………………………………………… 235
8.5.1 固定心轴平面弯曲的概念和实例 ……………………………… 235
8.5.2 梁的计算简图 …………………………………………………… 235
8.5.3 梁的弯曲内力（剪力和弯矩） ………………………………… 236
8.5.4 固定心轴的强度 ………………………………………………… 240
8.6 弯扭组合强度计算 ………………………………………………… 243

第9章 传动装置的总体设计 ……………………………………………… 248
9.1 机械设计的一般程序 ……………………………………………… 248
9.2 传动装置的总体设计 ……………………………………………… 250
9.2.1 传动方案的确定 ………………………………………………… 250
9.2.2 电动机的选择及运动和动力参数计算 ………………………… 252

第10章 带传动与链传动设计 …………………………………………… 259
10.1 V带传动设计 ……………………………………………………… 259
10.1.1 带传动的应力分析及失效形式 ……………………………… 259
10.1.2 V带的规格 …………………………………………………… 261
10.1.3 V带传动设计原始数据及设计内容 ………………………… 262
10.1.4 V带传动的设计步骤和参数选择 …………………………… 263
10.2 链传动设计 ……………………………………………………… 269

  10.2.1 滚子链传动的失效形式 ·· 269
  10.2.2 传动参数的选择 ·· 269
  10.2.3 滚子链的设计、计算 ·· 270

第 11 章　齿轮传动设计 ·· 273
 11.1 圆柱齿轮传动设计 ··· 273
  11.1.1 轮齿的失效分析 ·· 273
  11.1.2 齿轮常用材料、热处理方法及传动精度 ······························· 275
  11.1.3 标准直齿圆柱齿轮传动的设计、计算 ································· 278
  11.1.4 标准斜齿圆柱齿轮传动的设计、计算 ································· 287
  11.1.5 圆柱齿轮的结构设计 ·· 291
  11.1.6 圆柱齿轮传动的润滑设计 ·· 292
 11.2 直齿圆锥齿轮传动设计 ··· 293
  11.2.1 直齿锥齿轮传动的受力分析 ·· 293
  11.2.2 直齿锥齿轮传动的设计、计算 ··· 294
  11.2.3 直齿圆锥齿轮的结构设计 ·· 294

第 12 章　轴系结构设计 ·· 297
 12.1 轴的结构设计 ··· 297
  12.1.1 轴的材料 ··· 297
  12.1.2 轴的设计、计算 ·· 298
 12.2 键连接设计 ·· 306
  12.2.1 键连接的选择 ··· 306
  12.2.2 键连接的强度校核 ··· 307
 12.3 滚动轴承的组合设计 ··· 309
  12.3.1 滚动轴承的失效形式及计算准则 ······································ 309
  12.3.2 滚动轴承的寿命计算 ·· 310
  12.3.3 轴承的寿命计算 ·· 312
  12.3.4 滚动轴承的组合设计 ·· 318
  12.3.5 滚动轴承的润滑与密封 ··· 321

实践项目 ·· 325
 设计任务书 1 ·· 325
  一、设计题目 ·· 325
  二、工作条件及设计要求 ·· 325
  三、原始技术数据 ·· 325
  四、设计任务 ·· 326
 设计任务书 2 ·· 326
  一、设计题目 ·· 326

  二、工作条件及设计要求 ………………………………………… 326
  三、原始技术数据 ………………………………………………… 326
  四、设计任务 ……………………………………………………… 326
 设计任务书 3 …………………………………………………………… 327
  一、设计题目 ……………………………………………………… 327
  二、工作条件及设计要求 ………………………………………… 327
  三、原始技术数据 ………………………………………………… 328
  四、设计任务 ……………………………………………………… 328
 设计任务书 4 …………………………………………………………… 328
  一、设计题目 ……………………………………………………… 328
  二、工作原理 ……………………………………………………… 328
  三、原始数据 ……………………………………………………… 328
  四、设计任务 ……………………………………………………… 329
  五、设计完成工作量 ……………………………………………… 329
参考文献 ……………………………………………………………… 330

项目 1 机构认知

第 1 章 机械的组成

学习目标
- 能说出机械、机器、机构、构件、零件的概念。
- 能辨别出具体的机械（器）的组成。

学习建议
- 课堂上学习机械、机器、机构、构件、零件的概念等知识。
- 通过观察和思考日常生活中碰到的机械，加深对机械概念的理解。

分析与探究

无论是在日常生活中，还是在企业的生产中，随处都可以看到各种各样的机器，如家里使用的洗衣机、马路上飞驰的汽车、建筑工地上的挖掘机等。虽然这些机器的性能、结构和用途各不相同，但是它们都具有一些共同的基本特征，本章将学习机械（器）的特征及其组成。

1.1 机器与机构

机械是工程中对机器与机构的统称。

图 1-1 所示为单缸内燃机，它的主要组成部分有：汽缸体 1、活塞 2、连杆 3、曲轴 4、齿轮 5 和 6、凸轮 7、顶杆 8 等。该内燃机的工作过程是：活塞下行，进气阀打开，燃气被吸入汽缸；活塞上行，进气阀关闭，压缩燃气 点火后，燃气燃烧膨胀推动活塞下行，经连杆带动曲轴输出转动；活塞上行，排气阀打开，排出废气。活塞的往复移动通过连杆 3 转变为曲轴 4 的连续转动。内燃机以燃料燃烧的化学能为动力，通过燃气在气缸内的进气、压缩、爆燃、排气过程，将燃料的化学能转换为曲轴转动的机械能。

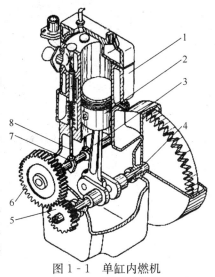

图 1-1 单缸内燃机

尽管机器种类繁多,形式多样,用途各异,但都具有如下共同的特征:

(1) 都是人为的实物组合;
(2) 机器各组成部分之间具有确定的相对运动;
(3) 能实现能量的转换或完成有用的机械功。

凡具备上述三个特征的实物组合称为机器,仅具备前两个特征的组合体称为机构。

从组成上看,机器是由机构组成的,一台机器可以含有一个机构,也可以包含多个机构。图1-1所示的内燃机中,就含有连杆机构、齿轮机构和凸轮机构等多个机构。从功能上讲,机器能完成有用的机械功或完成能量形式的转换,而机构主要用于传递和转换运动。若单从运动观点来看,机器和机构并无区别。

从运动和动力传递的路线来对机械各个功能部分进行分析,机械由以下几部分组成:原动机部分、传动部分和工作机部分。原动机是机械的动力来源,常用的原动机有电动机、内燃机、液压机等。传动部分处于原动机和工作机之间,其作用是把原动机的运动和动力传递给工作机。工作机是完成工作、任务的部分,处于整个传动路线的终端。

图1-2所示为牛头刨床,它由床身、滑枕、刨刀、工作台、齿轮带轮、导杆、滑块等组成。电动机安装在床身上,电动机启动后,通过带传动和齿轮传动,使偏心销跟随大齿轮一起转动,通过偏心销及其上的滑块带动导杆做往复运

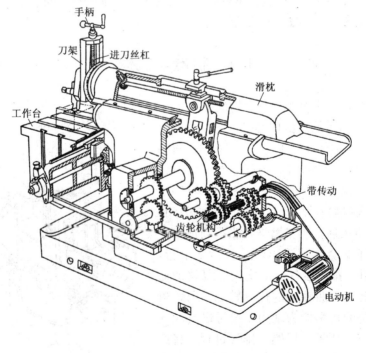

图1-2 牛头刨床

动，再通过铰链连接使滑枕沿床身的导轨做往复移动，完成切削工作。此例中原动机即电动机，传动部分包含带传动、齿轮传动、导杆机构等，工作机即刀架。

随着微电子技术的发展，现代机械又增加了检测部分和控制部分，使机械的结构、功能达到了更高和更新的水平。

1.2 构件与零件

从运动的角度看，机器是由若干个运动的单元组成，这些运动单元称为构件。构件一般由若干个零件刚性连接而成，也可以是一个单一零件。如图1-3所示的内燃机连杆构件，由连杆体1、螺栓2、螺母3、开口销4、连杆盖5、轴瓦6和轴套7刚性连接在一起组成，组成构件的各元件之间没有相对运动，而是形成一个整体，与其他构件之间有相对运动。组成构件的每一个实物称为零件。

从制造的角度看，机器是由若干零件组装而成的，零件是构成机器的基本要素，是机器的最小制造单元。机器中的零件分为两类。一类是通用零件——在各类机器中普遍使用的零件，如螺钉、螺栓、螺母、轴、齿轮、轴承、弹簧等；另一类是专用零件——只在特定的机器中使用的零件，如内燃机的曲轴、连杆、活塞、汽轮机中的叶片、起重机的吊钩等。

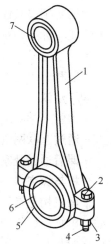

图1-3 内燃机连杆

在机器中，对于一套协同工作来完成共同任务的零件组合，称为部件。部件也可分为通用部件和专用部件，例如，减速器、轴承、联轴器等属于通用部件，而汽车转向器等则属于专用部件。

思考与练习

1-1 什么是机械？

1-2 试述机器与机构的区别，以及构件与零件的区别。

第 2 章 平面机构运动简图及自由度

学习目标
- 能说出运动副的概念,并辨别运动副的类型。
- 能辨别出具体机械(器)的运动副和构件。
- 能用标准的符号正确绘制机构运动简图,能正确地计算出机构的自由度。
- 通过完成实践项目,能与同学团结协作,共同完成任务,具有自主分析问题和解决问题的意识,具有革新意识和创造意识。

学习建议
- 课堂上学习运动副的概念、机构运动简图、自由度计算等知识。
- 通过互联网资源查找相关的学习资源。
- 课后通过观察和思考,发现日常生活中的机械结构问题。

分析与探究

平面机构是指组成机构的所有构件都在同一平面或相互平行的平面内运动,例如,单缸内燃机中的凸轮机构就是平面机构。由于机械的真实外形和具体结构往往比较复杂,为了便于分析和研究,通常用简单的线条和符号绘制出表达各构件间相对运动关系的简图——机构运动简图。

构件组合后要能成为机构,构件之间应当有确定的相对运动。讨论机构满足什么条件各构件间才能有确定的相对运动,对于分析现有机械或设计新的机构都具有十分重要的意义。本章将学习机构的表达方法及其具有确定运动的条件。

2.1 运动副及其分类

2.1.1 运动副的概念

机构中的每一构件都是以一定的方式与其他构件相互接触的,并形成一种可动的连接,从而使这两个构件的运动受到约束。两构件的这种既直接接触又能做一定的相对运动的可动连接称为运动副。例如,发动机中的气缸与活塞,既相互接触又允许活塞相对于气缸做往复直线运动,这种连接就是运动副。

2.1.2 运动副的分类

根据平面运动副的两构件间的接触形式不同,可分为低副和高副两类。

1. 低副

两构件通过面接触所形成的运动副称为低副，低副通常又可分为移动副和转动副两种。

1）转动副

两构件只能产生相对转动的运动副称为转动副。如图 2-1（a）所示，转动副限制了轴颈 2 沿 x 轴与 y 轴的移动，只允许轴颈绕轴承相对转动。

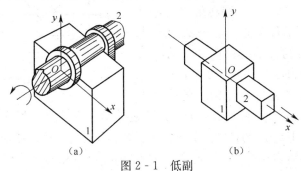

图 2-1 低副
(a) 转动副；(b) 移动副

2）移动副

两构件只能产生相对移动的运动副称为移动副。如图 2-1（b）所示，滑块与导向装置的连接，构件 1 与 2 以棱柱面相接触，由构件 2 观察，它限制构件 1 沿 y 方向相对移动，同时也限制了它相对于构件 2 的转动，保留一个独立的沿 x 方向的相对移动。滑动件与导轨、发动机的活塞与气缸的连接等都属于移动副。

2. 高副

两构件通过点或线接触所形成的运动副称为高副，常见的高副有凸轮副和齿轮副。如图 2-2 所示，图 2-2（a）为点接触，图 2-2（b）为线接触。在图 2-2（b）中，构件 1 可绕接触线转动且可沿切线 $t-t$ 方向移动，但构件 2 限制了构件 1 沿法线 $n-n$ 方向的移动。

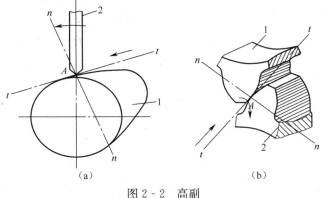

图 2-2 高副
(a) 点接触；(b) 线接触

2.1.3 自由度和运动副约束

如图 2-3 所示，在坐标系 xOy 平面内，若构件 1 是作平面运动的自由构件，则它可随其上的任意一点 A 沿 x 轴和 y 轴方向移动，以及绕 A 点转动。其瞬时位置由 3 个独立的参数 x_A、y_A 和转角 φ 值来确定。把构件相对于参考系具有的独立运动参数的数目称为构件的自由度。可见，一个作平面运动的自由构件具有 3 个自由度。

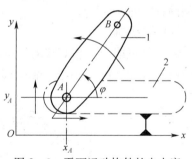

图 2-3 平面运动构件的自由度

若构件 1 以某种方式与图中的构件 2（这里的构件 2 与坐标系固连在一起）形成运动副，例如，它在 A 点用铰链连接起来，则构件 1 上点 A 的移动参数 x_A、y_A 就不再变化，相对移动受到限制，只剩下一个转角 φ 可自由变化，即构件 1 只剩下绕 A 点相对于构件 2 转动的自由度。把运动副对两构件间的相对运动所加的限制称为约束。由此可见，两个构件通过运动副连接以后，引入了约束，减少了自由度，相对运动受到了限制。

运动副产生约束的数目和特点取决于运动副的类型。由前述分析可知，一个低副引入 2 个约束，使构件失去了两个自由度；一个高副引入一个约束，使构件失去一个自由度。

2.2 平面机构的运动简图

如前所述，机械由机构组成，而机构又是由各构件通过运动副连接而成。虽然实际的机械及其构件的外形和结构比较复杂，但在对机构进行运动分析或在拟定新的机械传动方案时，并不需要知道各构件的真实外形和具体结构，为此，只需要用规定的线条和符号来表示构件和运动副，并按比例确定各运动副的相对位置，从而把机构的组成和相对运动关系表示出来，必要时还需标出那些与机构运动有关的尺寸参数。这种表示机构的组成及各构件间的相对运动关系的简明图形称为机构运动简图。有时只为了表示机械的组成和运动情况，而不需要用图解法具体确定出运动参数值时，也可以不严格按比例绘图，此时称为机构运动示意图。

2.2.1 运动副及构件的表示方法

1. 构件

构件均用线条或小方块来表示，画有斜线的表示机架。同一构件形成几个转动副时，在两条线的交角处涂黑或在其内画上斜线，图 2-4 所示为常见的三副构件表示方法。

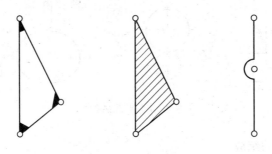

图2-4 三副构件

2. 转动副

两构件组成转动副时,通常用图2-5所示的符号表示,图2-5(a)表示图面垂直于回转轴线,图2-5(b)表示图面不垂直于回转轴线。

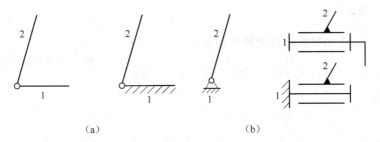

图2-5 转动副

3. 移动副

两构件组成移动副时,通常用图2-6所示的符号表示。

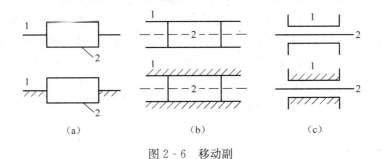

图2-6 移动副

4. 平面高副

两构件组成平面高副时,一般在机构运动简图中画出接触处的曲线轮廓。常用的齿轮副、凸轮副的表示方法如图2-7所示,图2-7(a)为齿轮副,图2-7(b)为凸轮副。

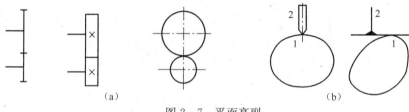

图2-7　平面高副

2.2.2　机构的组成

一个机构通常由原动件、从动件和机架三部分组成，如图2-8所示。机构中固定的构件称为机架；按给定的已知运动规律独立运动的构件称为原动件，通常在其上加箭头表示；其余的活动构件称为从动件。

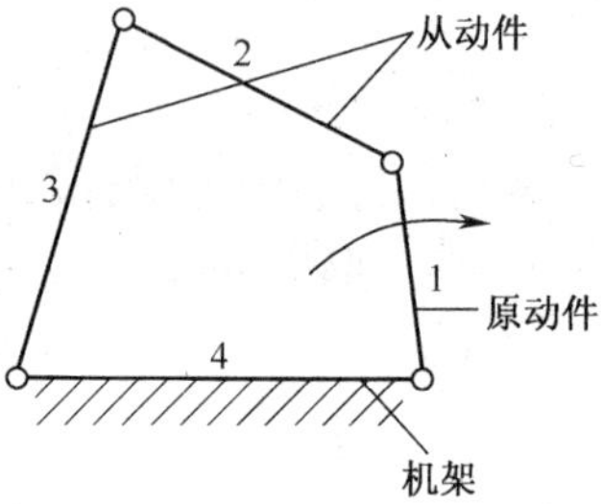

图2-8　机构的组成

2.2.3　平面机构运动简图的绘制

绘制机械的机构运动简图时，通常可按下列步骤进行。

（1）根据机械的功能来分析该机械的组成和运动情况。任何机械都具有固定件或相对固定件（即机架）、原动件（即输入构件）、从动件（输出构件），因此，需要先确定原动件和输出件，然后从原动件到输出件（有时也可以从输出件到原动件），沿着运动传递路线，分析该机械的输出件的运动是怎样由原动件传过来的，从而搞清楚该机械是由哪些机构和构件组成的，各构件间形成了何种运动副，同时分清固定件和活动件，这是正确绘制运动简图的前提。

（2）选定视图平面。为将机构运动简图表达清楚，必须先选好投影面，为此可以选择机械的多数构件的运动平面作为投影面。必要时也可就机械的不同部分选择两个或更多个投影面，然后扩展到同一图面上，或者将主运动简图上难以表达清楚的部分另绘局部简图，总之，以表达清楚、正确为原则。

（3）按适当的比例定出各运动副之间的相对位置，用简单的符号和线条画出机构运动简图。

例2-1　图2-9所示为颚式破碎机，试绘制该机构的运动简图。

解：

（1）找出各构件和选定视图平面

如图2-9（a）所示，颚式破碎机由机架1、偏心轴2、动颚板3、肋板4　4个构件组成。轴2是原动件，动颚板3和肋板4都是从动件。根据以上结构分析选取构件的运动平面作为绘制机构运动简图的平面。

(2) 找出各构件之间的联系——运动副

当偏心轴绕轴线 A 转动时，驱使动颚板 3 作平面运动，从而将矿石轧碎。偏心轴 2 与机架 1 绕轴线 A 相对转动，故构件 1、2 组成以 A 为中心的转动副。动颚板 3 与偏心轴 2 绕轴线 B 相对转动，故构件 2、3 组成以 B 为中心的转动副，肋板 4 与动颚板 3 绕轴线 C 做相对转动，所以构件 3、4 组成以 C 为中心的转动副，肋板与机架绕轴线 D 相对转动，所以构件 4、1 组成以 D 为中心的转动副。

(3) 测量各运动副间的相对位置

逐一测量运动副中心 A 与 B、B 与 C、C 与 D、A 与 D 之间的长度 l_{AB}、l_{BC}、l_{CD} 和 l_{AD}。

(4) 作机构运动简图

选定长度比例尺 μ，在确定的视图上按比例画出运动副的符号和连线表示构件，注上运动副代号和构件号，对原动件要画上表示运动方向的箭头，最后便绘成机构运动简图，如图 2-9 (b) 所示。比例尺 μ 的计算如下：

$$\mu = \frac{实际长度（m）}{图示长度（mm）}$$

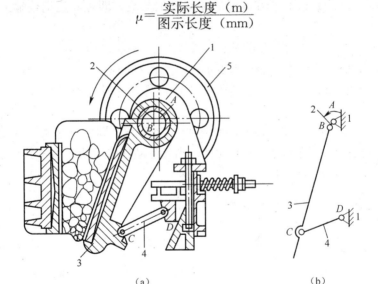

图 2-9 例 2-1 图

2.3 平面机构的自由度

任何一个机构工作时，在原动件的驱动下，各个从动件都按一定的规律运动。但是并不是随意拼凑组合的构件都具有确定的运动而成为机构。下面先讲述机构的自由度，再讨论机构的自由度符合什么要求才能实现机构具有确定的相对运动，即机构具有确定的相对运动的条件。

2.3.1 机构的自由度

所谓机构的自由度是指保证机构具有确定运动所需的独立运动参数的数目，称为机构的自由度。

如前所述，一个作平面运动的自由构件具有 3 个自由度，通过运动副可减少自由度的数目。如果一个机构中有 n 个可动的构件，则构件的自由度总数为 $3n$。当构件用运动副连接后，部分运动受到了限制，自由度减少。一个低副引入两个约束，一个高副引入一个约束，由此可得，平面机构的自由度应等于全部可动构件在自由状态下的全部自由度减去各运动副限制的自由度，用公式表示为

$$F = 3n - 2P_L - P_H \tag{2.1}$$

式中，F 表示机构的自由度；n 为机构中的活动构件数；P_L 为低副数；P_H 为高副数。

由式（2.1）可知，机构自由度的数目取决于活动构件的数目及运动副的类型和数目。

机构自由度的数目标志着需要的原动件的数目，即独立运动或输入运动的数目。

图 2-10 所示三角桁架结构的自由度 $F=0$，不能运动。

图 2-11 所示四杆机构的自由度 $F = 3n - 2P_L - P_H = 3 \times 3 - 2 \times 4 = 1$，即要求原动件的数目为 1，任取一个构件作为原动件，则机构中各构件的运动是确定的。

图 2-12 所示的机构自由度 $F = 3 \times 4 - 2 \times 5 = 2$，即要求有两个原动件，机构的运动才能确定。若只用一个原动件，则各从动件的运动将不确定。

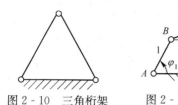
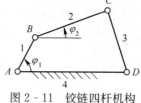
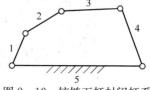

图 2-10　三角桁架　　图 2-11　铰链四杆机构　　图 2-12　铰链五杆封闭杆系

综上所述，机构自由度反映了机构运动的可能性和确定性。如果机构的自由度等于零，则说明机构没有运动的可能性。只有当机构的自由度等于原动件的个数时，机构才不会随意乱动。换句话说，机构具有确定运动的条件是：自由度数目 $F>0$，且原动件数目必须等于自由度数目，不能多也不能少。以 W 表示原动件数，该条件可表示为：

$$W = F = 3n - 2P_L - P_H > 0 \tag{2.2}$$

利用式（2.1）可以计算或验算连杆机构、凸轮机构、齿轮机构和它们的组

合机构的自由度，尤其是在设计新的机构或拟定复杂的运动方案时具有指导意义，但式（2.1）不适用于带传动、链传动等具有挠性件的机构。一般情况下也没有必要计算这些机构的自由度。式（2.2）可以判断、检验或确定机构原动件的个数；同时说明活动构件、低副、高副个数如何分配，才能组成机构。

2.3.2 计算平面机构自由度应注意的事项

在计算机构的自由度时，往往会遇到按公式计算出的自由度数目与机构的实际自由度数目不相符的情况。这往往是因为在应用公式计算机构的自由度时，还有某些应该注意的事项未能正确考虑的缘故。现将应该注意的主要事项简述如下。

1. 复合铰链

两个以上的构件同时在一处以转动副相连接，就构成了所谓的复合铰链。如图2-13所示，它是三个构件在一起以转动副相连接而构成的复合铰链。由图2-13（b）可以看出，这三个构件共同构成的是两个转动副。同理，若有 m 个构件以复合铰链相连接时，其构成的转动副数应等于 $(m-1)$ 个。因此在计算机构的自由度时，应注意是否存在复合铰链，以免将运动副数目计算错而得出错误的结果。

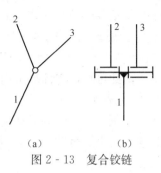

图2-13 复合铰链

例2-2 计算图2-14所示的直线机构的自由度。

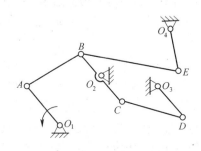

图2-14 例2-2图

解：

图示机构中活动构件数为 $n=7$，低副数 $P_L=10$，其中，B 处是三个构件组成的复合铰链，具有两个转动副，高副数 $P_H=0$，由式（2.1）得

$$F=3n-2P_L-P_H=3\times 7-2\times 10=1$$

2. 局部自由度

在有些机构中，其某些构件产生的局部运动并不影响其他构件的运动。将这些构件所能产生的这种局部运动的自由度称为局部自由度。例如，在图2-15（a）

所示的滚子从动件凸轮机构中，为了减少高副元素的磨损，在推杆和凸轮之间装了一个滚子。该机构的计算自由度数为 $F=3n-2P_L-P_H=3\times3-2\times3-1=2$，但实际上当该机构以凸轮一个构件为原动件时，便具有确定的运动。产生这种与平面机构具有确定相对运动条件不相吻合的原因是：滚子绕其自身轴线转动所形成的运动副不影响凸轮机构的运动规律，是一个多出来的局部自由度，它是否存在并不影响机构的运动规律。局部自由度多见于变滑动摩擦为滚动摩擦以减少磨损的场合。排除局部自由度的方法是假想地将滚子与从动件固结为一体，如图 2-15（b）所示，这样，在计算机构自由度时就不会出现错误。按图 2-15（b）计算出的凸轮机构的自由度数为 $F=3n-2P_L-P_H=3\times2-2\times2-1=1$，与实际情况吻合。

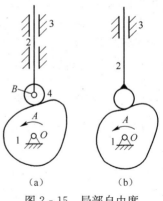

图 2-15 局部自由度

由此可见，在计算机构的自由度时，应将机构中的局部自由度除去。

3. 虚约束

在机构中，有些运动副带入的约束，对机构的运动实际上起不到约束作用。将这类对机构运动实际上不起约束作用的约束称为虚约束。虚约束常出现在以下场合：

1) 导路平行或重合

如图 2-16 所示的机构，在 A、B 两处形成的移动副导路重合，其中之一为虚约束，计算时只取其一，其自由度为 $F=3n-2P_L-P_H=3\times5-2\times7-1\times0=1$。

2) 轨迹重合

在图 2-17 所示的平行四边形机构中，机构运动时，构件 5 上 E 点的轨迹与构件 3 上 E 点的轨迹完全重合，从运动的角度看，构件 5 对机构的约束是重复的，属于虚约束，计算时应除去，即把构件 5 及其与机架 1、构件 3 形成的转动副一起除去。因此，该机构的自由度 $F=3\times3-2\times4-0=1$。

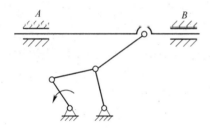

图 2-16 导路平行形成的虚约束

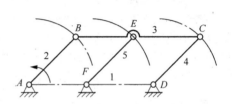

图 2-17 轨迹重合形成的虚约束

3）对称结构

如图 2-18 所示的轮系，中心轮 1 经过两个对称布置的小齿轮 2 驱动内齿轮 3，其中有一个小齿轮对传递运动不起独立作用引入了虚约束。将其中一个小齿轮 2 去掉，不会影响其他构件的运动，故计算自由度时，活动均件数 $n=3$。

如果在机构运动的过程中，某两构件上两点之间的距离始终保持不变，那么若将此两点以构件相连，因此也将带入 1 个虚约束。如图 2-19 所示，在平行四边形机构 ABCD 的运动过程中，构件 1 上的 E 点与构件 3 上的 F 点之间的距离始终保持不变，故当将 E、F 两点与构件 5 相连接时也必将带入一个虚约束。图 2-17 所示的情况，也可以说是属于这种情况。

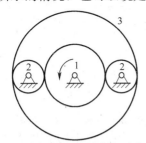

图 2-18 对称结构虚约束

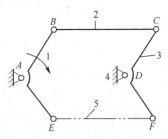

图 2-19 联动平行四边形机构

由上述可见，机构中的虚约束都是在一些特定的几何条件下出现的。如果这些几何条件不能满足，则原认为是虚约束的约束就将变成为实际有效的约束，而使机构的自由度减少。故从保证机构运动和便于加工装配等方面来说，应尽量减少机构中的虚约束。但在各种实际机械中，为了改善构件的受力情况，增加机构的刚度，或保证机械顺利运动等目的，虚约束往往是存在的。

例 2-3　试计算图 2-20 所示大筛机构的自由度，并判断该机构是否具有确定的相对运动（图中标有箭头的是原动件）。

解：

由图可知，该机构在 C 处形成复合铰链，有 2 个转动副；在 E'、

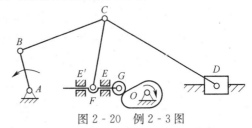

图 2-20 例 2-3 图

E 处出现导路平行的虚约束；在滚子 G 处具有局部自由度，计算时应除去，因此，该机构的活动构件有 7 个，低副数 9 个（2 个移动副，7 个转动副），高副数 1 个，根据式（2.1）得

$$F=3n-2P_L-P_H=3\times7-2\times9-1=2$$

由此可知，机构的自由度与原动件数相等，因此，该机构具有确定的相对运动。

例 2-4　图 2-21 所示为一周转轮系。它由中心齿轮 1、行星齿轮 2（共四个）、内齿轮 4 和带动行星齿轮周转的行星架 3 等组成。试计算该机构的自由度。

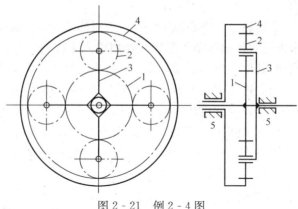

图 2-21 例 2-4 图

解：

从运动的角度看，只要一个行星齿轮就够了，其他三个则属于对称布置，在计算自由度时应除去，故此机构的活动构件数为：$n=4$（构件 1、2、3、4）。行星齿轮 2 和行星架 3、齿轮 1 和机架 5、齿轮 4 和机架 5、行星架 3 和机架 5 之间构成转动副，故低副数 $P_L=4$。齿轮 2 分别和齿轮 1、齿轮 4 构成两个高副，故 $P_H=2$，由式（2.1）知：

$$F = 3n - 2P_L - P_H = 3 \times 4 - 2 \times 4 - 2 \times 1 = 2$$

该机构的自由度为 2，按机构具有确定的相对运动的条件，应有两个原动件。该机构的原动件是轮 1 和行星架 3。

思考与练习

2-1　什么是运动副？平面高副与平面低副各有什么特点？

2-2　试画出如图 2-22 所示机构的运动简图。

2-3　如图 2-23 所示一简易冲床。设想动力由齿轮 1 输入，使轴 A 连续回转；固连在轴 A 上的凸轮与摆杆 3 组成的凸轮机构将使冲头 4 上下往复运动，达到冲压的目的。试分析该机构能否运动，并提出修改措施，以获得确定的运动。

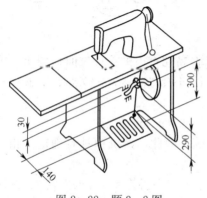

图 2-22　题 2-2 图

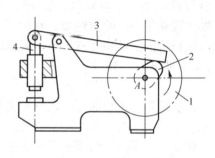

图 2-23　题 2-3 图

2-4 什么是虚约束？什么是局部自由度？有人说虚约束就是实际上不存在的约束，局部自由度就是不存在的自由度，这种说法对吗？为什么？

2-5 计算如图2-24所示的各机构的自由度。其中，(a)图为内燃机中的配气凸轮机构，(b)图为角度三等分机构，(c)图为挖土机。

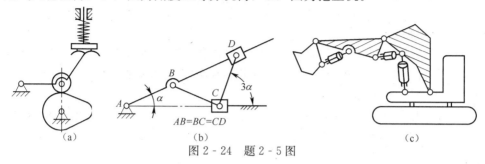

图2-24 题2-5图

2-6 指出如图2-25所示的机构中的复合铰链、局部自由度、虚约束，并计算机构的自由度，判定它们是否有确定的相对运动（标有箭头的构件为原动件）。

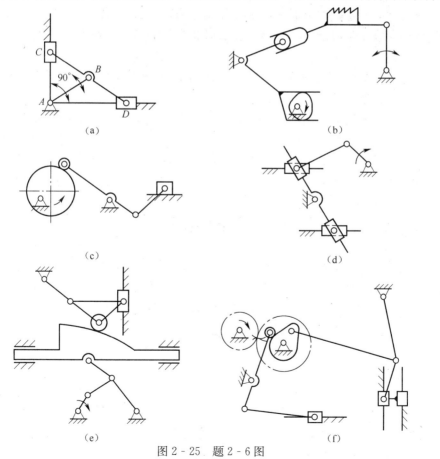

图2-25 题2-6图

第3章 常用机构分析

学习目标
- 能判别常用运动机构的基本类型,分析其基本工作原理。
- 能分析常用运动机构的基本特性和运动规律,以及相应的工程应用实例,并会进行一些简单的基本计算。
- 能应用图解法进行常用机构的基本设计(铰链四杆机构、凸轮机构),能选择和确定相应结构及材料。

学习建议
- 课堂讲授或讨论常用机构设计的基本知识,强化核心知识点的学习,形成互动式教学的课堂氛围。
- 通过完成实践项目训练,提高知识应用能力及动手能力。
- 强化自主学习能力的训练,在教师指导下查询相关的信息资料,拓宽知识面。
- 通过开展社会实践活动,加深对知识的综合理解及掌握,提升应用技能。

分析与探究

机构的基本功能是用来转换运动形式、运动轨迹或传递运动和动力。例如,将回转运动转换为摆动或往复直线运动,将匀速转动转换为非匀速转动或间歇运动等。常用机构主要包括平面连杆机构、凸轮机构、间歇运动机构、螺旋机构等。本章将对上述各种机构的类型、特性及常用的设计方法进行分析与探究。

3.1 平面连杆机构

平面连杆机构是由若干构件用低副(转动副和移动副)连接组成的平面机构,所以又称为低副机构。最简单的平面连杆机构是由四个构件组成的四杆机构,它的应用非常广泛,而且是组成多杆机构的基础。本章主要讨论平面四杆机构的基本类型、特性和常用的设计方法。

构件间的连接都是转动副的平面四杆机构称为铰链四杆机构,它是平面四杆机构的主要类型之一。

3.1.1 铰链四杆机构的组成和基本类型

如图3-1所示为铰链四杆机构,铰链四杆机构是由转动副将各构件头尾连接起来的封闭四杆系统,并使其中一个构件固定而组成。固定不动的构件AD称为机架，与机架直接铰接的两个构件 AB 和 CD 称为连架杆，不直接与机架铰接的构件 BC 称为连杆。连架杆如果能作整周运动就称为曲柄，否则就称为摇杆。

铰链四杆机构根据其两个连架杆的运动形式的不同，分为曲柄摇杆机构、双曲柄机构和双摇杆机构三种基本形式。

1. 曲柄摇杆机构

在铰链四杆机构中，如果有一个连架杆做整周回转运动而另一连架杆作往复摆动，则该机构称为曲柄摇杆机构。曲柄摇杆机构的作用是：将转动转换成摆动，或是将摆动转换成转动。如图 3-2 所示为雷达天线调整机构，该机构由构件 AB、BC，以及固连有天线的 CD 及机架 AD 组成。构件 AB 为曲柄，可作 360°连续圆周运动。天线 3（CD）为摇杆，可作一定范围的摆动。曲柄的缓缓转动带动抛物面天线作一定角度的摆动，实现天线俯仰角的调整。

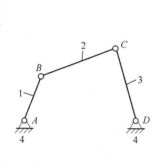

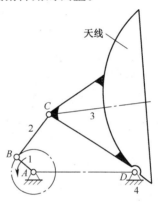

图 3-1　铰链四杆机构　　　　图 3-2　雷达天线调整机构

2. 双曲柄机构

在铰链四杆机构中，两个连架杆均作圆周运动，则该机构称为双曲柄机构。如图 3-3 所示的惯性筛是双曲柄机构的应用实例。由于从动曲柄与主动曲柄的长度不同，当主动曲柄匀速回转一周时，从动曲柄作变速回转一周，机构利用这一特点使筛子作加速往复运动，实现筛动的工作性能。其中 AB、CD 均为曲柄。

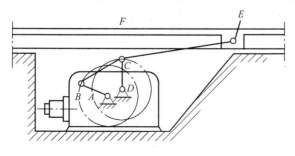

图 3-3　惯性筛

在双曲柄机构中，若相对的两杆长度分别相等则称为平行双曲柄机构或平行四边形机构。它有如图3-4(a)所示的正平行双曲柄机构和如图3-4(b)所示的反平行双曲柄机构两种形式。

如图3-5所示的火车驱动轮联动机构和图3-6所示的摄影车座斗机构为正平行双曲柄机构的应用实例。其特点是两曲柄转向相同且转速相等，连杆作平动。图3-7所示的公共汽车车门启闭机构为反平行双曲柄机构的应用实例，具有两曲柄反向且不等速的特点。

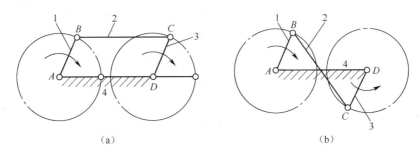

图3-4 平行双曲柄机构

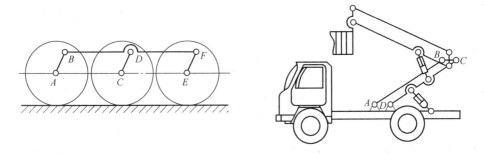

图3-5 火车驱动轮联动机构　　图3-6 摄影车座斗机构

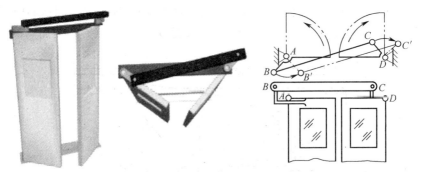

图3-7 公共汽车车门启闭机构

综上所述，双曲柄机构的作用是：将等速转动转换为等速同向、不等速同向、不等速反向等多种转动。

3. 双摇杆机构

铰链四杆机构的两个连架杆都是摇杆，则称为双摇杆机构。工程设备中的港口起重机吊臂便应用了这一结构。如图3-8所示，其中，AB、CD均为摇杆，AD为机架。在主动摇杆AB的驱动下，随着机构的运动，连杆BC的外伸端点M获得近似直线的水平运动，使吊重Q能作水平移动，这样可避免重物在平移时产生不必要的升降，减小功率消耗。

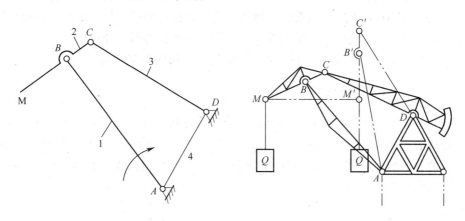

图3-8 港口起重机吊臂

3.1.2 铰链四杆机构基本类型的判别

1. 铰链四杆机构中曲柄存在的条件

铰链四杆机构的三种基本类型的区别在于：机构中是否存在曲柄，存在几个曲柄。这与各杆尺寸有关。

设四个构件中最长杆的长度为 L_{max}，最短杆的长度为 L_{min}，其余两杆的长度分别为 L' 和 L''，则曲柄存在条件为：

条件一：最短杆与最长杆长度之和小于或等于其余两杆长度之和，即 $L_{max}+L_{min} \leqslant L'+L''$。

条件二：连架杆或机架中最少有一根是最短杆。

当机构存在曲柄时，若最短杆为连架杆，则最短杆为曲柄；当最短杆为机架，则两个连架杆均为曲柄。

2. 铰链四杆机构基本类型的判别准则

（1）满足条件一且以最短杆为机架的机构是双曲柄机构；

（2）满足条件一且最短杆为连架杆的机构是曲柄摇杆机构；

（3）满足条件一但不满足条件二的机构是双摇杆机构；

（4）不满足条件一的机构是双摇杆机构。

例3-1 如图3-9所示铰链四杆机构 ABCD，各构件长度为 AD=20，CD=55，AB=30，BC=50。试判别当机构分别以 AB、BC、CD、AD 各杆为机架时属于何种机构。

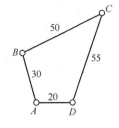

图3-9 例3-1图

解： 因为　　$AD+CD=20+55=75$

$AB+BC=30+50=80>L_{min}+L_{max}$

故满足曲柄存在的第一个条件。

(1) 以 AB 或 CD 为机架时，即最短杆 AD 成连架杆，故为曲柄摇杆机构。

(2) 以 BC 为机架时，即最短杆成连杆，故机构为双摇杆机构。

(3) 以 AD 为机架时，即以最短杆为机架，机构为双曲柄机构。

3.1.3　铰链四杆机构的演化

在实际应用中，除上述三种形式的铰链四杆机构外，还广泛地采用着其他多种形式的平面四杆机构。这些机构大都可以看成是由铰链四杆机构演化而成的。常用的有曲柄滑块机构、导杆机构、摇块机构和定块机构等。下面举例对各种演化机构加以介绍。

1. 曲柄滑块机构

在图3-10 (a) 所示的曲柄摇杆机构 ABCD 中，当曲柄1绕轴 A 转动时，铰链 C 将沿（β-β）弧线往复摆动。若将 C 点处做成滑块形式，如图3-10 (b) 所示，则滑块沿（β'-β'）圆弧导轨往复移动。当摇杆的回转中心位于无穷远处时，C 点的轨迹将从圆弧演变为直线，摇杆 CD 转化为沿直线导路 m—m 移动的滑块，成为图3-11所示的曲柄滑块机构。

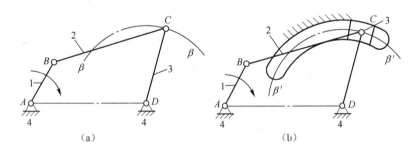

图3-10 铰链四杆机构的演化

曲柄转动中心距滑块导路中心的距离 e 称为偏心距。若 e=0，导路中心与曲柄转动中心对齐，称为对心曲柄滑块机构，如图3-11 (a) 所示；若 e≠0，导路中心与曲柄转动中心有一个偏距 e，则称为偏置曲柄滑块机构如图3-11 (b) 所示。保证 AB 杆成为曲柄的条件是：$l_1+e \leq l_2$。

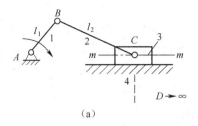 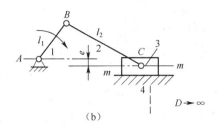

(a)   (b)

图 3 - 11　曲柄滑块机构

曲柄滑块机构用于转动与往复移动之间的转换，广泛应用于内燃机、空气压缩机、冲床、自动送料装置等机械设备及产品中。

图 3 - 12 所示为曲柄滑块机构的应用。图 3 - 12（a）为曲柄滑块机构在内燃机中的应用；图 3 - 12（b）为曲柄滑块机构在自动送料装置中的应用，曲柄每转一圈活塞送出一个工件。

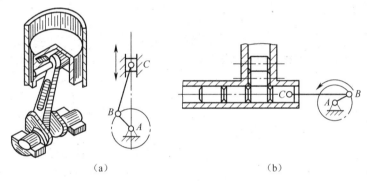

(a)   (b)

图 3 - 12　曲柄滑块机构的应用

2. 偏心轮机构

对于图 3 - 13（a）所示的对心曲柄滑块机构，由于曲柄较短，曲柄结构较难实现，故常采用图 3 - 13（b）所示的偏心轮结构形式，称为偏心轮机构，其偏心圆盘的偏心距 e 等于原曲柄的长度。这种结构增大了转动副的尺寸，提高了偏心轴的强度和刚度并使结构简化和便于安装，广泛应用于冲压机床、破碎机等承受较大冲击载荷的机械中。

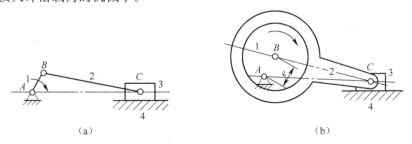

(a)   (b)

图 3 - 13　曲柄滑块机构演化为偏心轮机构

3. 导杆机构

连架杆中至少有一个构件为导杆的平面四杆机构称为导杆机构。其分为转动导杆机构、曲柄摇块机构和移动导杆机构等，可以看做是曲柄滑块机构中取不同的构件为机架演化而成的，如图 3-14 所示。

导杆机构在工程设备及产品中应用很广，如货车自卸机构、往复运动的机械加工设备（插床、刨床）、手动抽水机等，如图 3-15 所示。

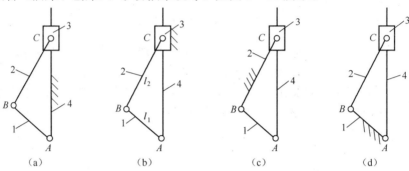

图 3-14 曲柄滑块机构的演化

(a) 曲柄滑块机构；(b) 移动导杆机构；(c) 曲柄摇块机构；(d) 转动导杆机构

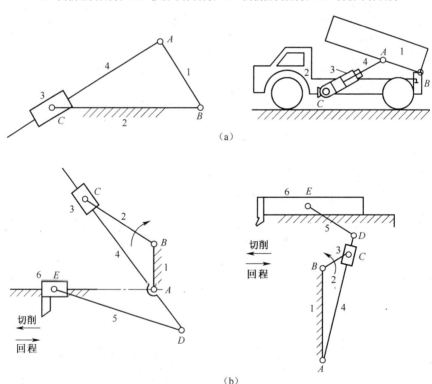

图 3-15 导杆机构工程应用实例

(a) 货车自卸机构（摇块机构）；(b) 往复运动的机械加工设备（转动导杆机构）

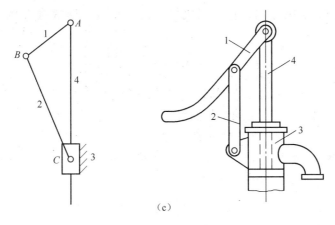

图 3-15 导杆机构工程应用实例（续）
(c) 手动抽水机（移动导杆机构）

3.1.4 四杆机构的基本特性

1. 传动特性

在图 3-16 所示的曲柄摇杆机构中，设曲柄 AB 为主动件。曲柄在旋转过程中每周有两次与连杆重叠，如图 3-16 中的 AB_1C_1 和 AB_2C_2 两位置。这时的摇杆位置 C_1D 和 C_2D 称为极限位置，简称极位。C_1D 与 C_2D 的夹角 φ 称为最大摆角。曲柄处于两极位 AB_1 和 AB_2 的所在直线所夹的锐角 θ 称为极位夹角。设曲柄以等角速度 ω_1 顺时针转动，从 AB_1 转到 AB_2 和从 AB_2 到 AB_1 所经过的角度为 $(180°+\theta)$ 和 $(180°-\theta)$，所需的时间为 t_1 和 t_2，相应的摇杆上 C 点经过的路线为弧 C_1C_2 和弧 C_2C_1，设 C 点的平均线速度为 v_1 和 v_2，显然有 $t_1>t_2$，$v_1<v_2$。

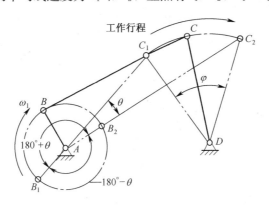

图 3-16 曲柄摇杆机构的运动

由此可见，当曲柄等速转动时，作往复运动的摇杆在空回行程的平均速度大于工作行程的平均速度，这一性质称为四杆机构的急回特性。机构的急回特性用

v_2 和 v_1 的比值 K 来表示,它说明机构的急回程度,通常将 K 称为行程速比系数。

$$K=\frac{v_2}{v_1}=\frac{C_1C_2/t_2}{C_2C_1/t_1}=\frac{t_1}{t_2}=\frac{180°+\theta}{180°-\theta} \tag{3.1}$$

上式表明:机构的急回程度取决于极位夹角 θ 的大小。

当 $\theta>0°$,总有 $K>1$,有急回特性;

当 $\theta=0°$ 时,$K=1$,则机构无急回特性;

当 θ 值越大,K 值就越大,急回特性就越明显。

若已知 K,即可求得极位夹角 θ 为:

$$\theta=180°\frac{K-1}{K+1} \tag{3.2}$$

在机械设计时可根据需要先设定 K 值,然后算出 θ 值,再由此计算得各构件的长度尺寸。

对于对心曲柄滑块机构,因 $\theta=0°$,故无急回特性,而对于偏置曲柄滑块机构和摆动导杆机构,由于不可能出现 $\theta=0°$ 的情况,所以恒具有急回特性。图 3-17 所示为偏置曲柄滑块机构,原动件曲柄 AB 与连杆 BC 共线时,从动件滑块位于 C_1、C_2 两个极限位置。行程 $S=C_1C_2$,$\theta=\angle C_1AC_2$。

图 3-18 所示为摆动导杆机构,从动杆 3 的极限位置是其与原动件曲柄上 B 点轨迹圆相切的位置 B_1C、B_2C。由图可知,导杆的摆角(行程)等于极位夹角(AB_1 与 AB_2 所夹锐角),即 $\theta=\varphi\neq0$,机构必有急回特性。牛头刨床即利用此特性来提高生产率。

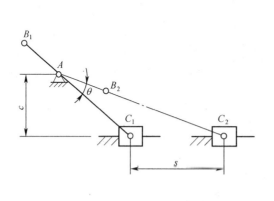

图 3-17 偏心曲柄滑块机构极位夹角   图 3-18 曲柄摇块机构极位夹角

2. 传力特性

1) 压力角和传动角

连杆机构除了要满足运动要求外,还应具有良好的传力性能,以减小结构尺寸和提高机械效率。如图 3-19 所示，若不计惯性力、重力、摩擦力，则连杆 2 是一个二力杆。设构件 1 是原动件，通过连杆 2 推动从动件 3，由于连杆 2 是二力构件，所以原动件通过连杆作用于从动件上的力 F 沿 BC 方向。从动件上 C 点所受的力 F 与 C 点速度 v_C 方向之间所夹的锐角 α 称为压力角。力 F 沿速度 v_C 方向的分力为 $F_t = F\cos\alpha$，它是推动从动件作功的一个有效分力。力 F 沿从动件径向的分力 $F_n = F\sin\alpha$，它非但不能做功，而且增大摩擦阻力，是一个有害分力。

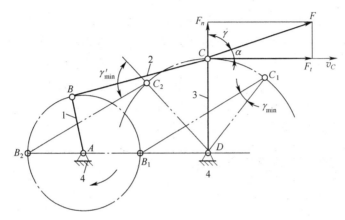

图 3-19 曲柄摇杆机构的压力角和传动角

压力角 α 随机构的不同位置有不同的值。它表明了在驱动力 F 不变时，推动摇杆摆动的有效分力 F_t 的变化规律，α 越小 F_t 就越大。

压力角 α 的余角 γ 是连杆与摇杆所夹锐角，称为传动角。显然，γ 角越大，传动性能越好，所以传动角也是判别机构传力性能的重要参数。由于 γ 更便于观察，所以通常用来检验机构的传力性能。传动角 γ 随机构的不断运动而相应变化，为保证机构有较好的传力性能，控制机构的最小传动角 γ_{min}。一般可取 $\gamma_{min} \geqslant 40°$，重载、高速场合取 $\gamma_{min} \geqslant 50°$。曲柄摇杆机构的最小传动角出现在曲柄与机架共线的两个位置之一，如图 3-19 所示的 AB_1C_1D 或 AB_2C_2D 位置。

对于偏置曲柄滑块机构，以曲柄为主动件，滑块为从动件，传动角 γ 为连杆与导路垂线所夹锐角，如图 3-20 所示。最小传动角 γ_{min} 出现在曲柄垂直于导路时的位置，并且位于与偏距方向相反一侧。对于对心曲柄滑块机构，即偏距 $e = 0$ 的情况，显然其最小传动角 γ_{min} 出现在曲柄垂直于导路时的位置。

对以曲柄为主动件的摆动导杆机构，因为滑块对导杆的作用力始终垂直于导杆，其传动角 γ 恒为 90°，即 $\gamma = \gamma_{min} = \gamma_{max} = 90°$，表明导杆机构具有最好的传力性能。

2) 止点位置

从 $F_t = F\cos\alpha$ 知，当压力角 $\alpha = 90°$ 时，对从动件的作用力或力矩为零，不能

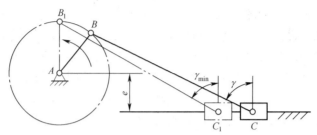

图 3-20 曲柄滑块机构的传动角

驱动从动件运动,机构处在这种位置称为止点位置,又称死点位置。如图 3-21(a)所示的曲柄摇杆机构,当从动曲柄 AB 与连杆 BC 共线时,出现压力角 $\alpha=90°$,传动角 $\gamma=0°$。由连杆传给曲柄的力通过曲柄的回转中心,外力 F 无法推动从动曲柄转动。如图 3-21(b)所示的曲柄滑块机构,如果以滑块做主动件,则当从动曲柄 AB 与连杆 BC 共线时,机构处于止点位置。对于具有极位的四杆机构,当以往复运动构件为主动件时,机构均有两个止点位置。

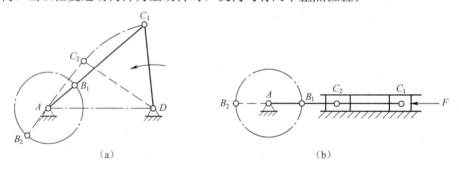

图 3-21 平面四杆机构的止点位置

机构处于止点位置时,会出现"顶死"或运动不确定的情况(即工作件在该位置时可能向反方向转动)。对于传动机构来说,止点的存在对机构运动是不利的,应尽量避免出现止点。如图 3-22(a)所示的多缸发动机,采用错位排列,将死点位置错开。此外,还可以在曲柄上装飞轮,利用其惯性使机构顺利通过死点位置,图 3-22(b)所示的缝纫机的大带轮即起飞轮的作用。

在实际工程应用中,也利用止点特性实现工作要求。

如图 3-23(a)所示为快速夹具,要求夹紧工件后夹紧反力不能自动松开夹具,所以将夹头构件 1 看成主动件,当连杆 2 和从动件 3 共线时,机构处于止点,夹紧反力 N 对摇杆 3 的作用力矩为零。这样,无论 N 有多大,也无法推动摇杆 3 而松开夹具。当用手扳动连杆 2 的延长部分时,因主动件的转换破坏了止点位置而轻易地松开工件。

如图 3-23(b)所示为飞机起落架处于放下机轮的位置,地面反力作用于机轮上使 AB 件为主动件,从动件 CD 与连杆 BC 成一直线,机构处于止点,只

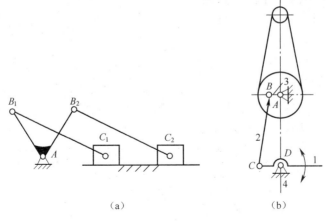

图 3-22 克服死点位置的机构

要用很小的锁紧力作用于 CD 杆即可有效地保持支撑状态。当飞机升空离地要收起机轮时,只要用较小力量推动 CD,因主动件改为 CD 破坏了止点位置而轻易地收起机轮。

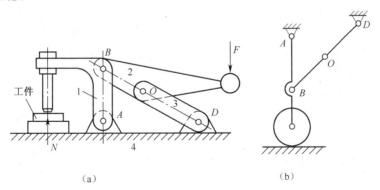

图 3-23 机构止点位置的应用

3.1.5 平面四杆机构的设计

四杆机构的设计方法有图解法、试验法、解析法三种。本节以图解法为例,介绍四杆机构的基本设计方法。

1. 按给定的连杆长度和位置设计平面四杆机构

已知连杆 BC 的长度和依次占据的三个位置 B_1C_1、B_2C_2 和 B_3C_3,如图 3-24 所示。设计铰链四杆机构的其他各杆件的长度和位置。

1) 设计分析

B 点的运动轨迹是由 B_1、B_2、B_3 三点所确定的圆弧,C 点的运动轨迹是由 C_1、C_2、C_3 三点所确定的圆弧,分别找出这两段圆弧的圆心 A 和 D,也就完成了本四杆机构的设计。因为此时机架 AD 已定，连架杆 CD 和 AB 也就可以确定。

2) 具体步骤

(1) 确定比例尺 μ = 构件实长/构件图长（m/mm 或 mm/mm）；

(2) 据已知条件，画出给定连杆的三个位置（必要时可缩小或放大比例后，再作图设计）；

(3) 连接 B_1B_2、B_2B_3，分别作直线段 B_1B_2 和 B_2B_3 的垂直平分线 $b_{1,2}$ 和 $b_{2,3}$（图中细实线），此两垂直平分线的交点 A 即为所求 B_1、B_2、B_3 三点所确定圆弧的圆心。

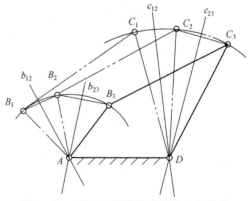

图 3-24 按三个预定位置设计四杆机构

(4) 同样，连接 C_1C_2、C_2C_3，分别作直线段 C_1C_2 和 C_2C_3 的垂直平分线 $c_{1,2}$、$c_{2,3}$（图中细实线）交于点 D，即为所求 C_1、C_2、C_3 三点所确定圆弧的圆心。

(5) 以 A 点和 D 点作为连架杆铰链中心，分别连接 AB_3、B_3C_3、C_3D（图中粗实线）即得所求四杆机构。从图中量得各杆的长度再乘以比例尺，就得到实际结构长度尺寸。

在实际工程中，有时只对连杆的两个极限位置提出要求。这样一来，要设计满足条件的四杆机构就会有多解，这时应该根据实际情况提出附加条件。

例 3-2 设计铸造砂箱翻转机构。如图 3-25 所示，翻转台在位置 I 处造型，在位置 II 处起模，翻转台与连杆 BC 固连成一整体，$l_{BC}=0.5$m，机架 AD 为水平位置。

解：由题意可知此机构的两个连杆位置，其设计步骤为：

(1) 取 $\mu=0.1$m/mm，则 $BC=l_{BC}/\mu=0.5$m/（0.1m/mm）=5mm，在给定位置作 B_1C_1 和 B_2C_2B；

(2) 作 B_1B_2 中垂线 b_{12}、C_1C_2 中垂线 c_{12}；

(3) 按给定机架位置做水平线，与 $b_{1,2}$、$c_{1,2}$ 分别交得点 A、D；

(4) 连接 AB_1 与 C_1D，即得到各构件的长度为：

$l_{AB}=\mu \times AB_1 = 0.1m/mm\times 25mm=2.5$m

$l_{CD}=\mu \times C_1D = 0.1m/mm\times 27mm=2.7$m

$l_{AD}=\mu \times AD = 0.1m/mm\times 8mm=0.8$m

本例题有唯一的解，给定机架 AD 的位置（水平位置）是必须的条件，否则会多解。

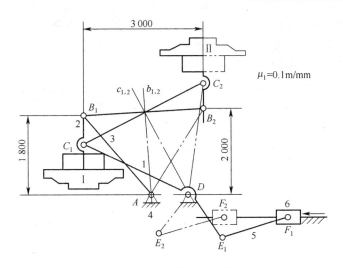

图 3-25 砂箱翻转机构

2. 按给定的行程速比系数 K 设计平面四杆机构

设计具有急回特性的四杆机构，给定了行程速比系数 K，就给定了四杆机构急回运动的条件，从而确定了极位夹角 θ。根据极位夹角和其他一些限制条件，便可用图解法作出曲柄摇杆机构、曲柄滑块机构及摆动导杆机构。以下以典型的曲柄摇杆机构为例，对设计方法进行探讨。

如图 3-26 所示，已知行程速比系数 K，摇杆长度 l_{CD}，最大摆角 φ，用图解法设计此曲柄摇杆机构。

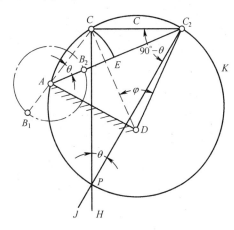

图 3-26 按行程速比系数设计四杆机构

具体步骤：

(1) 由速比系数 K 计算极位夹角 θ。由式（3.2）知

$$\theta = 180°\frac{K-1}{K+1}$$

(2) 选择合适的比例尺，作图求摇杆的极限位置。取摇杆长度 l_{CD} 除以比例尺得图中摇杆长 CD，以 CD 为半径、任定点 D 为圆心、任定点 C_1 为起点做弧 C（弧 C 所对应的圆心角大于或等于最大摆角 φ），连接 D 点和 C_1 点的线段 C_1D 为摇杆的一个极限位置，过 D 点作与 C_1D 夹角等于最大摆角 φ 的射线交圆弧 C 于 C_2 点得摇杆的另一个极限位置 C_2D。

(3) 求曲柄铰链中心。过 C_1 点在 D 点同侧作 C_1C_2 的垂线 H，过 C_2 点作与 D 点同侧与直线段 C_1C_2 夹角为 $(90°-\theta)$ 的直线 J 交直线 H 于点 P，连接

C_2P,在直线段 C_2P 上截取 $C_2P/2$ 得点 O,以 O 点为圆点、OP 为半径,画圆 K,在 C_1C_2 弧段以外在圆 K 上任取一点 A 为铰链中心。

(4)求曲柄和连杆的铰链中心。连接 A、C_2 点得直线段 AC_2 为曲柄与连杆长度之和,以 A 点为圆心、AC_1 为半径作弧交 AC_2 于点 E,曲柄长度 $AB = C_2E/2$(利用两极位关系可证明),于是以 A 点为圆心、$C_2E/2$ 为半径画弧交 AC_2 于点 B_2 为曲柄与连杆的铰接中心。

(5)计算各杆的实际长度。分别量取图中 AB_2、AD、B_2C_2 的长度,计算得:

曲柄长 $l_{AB}=\mu AB_2$,连杆长 $l_{BC}=\mu B_2C_2$,机架长 $l_{AD}=\mu AD$。

3.2 凸轮机构

3.2.1 凸轮机构的组成、应用及分类

1. 凸轮机构的组成及应用

凸轮机构由凸轮、从动件和机架三部分组成,结构简单,只要设计出适当的凸轮轮廓曲线,就可以使从动件实现任何预期的运动规律。但另一方面,由于凸轮机构是高副机构,易于磨损,因此只适用于传递动力不大的场合。凸轮机构主要是用来变换运动的形式,将凸轮的连续转动或移动转换为从动件的连续或间歇的往复移动或摆动。

图 3-27 所示为捣碎机的凸轮机构。凸轮 1 推动从动件 2 上升到最高点,然后从动件自由下落,捣碎物料。

图 3-28 所示为内燃机的配气机构。当具有变化向径的凸轮 1 回转时,迫使推杆 2 在固定导路内作往复运动,控制气阀的开启与关闭,进而控制燃气的进入或废气的排出。

图 3-27 捣碎机

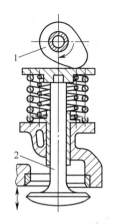

图 3-28 内燃机配气机构

图 3-29 所示为自动送料机构，带凹槽的圆柱凸轮 1 作等速转动，槽中的滚子带动从动件作往复移动，将工件推到指定的位置，从而完成自动送料任务。

图 3-30 所示为靠模车削机构，工件 1 回转时，移动凸轮（靠摸板）3 和工件 1 一起向右移动，刀架 2 在靠模板曲线轮廓的推动下作横向（相对于轴线）运动，从而切削出与靠模板曲线一致的工件。

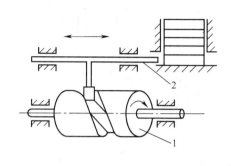
图 3-29 自动送料机构

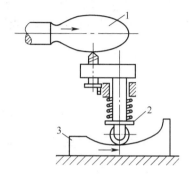
图 3-30 靠模车削机构

2. 凸轮机构的分类

凸轮机构应用广泛，类型也很多，以下做简要介绍。

1）按凸轮的形状分类

（1）盘形凸轮：是一个具有变化向径的盘形构件，绕固定轴线回转（图 3-28）。

（2）移动凸轮：可看做是转轴在无穷远处的盘形凸轮的一部分，它作往复直线移动（图 3-30）。

（3）圆柱凸轮：是一个在圆柱面上开有曲线凹槽，或是在圆柱端面上做出曲线轮廓的构件，它可看做是将移动凸轮卷于圆柱体上而形成的（图 3-29）。

2）按从动杆的端部形状分类

（1）尖顶从动件：这种从动杆的构造最简单，但易磨损，只适用于作用力不大和速度较低的场合，如用于仪表等机构中如图 3-31（a）所示。

（2）滚子从动件：由于滚子与凸轮轮廓之间为滚动摩擦，磨损较小，故可用来传递较大的动力，因而应用较广，如图 3-31（b）所示。

（3）平底从动件：优点是凸轮与平底的接触面间易形成油膜，润滑较好，所以常用于高速传动中，如图 3-31（c）所示。

3）按推杆的运动形式分类

（1）移动从动件：作往复直线运动，如图 3-31（a）所示。在移动从动杆中，若其轴线通过凸轮的回转中心，则称其为对心移动从动杆，否则称为偏置移动从动杆。

（2）摆动从动件：从动杆作往复摆动，如图 3-31（b）所示。

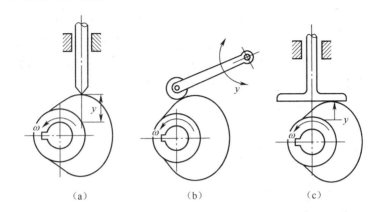

图 3-31 按从动杆的端部形分类

4) 按使从动件与凸轮保持接触的锁合方式分类

(1) 力锁合：依靠弹簧力或重力使从动件与凸轮保持接触（图 3-27 和图 3-28）。

(2) 形锁合：依靠凸轮几何形状使从动件与凸轮保持接合（图 3-29）。

3.2.2 从动件常用运动规律

凸轮机构设计的基本任务，是根据工作要求选定合适的凸轮机构的形式、从动杆的运动规律和有关的基本尺寸，然后根据选定的从动杆运动规律设计出凸轮应有的轮廓曲线。所以根据工作要求选定从动杆的运动规律，是凸轮轮廓曲线设计的前提。

1. 凸轮机构的工作过程

以图 3-32 所示的尖顶对心直动从动件盘形凸轮机构为例进行说明。图示位置为从动件与凸轮 A 点接触。以凸轮的转动中心 O 为圆心，以凸轮的最小向径 r_b 为半径所作的圆，称为基圆。r_b 称为凸轮的基圆半径。

(1) 推程：当凸轮以等角速度 ω 顺时针转动时，从动件在凸轮轮廓线的推动下，将由最低位置被推到最高位置，从动件的这一运动过程称为推程，相应的凸轮转角 d_0 称为推程角。

(2) 远休止：凸轮继续转动，从动件将处于最高位置而静止不动的这一过程。与之相应的凸轮转角 d_s 称为远休止角。

(3) 回程：凸轮继续转动，从动件由最高位置回到最低位置的这一过程。相应的凸轮转角 δ'_0 称为回程运动角。

(4) 近休止：当凸轮再转过角 δ'_s 时，从动件与凸轮廓线上向径最小的一段圆弧接触，而将处在最低位置静止不动的这一过程。δ'_s 称为近休止角。

(5) 行程：从动杆在推程或回程中移动的距离 h。

(6) 位移线图：描述从动件位移 s 与凸轮转角 δ 之间关系的图形，如图3-32（b）所示。

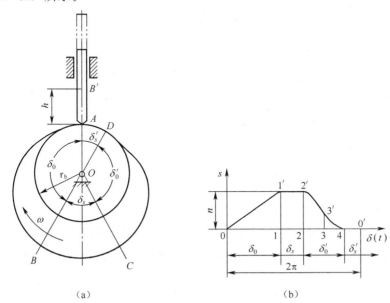

图 3-32 凸轮机构工作过程

2. 从动件的常用运动规律

从动件的运动规律是指从动件在运动时，其位移 s、速度 v 和加速度 a 随时间 t 变化的规律。又因凸轮一般为等速运动，即其转角 δ 与时间 t 成正比，所以从动件的运动规律经常表示为从动件的运动参数随凸轮转角 δ 变化的规律。其基本的运动规律有如下几种。

1）等速运动规律

从动件在推程或回程的运动速度为常数的运动规律称为等速运动规律。在图3-32（a）所示的凸轮机构中，当凸轮以等角速度 ω 转动，从动件在推程中的行程为 h。从动件作等速运动规律的运动线图如图3-33所示。其位移曲线为斜直线，速度曲线为平直线，加速度曲线为零线。

由图3-33可见，从动件在推程始末两点处速度有突变，瞬时加速度理论上为无穷大，因而产生理论上为无穷大的惯性力。实际上，由于构件材料的弹性变形，加速度和惯性力不至于达到无穷大，但仍会对机构造成强烈的冲击，产生噪声及造成机构严重磨损。这种冲击称为"刚性冲击"或"硬冲"。因此，等速运动规律仅适用于低速、轻载的场合。

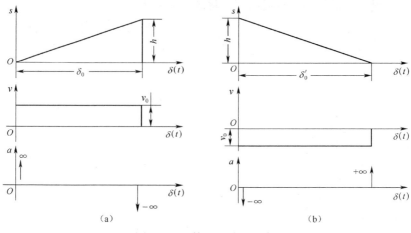

图 3-33 等速运动规律线图

2) 等加速、等减速运动规律

从动件在一个行程中,前半行程作等加速运动,后半行程作等减速运动。其位移曲线为两段光滑相连开口相反的抛物线,速度曲线为斜直线,加速度曲线为平直线。

等加速、等减速运动规律位移线图的作图方法如图 3-34 所示。在横坐标上找出 $d_0/2$ 的一点,将 $d_0/2$ 分为若干等分(图中为四等分)得 1、2、3、4 各点,过这些点作横坐标轴的垂线;同时在纵坐标轴上将从动件推程之半 ($h/2$) 分为

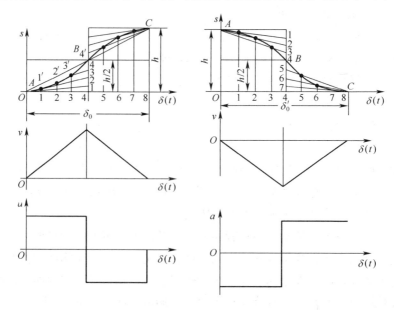

图 3-34 等加速、等减速运动规律线图

相同的等分1、2、3、4；将原点与纵坐标上的等分点连接得O_1、O_2、O_3、O_4，与相应垂线分别交于1′、2′、3′、4′各点。最后将1′、2′、3′、4′点连成光滑曲线，便得到前半推程等加速位移曲线。后半推程的等减速运动的位移曲线，可以用同样的方法绘制。

由图3-34可见，在推程的始末点和前、后半程的交接处，加速度有突变，因而惯性力也产生突变，但它们的大小及突变量均为有限值（在A、B、C三点存在有限的突变）。由此将对机构造成有限大小的冲击，这种冲击称为"柔性冲击"或"软冲"。在高速情况下，柔性冲击仍会引起相当严重的振动、噪声和磨损，因此这种运动规律只适用于中速、中载的场合。

3）简谐运动规律

当一质点在圆周上作匀速运动时，它在这个圆的直径上的投影所构成的运动成为简谐运动。图3-35（a）、图3-35（b）分别为从动件作简谐运动时推程段及回程段的运动线图。从图中可知：位移曲线为简谐曲线，速度曲线为正弦曲线，加速度曲线为余弦曲线，故也称为余弦加速度运动规律。由加速度线图可知，此运动规律在行程始末两点加速度存在有限突变，也存在柔性冲击，只适用于中速场合。但从动件作无停歇的升—降—升的连续往复运动时，则得到连续的余弦曲线，运动中完全消除了柔性冲击，因而，此种情况下可用于高速传动。

简谐运动规律位移线图作图方法如图3-35所示。在纵坐标轴上以从动件的行程h作为直径画半圆，将此半圆分成若干等分，得1′、2′、3′、…各点，过等分点作纵坐标的垂线；再将代表凸轮转角δ_0的横坐标轴也分成相应等分，得1、2、3、…各点，过等分点作横坐标的垂线与对应纵坐标的垂线相交；用光滑的曲线连接各交点，即得到从动件的位移线图。

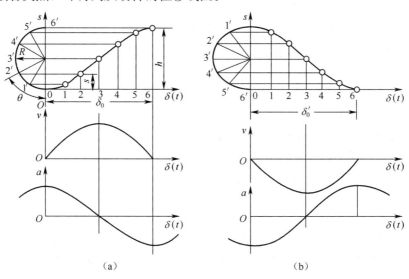

(a)   (b)

图3-35 简谐运动规律线图

3.2.3 凸轮轮廓设计

1. 凸轮轮廓线设计的基本原理

在选定从动件运动规律及凸轮的转向和基圆半径后，就可设计凸轮轮廓了。凸轮轮廓可以用图解法或解析法确定。图解法直观、方便；解析法精确但计算较为繁琐。本节仅就图解法做介绍。

图解法是建立在反转法基础上的，其原理如图 3-36 所示：当凸轮以等角速度 ω 绕其轴心 O 逆时针方向转动时，凸轮轮廓与从动件尖顶接触，使从动件实现预期的运动规律。根据相对运动原理，如果给整个凸轮机构加上一个绕凸轮轴心 O 转动的公共角速度 $-\omega$，那么，凸轮与从动件之间的相对运动不会改变，而从动件则一方面随机架和导轨以角速度 $-\omega$ 绕凸轮轴心 O 转动，另一方面又在导轨中作预期的往复

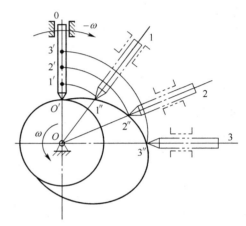

图 3-36 反转法原理

直线运动。由于从动件尖顶始终与凸轮轮廓相接触，所以从动件尖顶的运动轨迹就是所要设计的凸轮的轮廓曲线。只要在图纸平面上记录下从动件尖顶的运动轨迹，凸轮的轮廓曲线也就设计出来了。

2. 用图解法设计凸轮轮廓

1) 尖顶对心直动从动件盘形凸轮轮廓曲线的绘制

假设凸轮沿顺时针方向以 ω 等角速回转，从动件中心线通过凸轮回转中心，从动件尖顶距凸轮的回转中的最小距离为 30mm。从动件工作要求为：当凸轮转动时，在 0°～90°范围内从动件匀速上升 20mm，在 90°～180°范围内从动件停止不动，在 180°～360°范围内从动件匀速下降至原处。要求绘制此凸轮的轮廓。

根据反转法原理，作图步骤如下：

(1) 选择长度和角度比例尺。

(2) 按比例作从动件位移线图 $s=s(\delta)$，如图 3-37 (a) 所示，取横坐标为 δ 轴，纵坐标为 S 轴。

(3) 在如图 3-37 (a) 所示的位移线图中，将推程运动角 (0°～90°) 分成 3 等份，将回程运动角 (180°～360°) 分成 6 等份，各分点用数字标明 (分点数越多，结果越精确)。过这些点分别作 δ 轴的垂线，与位移曲线相交，即得对应凸轮各转角时从动件的位移。即 $s_1=11'$，$s_2=22'$，$s_3=33'$，…，$s_9=99'$。

(4) 作基圆。以 O 为圆心，半径 $r_b=30\text{mm}$ (OA_0)，按已选定的比例尺作

圆，此圆即为基圆。取该圆与从动件导路中心线的交点作为从动件尖顶的起始位置。自 OA_0 沿角速度的相反方向依次取角度，各分成与图 3-36（a）所示相对应的若干等份，得等分角线 OA_0、OA_1、OA_2、OA_3、…、OA_9，代表从动件在反转运动中依次占据的位置。

(5) 绘制凸轮轮廓曲线。在基圆各等分角线的延长线上，分别量取 $A_1A_1' = s_1$、$A_2A_2' = s_2$、$A_3A_3' = s_3$、…、$A_9A_9' = s_9$，得从动件反转后尖顶的一系列位置 A_1'、A_2'、A_3'、…、A_9'。将 A_1'、A_2'、A_3'、…、A_9' 点连成光滑的曲线，便得到需要的凸轮轮廓，如图 3-37（b）所示。

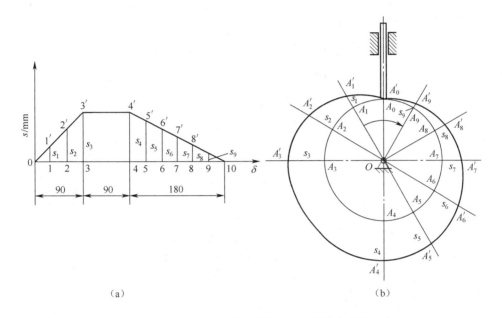

图 3-37 尖顶对心直动从动件盘形凸轮轮廓曲线画法

2) 滚子对心直动从动件盘形凸轮轮廓曲线的绘制

滚子对心直动从动件盘形凸轮轮廓曲线的绘制如图 3-38 所示，作图步骤为如下。

(1) 把滚子中心作为从动件的尖顶，按尖顶对心直动从动件盘形凸轮轮廓曲线绘制的方法绘凸轮的轮廓曲线 B，该曲线为理论轮廓曲线。

(2) 以理论轮廓曲线上的各点为圆心，以已知滚子的半径为半径作一组滚子圆。然后再作这些圆的光滑内切曲线 C，即为凸轮的工作轮廓曲线。为了更精确地画出工作轮廓曲线，在理论轮廓曲线的急剧转折处应画出较多的滚子小圆。

由作图过程可知，滚子从动件凸轮的基圆半径应当是理论廓线的基圆半径。

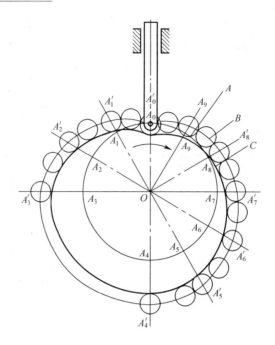

图 3-38 滚子从动件盘形凸轮轮廓曲线画法

3.2.4 凸轮工作轮廓的校核

在设计凸轮机构时，必须保证凸轮工作轮廓满足以下要求：
①从动件在所有位置都能准确地实现给定的运动规律。
②机构传力性能要好，不能自锁。
③凸轮结构尺寸要紧凑。
因此，对凸轮的工作轮廓应进行校核。

1. 运动失真

在滚子（或平底）从动件凸轮轮廓设计完成后，有可能出现假想尖顶的运动轨迹不能保持在任何位置都与理论廓线相重合的现象，此时从动件便不能严格实现给定的运动规律，这种现象称为凸轮机构的运动失真。运动失真与理论轮廓的最小曲率半径和滚子半径有关。

当滚子半径 r_T 小于凸轮理论轮廓上的最小曲率半径 ρ_{min} 时不会造成凸轮机构的运动失真，如图 3-39（a）所示。

当滚子半径 $r_T = \rho_{min}$ 时，虽然能保证从动件处于正确位置，但凸轮工作轮廓曲线变尖，尖点很快磨损，便会造成凸轮机构运动失真，如图 3-39（b）所示。

滚子半径 r_T 大于凸轮理论轮廓线上的最小曲率半径 ρ_{min}，这时候滚子圆的包络线为两条相交的曲线。实际轮廓只能达到两条包络的交点，其余部分在加工时被切去，得到具有尖点的实际轮廓；当滚子沿着该实际轮廓滚动时候，滚子中心在尖点处不在理论廓线上，这就造成了凸轮机构运动失真，如图 3-39（c）所示。

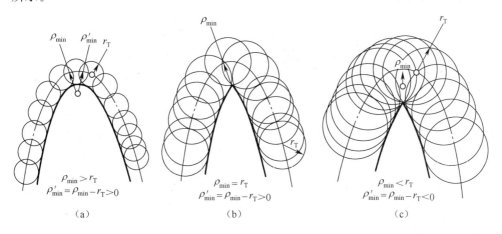

图 3-39 滚子半径与运动失真

因此，为保证凸轮机构运动正常，通常取 $r_T \leq 0.8\rho_{min}$；且实际轮廓的最小曲率半径一般应不小于 1～5mm。若 ρ_{min} 太小，由此式得出的滚子半径就会太小，因而不能满足强度和安装要求，此时应适当加大基圆半径以增大理论轮廓曲线的 ρ_{min}。

2. 凸轮机构压力角和传力性能

图 3-40 所示的凸轮机构中，从动件与凸轮轮廓在 B 点接触，当不计摩擦时凸轮给从动件的作用力为 F，其方向为沿接触线的法线方向。这个力的作用线与从动件运动方向之间所夹锐角叫凸轮机构在该点的压力角，用 α 表示。

将从动件所受力 F 分解成两个分力，即

$$F_r = F\cos\alpha \tag{3.3}$$
$$F_t = F\sin\alpha \tag{3.4}$$

F_r 是推动从动件运动的有效分力，F_t 是使从动件在移动导路上产生摩擦的阻力，是有害分力。由式（3.5）、式（3.6）知，当 F 一定时，压力角 α 增大，有效分力 F_r 减小，有害分力 F_t 增大，摩擦力则随 F_t 的增大而增大。当压力角 α 增大到某一个数值时，则从动件将发生自锁（卡死）现象。由于凸轮机构在工作过程中压力角 α 是变化的，所以为保证机构良好的传力性能，应使凸轮机构的最大压力角小于许用压力角，即

$$\alpha_{max} \leq [\alpha]$$

移动从动件凸轮机构，推程中许用压力角 $[\alpha] = 30°\sim40°$；回程时 $[\alpha] = 70°\sim80°$。

因为压力角受到基圆半径的影响，所以压力角 α 并不是越小越好。

由图 3-41 可以看出，凸轮机构在同样转角 δ 和位移 h 的情况下，压力角越

小，基圆半径越大，机构的结构尺寸越大。因此，为了使凸轮机构结构紧凑，压力角 α 不宜过小。

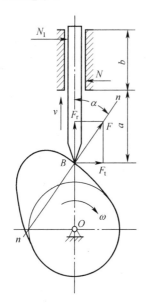
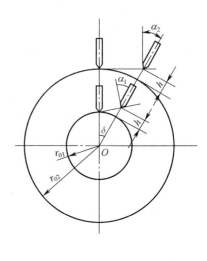

图 3-40 凸轮机构的压力角　　　　图 3-41 压力角与基圆半径的关系

设计时，对于受力较大而对机构尺寸没有严格限制时，为保证传力性能，基圆半径可取大些。对载荷不大，用于操纵或控制的凸轮机构，主要应考虑减小机构尺寸，使机构尽量紧凑。

通常取基圆半径

$$r_b \geq 1.8 r_s + (7 \sim 10)\text{ mm} \tag{3.5}$$

式中，r_s 为凸轮轴半径

但应保证 $\alpha_{max} \leq [\alpha]$。

求对心移动从动件盘形凸轮机构压力角的简单办法如图 3-42 所示，将量角器底边与凸轮轮廓曲线相切（图中在 A 点相切），量角器 90°刻线应为切点的法线，即从动件受力方向线。OA 径向线应为从动件速度方向线，两线之间夹角即为 A 点压力角。最大压力角 α_{max} 一般出现在从动件上升的起始位置、从动件具有最大速度的位置或凸轮廓线较陡之处。

对于从动件几种常用的运动规律，工程上已求出了最大压力角与基圆半径的对应关系，并绘制了诺模图（图 3-43），图中上半圆的标尺代表凸轮推移运动角 d_0，下半圆代表最大压力角 α_{max}，直径标尺

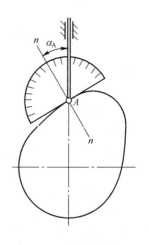

图 3-42 求压力角

代表各种运动规律的 h/r_b。由图上 d_0、α_{max} 两点连线与直径的交点，可读出相应运动规律的 h/r_b 的值，从而确定最小基圆半径 r_{bmin}。基圆半径可按 $r_b \geqslant r_{bmin}$ 选取。

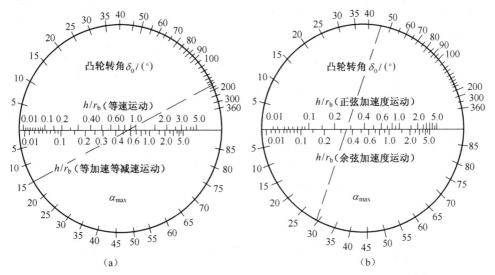

图 3-43 诺模图

例 3-3 设计一对心直动滚子从动件盘形凸轮机构，要求凸轮转过运动角 $\delta_0 = 45°$ 时，从动件按简谐运动规律上升，其升程 $h = 14$mm，限定凸轮机构的最大压力角等于许用压力角，$\alpha_{max} = 30°$。试确定凸轮基圆半径。

解： 由图 3-43（b）下半圆查得 $\alpha_{max} = 30°$ 的点和上半圆差得 $\delta_0 = 45°$ 的点，将其两点连成一直线交标尺线下部刻度（h/r_b 线）于 0.35 处。于是，根据 $h/r_b = 0.35$ 和 $h = 14$mm，即可求得凸轮的基圆半径 $r_b = 40$mm。

3.2.5 凸轮机构常用材料及结构

设计凸轮机构时，除了确定机构的基本尺寸，设计出凸轮轮廓曲线外，还要适当地选择材料，确定结构类型，直至画出凸轮的工作图。

1. 凸轮和滚子材料的选择

凸轮工作时，往往承受的是冲击载荷，凸轮表面会有严重的磨损。因此，要求凸轮和滚子的工作表面硬度高、耐磨。对于经常受到冲击的凸轮机构还要求凸轮心部有较大的韧性。当载荷不大、低速时，可选用 HT250、HT300、QT900—2 等作为凸轮的材料。采用球墨铸铁（QT900—2）时，轮廓表面需经热处理，以提高其耐磨性。中速、中载的凸轮常用 45、40Cr、20Cr、20CrMn 等材料，经表面淬火或渗碳淬火，硬度达 55～62HRC。高速、重载凸轮可用 40Cr，表面淬火至硬度 56～60HRC；或用 38CrMoAl，经渗氮处理至 60～67HRC。滚子的材料可用 20Cr，经渗碳淬火，表面硬度达 56~62HRC，也可选用滚动轴承为滚子。

2. 凸轮结构

当凸轮的基圆半径较小不满足式（3.5）的要求时，凸轮与轴可以做成一体，如图 3-44 所示。

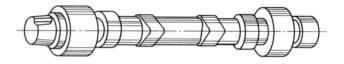

图 3-44 凸轮轴

当凸轮基圆半径与轴半径相差较大时，应将凸轮与轴分开制造。凸轮与轴可采用键连接、销连接，如图 3-45（a）所示，或采用弹簧锥套与螺母连接，如图 3-45（b）所示。

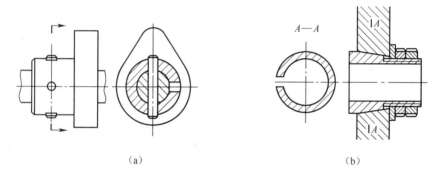

图 3-45 凸轮的结构

3.3 螺旋机构

螺旋机构在各种机械设备和仪器中得到了广泛的应用。螺旋机构由螺杆、螺母和机架组成。

3.3.1 螺旋机构的特点及应用

螺旋机构的主要优点是结构简单，制造方便，运动准确，能获得很大的降速比和力的增益，工作平稳，无噪声，合理选择螺纹导程角可具有自锁功能。螺旋机构主要应用于传递运动和动力，转变运动形式，调整机构尺寸，微调与测量等场合。螺旋机构存在着摩擦损失大，传动效率较低的缺点，一般不用于传递大功率的场合。

如图 3-46（a）所示为定心夹紧机构，由平面夹爪和 V 形夹爪组成定心机构。螺杆的两端分别为右旋和左旋螺纹，采用导程不同的复式螺旋。当转动螺杆时，两夹爪会夹紧工件。

如图 3-46（b）所示为压榨机构，螺杆两端分别与两螺母组成旋向相反、导程相同的螺旋副。当转动螺杆时，两螺母很快地靠近（复式螺旋原理），再通过连杆使压板向下运动，以压榨物品。

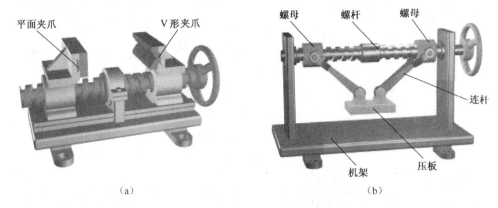

图 3-46 螺旋传动工程应用实例

3.3.2 螺纹的形成、类型及主要参数

1. 螺纹的形成

将底边长为 πd_2 的直角三角形缠绕到直径为 d_2 的圆柱上，其斜边在圆柱上形成螺旋线，如图 3-47（a）所示。若将底边分成两半，如图 3-47（b）所示，从 $\dfrac{\pi d}{2}$ 处引一条斜边的平行线，则可以形成两条螺旋线。沿螺旋线所形成的、具有相同剖面的凸起和沟槽称为螺纹。

螺纹按螺旋线的数目，可分为单线螺纹和多线螺纹。连接螺纹一般用单线。为制造方便，多线螺纹一般不超过四线。

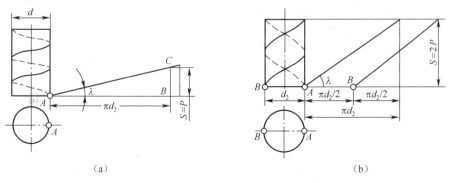

图 3-47 螺纹形成

2. 螺纹的类型

螺纹轴向剖面的形状称为螺纹的牙形，螺纹牙形可分为三角形 [图 3-48 (a)]、圆形 [图 3-48 (b)]、矩形 [图 3-48 (c)]、梯形 [图 3-48 (d)] 和锯齿形 [图 3-48 (e)] 等，其中三角形螺纹主要用于连接，其余主要用于传动。除矩形螺纹外，其他螺纹都已标准化。常用传动螺纹特点及应用见表 3-1。

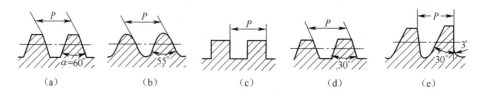

图 3-48 螺纹牙形

表 3-1 常用传动螺纹

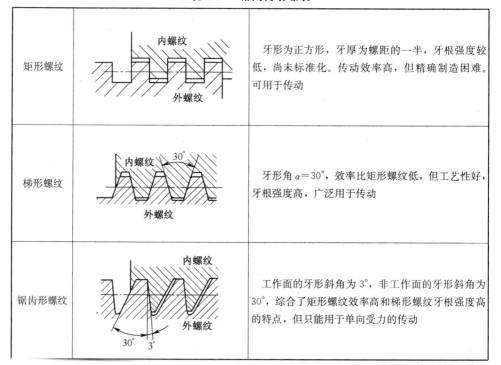

名称	图示	特点
矩形螺纹		牙形为正方形，牙厚为螺距的一半，牙根强度较低，尚未标准化。传动效率高，但精确制造困难。可用于传动
梯形螺纹		牙形角 $\alpha=30°$，效率比矩形螺纹低，但工艺性好，牙根强度高，广泛用于传动
锯齿形螺纹		工作面的牙形斜角为 3°，非工作面的牙形斜角为 30°，综合了矩形螺纹效率高和梯形螺纹牙根强度高的特点，但只能用于单向受力的传动

螺纹旋线方向可分为：左旋、右旋（图 3-49）。将螺旋的轴线放于铅垂位置时，正面的螺纹向右上方倾斜上升的为右旋，如图 3-49 (a)、图 3-49 (c)，反之为左旋，如图 3-49 (b) 所示。

根据螺旋线数目不同分为：单线 [图 3-49 (a)]、双线 [图 3-49 (b)] 和三线 [图 3-49 (c)]，螺纹线数用 n 表示。

一对螺旋副，在圆柱表面形成的螺纹为外螺纹，圆孔内表面形成的螺纹为内螺纹。

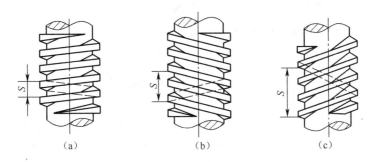

图 3 - 49 螺纹的线数及旋向
(a) 单线右旋 $S=P$；(b) 双线左旋 $S=2P$；(c) 三线右旋 $S=3P$

3. 螺纹的主要参数

现以普通三角螺纹为例说明螺纹的主要参数，如图 3 - 50 所示。

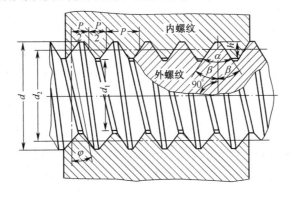

图 3 - 50 螺纹的主要参数

（1）大径：指的是螺纹的最大直径，也称为公称直径。外螺纹记为 d，内螺纹记为 D。

（2）小径：指的是螺纹的最小直径，常作为强度校核的直径。外螺纹记为 d_1，内螺纹记为 D_1。

（3）中径：螺纹轴向剖面内，牙形上沟槽与牙间宽相等处的假想圆柱面直径。外螺纹记为 d_2，内螺纹记为 D_2。

（4）牙形角 α：在轴剖面内螺纹牙形两侧边的夹角。

（5）牙形斜角 β：牙形侧边与螺纹轴线间的垂线间的夹角，$\beta=\alpha/2$。

（6）螺距 P：在中径线上，相邻两螺纹牙对应点间的轴向距离。

（7）导程 S：在同一条螺旋线上，相邻两螺纹牙在中径线上对应点间的轴向距离，导程 S 与螺距 P 的关系为 $S=nP$。

（8）升角 λ：在中径圆柱上，螺旋线切线与端面的夹角。如图 3 - 47 所示，其计算公式为

$$\tan\lambda = S/\pi d_2 = nP/\pi d_2$$

3.3.3 螺旋机构的工作原理及类型

1. 滑动螺旋机构

滑动螺旋机构按其具有的螺旋副数目分为单螺旋机构、双螺旋机构等。

1) 单螺旋机构

如图 3-51 所示,在螺母与螺杆组成的单螺旋机构中,当螺杆相对螺母转过 ϕ 角时,螺杆同时相对螺母沿轴线的位移 L 为:

$$L = S\phi/2\pi \tag{3.6}$$

螺杆位移的方向按螺纹旋向的左(右)手定则确定。即右旋螺纹用右手,左旋螺纹用左手,四指握向代表转动方向,拇指指向代表螺杆移动方向,而螺母移动方向与螺杆移动方向相反。

2) 双螺旋机构

双螺旋机构是指一个具有两段不同螺纹的螺杆分别与两个螺母组成两对螺旋副。通常两个螺母中的一个固

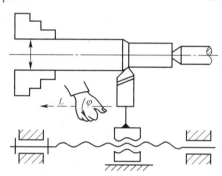

图 3-51 单螺旋机构

定,另一个移动(不能转动),以转动的螺杆为主动件。如图 3-52 所示,设螺杆 3 上螺母 1、2 两处螺纹的导程分别为 S_1、S_2,依据两对螺旋副的旋向,可形成两种传动方式。

(1) 差动螺旋机构(微动螺旋机构)

如图 3-52 所示,设螺旋机构中 1、2 段的螺旋导程分别为 S_1、S_2,若两端螺旋的旋向相同(即同为左旋或右旋),且 $S_1 > S_2$ 时,当螺杆 3 转过一周时,螺母 2 的位移 L 为:

$$L = (S_1 - S_2)\phi/2\pi \tag{3.7}$$

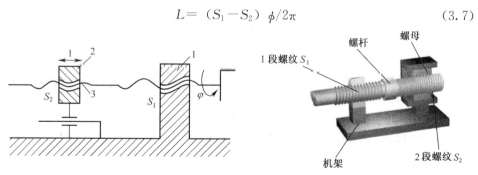

图 3-52 双螺旋机构

因此，两螺纹副中的螺纹旋向相同时，则形成差动螺纹机构。当 $S_1 > S_2$，L 为螺母2相对于机架的绝对位移。如果 S_1、S_2 相差很小时，位移 L 也可能很小，故这种螺旋机构也称为微动螺旋机构。此种机构常用于测微计、分度机构及调节机构，以及精密机械进给机构和精密加工刀具等，如图 3‐53（a）所示，为精密机床上的微调镗刀。

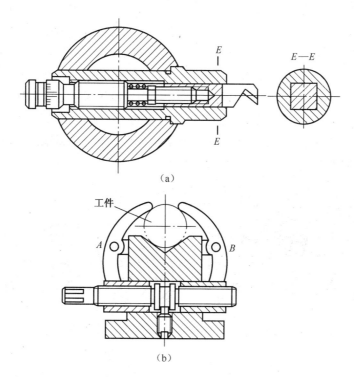

图 3‐53 双螺旋机构应用实例
(a) 微调镗刀；(b) 铣床夹具

（2）复式螺旋机构

如果螺旋机构的两段螺旋导程分别为 S_1、S_2，且两端螺旋副的旋向相反。这种螺旋机构称为复式螺旋机构。当螺杆转过 ϕ 角度，螺母相对于机架的绝对位移 L 为

$$L = (S_1 + S_2)\phi/2\pi \tag{3.8}$$

复式螺旋机构中的螺母能产生很大的位移，一般用于需要快速移动或调整的装置上，也称为倍速机构。图 3‐53（b）所示的铣床夹具就是复式螺旋机构的应用。

2. 滚动螺旋机构

在螺杆和螺母上都制有螺旋滚道，滚道内充满滚珠，螺杆与螺母通过滚珠沿

螺旋滚道滚动而发生相对运动，使螺旋副的滑动摩擦变为滚动摩擦，提高传动效率。这种螺旋传动称为滚动螺旋传动，又称滚珠丝杠副。此类机构在数控机床、汽车等许多机械中采用。

滚珠的循环方式分为内循环和外循环两种。

如图 3-54（a）所示为螺旋槽式外循环滚动螺旋。在螺母的外表面铣出一个供滚珠返回的螺旋槽，其两端钻有圆孔，与螺母上的内滚道相通。在螺母的滚道上装有挡珠器，引导滚珠从螺母外表面上的螺旋槽返回滚道，循环到工作滚道的另一端。这种结构的加工工艺性较好，缺点是挡珠器的形状复杂且容易磨损。

如图 3-54（b）所示为内循环滚珠丝杠，滚珠在循环回路中始终和螺杆接触，螺母上开有侧孔，孔内装有反向器将相邻两螺纹滚道连通，滚珠越过螺纹顶部进入相邻滚道，形成一个循环回路。内循环的每一封闭循环滚道只有一圈滚珠，滚珠的数量较少，因此流动性好，摩擦损失小，传动效率高，径向尺寸小。但反向器及螺母上定位孔的加工要求较高。

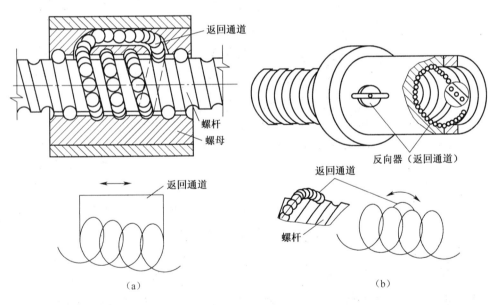

图 3-54 滚动螺旋机构
(a) 螺旋槽式外循环式滚动螺旋；(b) 内循环式滚动螺旋

3.4 间歇运动机构

当主动件连续运动时，需要从动件作周期性的间歇运动或停顿时，可以应用间歇运动机构。

3.4.1 棘轮机构

1. 棘轮机构的结构及特点

如图3-55所示,棘轮机构主要由棘轮1、棘爪2和机架组成。曲柄摇杆机构中:曲柄6匀速连续转动带动摇杆左右摆动,当摇杆右摆时,棘爪2插入棘轮1的齿内推动棘轮转过某一角度。当摇杆左摆时,棘爪2滑过棘轮1,而棘轮静止不动,如此往复循环。止动爪4用于防止棘轮反转和定位,扭簧5使棘爪2紧贴在棘轮上。这种有齿的棘轮其进程的变化最少是1个齿距,且工作时有响声。

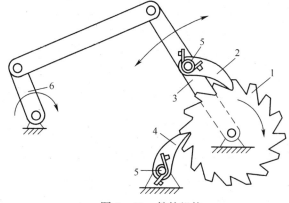

图3-55 棘轮机构

棘轮机构可分为外棘轮机构(图3-55)和内棘轮机构[图3-56(a)],两种机构棘轮的齿分别做在轮的外圆或内圈上;同时,棘轮机构又可分为单向驱动棘轮机构和双向驱动棘轮机构。双向驱动棘轮机构如图3-56(b)所示,棘爪在图示位置推动棘轮逆时针转动,当棘爪转180°后,则推动棘轮顺时针转动。

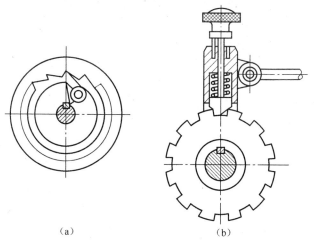

图3-56 两种棘轮机构
(a)内棘轮机构;(b)双向驱动棘轮机构

棘轮转过的角度可以调节。如图3-57所示，改变曲柄6的长度可改变摇杆的摆角；也可采用改变覆盖罩的位置，如图3-57（a）所示。棘轮装在罩盖A内，仅露处一部分齿，若转动罩盖A，如图3-57（b）所示，则不用改变摇杆的摆角也能使棘轮的转角由α_1变成α_2。

棘轮机构运动可靠，从动棘轮容易实现有级调节。但是有噪声、冲击、轮齿易磨损，高速时尤其严重，常用于低速、轻载的间歇传动。如起重机、绞盘常用棘轮机构使提升的重物能停在任何位置，以防止由于停电等原因造成事故。

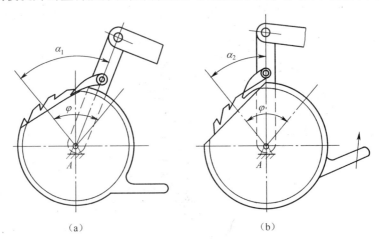

图3-57 棘轮转角调

2. 棘轮机构应用实例

如图3-58所示是浇铸式流水线进给装置，它是由气缸带动摇杆摆动，通过齿式棘轮机构使流水线的输送带作间歇输送运动，输送带不动时，进行自动浇铸。

图3-59为自行车后轮上飞轮的结构示意图，链轮3内圈具有棘齿，后轮轴的轮毂3上绞接着两个棘爪4，棘爪用弹簧丝压在链轮的内棘齿上，当脚蹬踏板时经链轮1和链条带动3顺时针转动，再通过棘爪4带动后轮轴5顺时针转动，从而驱动自行车前进，当自行车下坡或脚不蹬踏板时，链轮不动，但后轮轴由于惯性仍按原转向飞快转动，此时棘爪便在棘背上滑过，从而实现不蹬踏板时自行车的继续前行，这种结构在机械中常称为超越离合器。

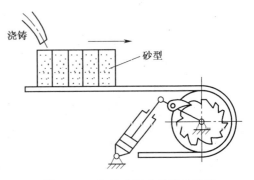

图3-58 浇铸式流水线进给装置

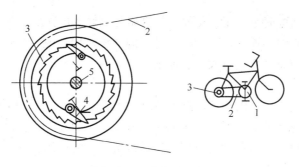

图 3-59 自行车飞轮

3.4.2 槽轮机构

1. 槽轮机构的结构及特点

槽轮机构由主动盘 1、从动轮 2 和机架组成。如图 3-60（a）所示，主动盘 1 以 ω_1 匀速转动，当圆销 A 由左侧插入槽轮 2 的径向槽内时，使槽轮顺时针转动（ω_2），然后在右侧脱离槽轮。此时，槽轮停止不动，并由主动盘的凸弧通过槽轮凹弧，将槽轮锁住。当构件 1 的圆销 A 又开始进入槽轮径向槽的位置时，锁住弧被松开。从而实现构件 2（槽轮）时而转动，时而静止的间歇运动。图 3-60（b）为内啮合槽轮机构，其原理也一样。

4 个槽的槽轮机构：主动盘 1 转一周，槽轮转 1/4 周。

6 个槽的槽轮机构：主动盘 1 转一周，槽轮转 1/6 周。

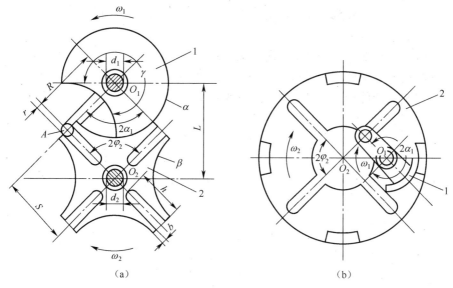

图 3-60 槽轮机构

(a) 外啮合槽轮机构；(b) 内啮合槽轮机构

槽轮机构结构简单，工作可靠，能准确控制转动的角度。常用于要求恒定旋转角的分度机构中。缺点是对于一个已定的槽轮机构来说，其转角不能调节；在转动始、末，加速度变化较大，有冲击。

2. 槽轮机构应用实例

槽轮机构能将销轮的连续转动变为槽轮的间歇转动，一般应用在转速不高，要求间歇转动的装置中。图3-61（a）和图3-61（b）所示为槽轮机构在电影放映机卷片机构中和转塔六角车床刀架转位机构中的应用。

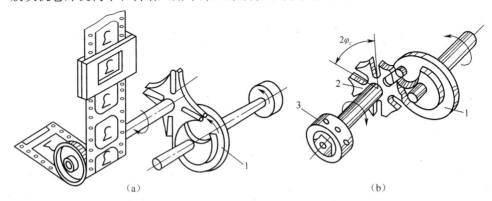

图3-61　槽轮机构应用

(a) 电影放映机卷片机构；(b) 转塔六角车床刀架转位机构

思考与练习

3-1　铰链四杆机构按运动形式可分为哪三种类型？各有什么特点？试举出它们的应用实例。

3-2　根据如图3-62所示各机构求作：

①机构的极限位置；②最大压力角（或最小传动角）位置；③死点位置。图中标注箭头的构件为原动件，尺寸由图中直接量取。

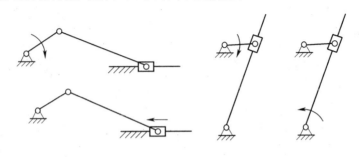

图3-62　题3-2图

3-3　有一铰链四杆机构（见图3-63）AB长15mm，BC长50mm，CD长30mm，机架AD长40mm。AB为原动件，顺时针转动，CD为从动件，由左向右摆动为工作行程。试求机构的极位夹角 θ，从动件摆角 φ，工作行程内的最小传动角 $\gamma_{\min}$。

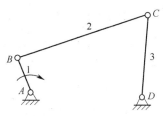

图 3-63　题 3-3 图

3-4　如图 3-64 所示为造型机翻台机构翻台的两个给定位置 Ⅰ、Ⅱ，其中，Ⅰ 为砂箱震实位置，转动 180° 到 Ⅱ，为砂箱起模位置。翻台固定在铰链四杆机构的连杆 BC 上，图中尺寸单位为 mm，比例尺为 $\mu = 0.025\mathrm{m/mm}$。要求机架上铰链中心 A、D 点在图中 x 轴上，试设计此机构。

3-5　如图 3-65 所示为一偏心圆凸轮机构，O 为偏心圆的几何中心，偏心距 $e=15\mathrm{mm}$，$d=60\mathrm{mm}$。试在图中求出：

（1）该凸轮的基圆半径、从动件的最大位移 h 和推程角 δ_0 的值；

（2）凸轮从图示位置转过 90° 时从动件的位移 s。

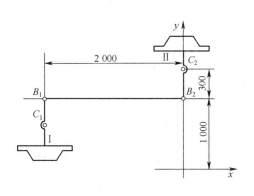

图 3-64　题 3-4 图

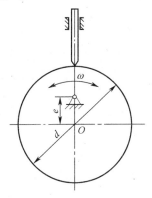

图 3-65　题 3.5 图

3-6　设计一尖顶对心直动从动件盘形凸轮机构，已知凸轮以等角速度 ω 顺时针转动，凸轮基圆半径 $r_b = 30\mathrm{mm}$，从动件升程 $h = 30\mathrm{mm}$，推程角 $\delta_0 = 180°$，远休止角 $\delta_s = 60°$，回程角 $\delta_0' = 90°$，近休止角 $\delta_s' = 30°$。从动件在推程作等加速等减速运动，在回程作简谐运动。试用图解法绘制凸轮轮廓曲线。

实践项目 1　平面机构运动简图的绘制

一、目的

1. 能够根据实际机械或机构模型测绘机构运动简图。
2. 验证和巩固机构自由度的计算。

二、要求

1. 正确判断两种运动副及其数量。
2. 绘制 2~3 种平面机构的运动简图。
3. 对照实际机械,理解计算机构自由度的目的。

三、设备和工具

牛头刨床、小型冲床、各种机构模型、钢板尺、卡钳等。

四、步骤和方法

1. 测绘时使被测的机器或模型缓慢地运动,从原动件开始仔细观察机构运动,分清各个运动单元,从而确定组成机构的数目。
2. 根据两构件的接触情况及相对运动性质确定各动副的种类。
3. 选取视图平面,使其能表示某一瞬时的机构位置,并且要求此位置时各构件不互相重叠。
4. 测量机构的运动学尺寸,按一定的比例尺绘制机构运动简图。
5. 计算各构件的自由度数,并将结果与实际相对照,观察是否相符。

实践项目 2　一种产品的机械结构分析

一、目的

1. 从学习和生活中发现机械结构问题，提出探究方案，开展调查研究，学会针对实际产品分析机构组成及绘制机构运动简图，验证和巩固课本中关于机构自由度的计算等问题。

2. 通过完成任务，促进学生进行合作学习、发现和解决实际问题的能力，学会在课堂以外自己进一步去获取知识。

3. 初步学会通过多种途径、运用多种手段收集完成工作任务所需要的信息，并学会对信息进行整理和分析。

二、任务要求

1. 以小组为单位，一组同学选定一个选题，制订工作计划。

2. 对现有产品（结构）进行调研，重点关注产品功能、工作原理、结构特点、材料选择、成本、优缺点及改进设计的方向等。

3. 对照实际机械，绘制该产品（结构）机构运动简图或机构运动示意图、结构图等，并计算机构的自由度。

4. 写出调研报告并汇报成果。在汇报前做好充分准备，应该准备好相关电子材料（如 PPT、录像、图片等），并且简洁而准确地讲解自己的课题。

三、实施步骤

1. 布置任务，明确要求。
2. 学生分组，自选题目，做出计划。
3. 进行社会调查，撰写报告。
4. 制作文档，汇报成果。

四、选题参考

1. 一种（几种）运动健身器材的机械结构分析
2. 一种（几种）带挤干机构拖把的机械结构分析
3. 自行车传动机构的分析与认识

4. 可折叠自行车折叠方法的研究和评析
5. 生活中常见的补鞋机的机构分析
6. 一种可折叠婴儿车的机械结构分析
7. 钥匙修配加工机的机械结构分析
8. 各式各样的伞的结构分析
9. 弹压式水性笔的结构分析

项目 2　机械传动系统分析

第 4 章　简单机械传动系统分析

学习目标
- 能正确辨别传动系统的功能及结构组成，掌握带传动、链传动、齿轮传动的特点及应用场合。
- 理解齿轮几何要素及参数，能熟练计算齿轮的几合尺寸。
- 能读懂减速器装配图，能正确使用工具进行减速器拆装操作，遵守安全文明操作规则。能熟练测绘减速器传动系统图、轴系结构图。
- 会计算定轴轮系、周转轮系及简单混合轮系传动比。

学习建议
- 课堂上学习带传动、链传动、齿轮传动、轮系等相关知识。
- 通过团队合作完成实践项目，掌握拆装基本技能，锻炼发现问题、分析问题、解决问题的能力。
- 通过课程网站和互联网资源查找相关学习资源。
- 通过观察和思考，发现并分析生活中的机械传动问题。

分析与探究

传动系统是把动力机的动力和运动传递给执行装置的中间装置，常用的传动方式有带传动、链传动、齿轮传动、轮系传动、减速器等，本章将研究上述传动类型的功能、原理、结构、特点及应用。

4.1　机械传动系统概述

从运动和动力传递的路线来对机械各个功能部分进行分析，机械由原动机、传动系统和工作机部分组成。原动机是机械的动力来源，常用的原动机有电动机、内燃机、液压机等。传动系统处于原动机和工作机之间，其作用是把原动机的运动和动力传递给工作机。工作机是完成工作任务的部分，处于整个传动路线的终端。

图 4-1 所示为带式运输机，通过电动机传递动力，然后通过带传动，以及固定在两根轴上的一对大小不同的齿轮之间的啮合传动，把主轴的转动速度降低

后输送到卷筒，输送带绕经卷筒形成一个无极的环形带，输送带以正常运转所需要的拉紧力张紧在卷筒上。工作时通过传动卷筒和输送带之间的摩擦力带动输送带运行，从而运输物料。

电动机是系统的原动机，卷筒和运输带构成工作机，带传动、齿轮传动（在减速器内）构成传动装置，联轴器把齿轮轴和卷筒轴连接在一起以便工作时两轴一起转动，轴的两端用轴承支撑。

传动系统是把原动机的动力和运动传递给工作机的中间装置，主要完成下列几个功能：

（1）减速或增速：把原动机的速度降低或增高，以适应工作机的工作需要。

（2）变速：当用原动机的变速不经济、不可能或不能满足要求时，通过传动系统实现变速（有级或无级）以满足工作机的各种速度要求。

（3）改变运动规律或运动形式：把原动机输出的均匀、连续、旋转的运动转变为按照某种规律变化的旋转或非旋转、连续或间歇的运动或改变方向的运动，以满足工作机的运动要求。

（4）传递动力：把原动机输出的动力传递给工作机，从而完成预定任务所需要的转矩和力。

传动系统按所采用的传动介质不同，可分为机械传动、液压传动、电气传动和气压传动等形式。其中机械传动应用齿轮、皮带、链条，以及离合器、联轴器等传动件实现运动联系。这种传动形式工作可靠，结构简单，故障易查，维修方便，应用广泛。

图 4-1 带式运输机

4.2 带传动

4.2.1 带传动的工作原理

带传动是一种常用的机械传动装置，通常是由主动轮 1、从动轮 2 和张紧在两轮上的挠性环形带 3 所组成,如图 4-2 所示。安装时带被张紧在带轮上,当主动轮 1 转动时,依靠带与带轮接触面间的摩擦力或啮合驱动从动轮 2 一起回转,从而传递一定的运动和动力。

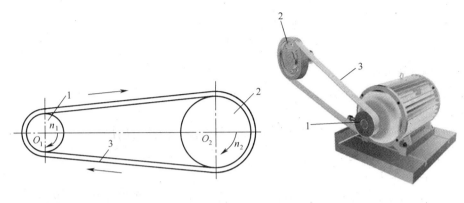

图 4-2 带传动

4.2.2 带传动的主要类型及特点

1. 带传动的主要类型

根据传动原理的不同,带传动可分为两大类:摩擦带传动和啮合带传动。

1) 摩擦带传动

利用具有弹性的挠性带与带轮间的摩擦来传递运动和动力。根据带的形状,又可分为下列几种带传动。

(1) 平带传动

如图 4-3 (a) 所示,平带的横截面为扁平矩形,其工作面为与带轮面接触的内表面。常用的平带有橡胶帆布带、锦纶带、复合平带、编织带等。

(2) V 带传动

如图 4-3 (b) 所示,V 带的横截面为梯形,其工作面为与带轮接触的两侧面。V 带与平带相比,由于正压力作用在楔形面上,当量摩擦系数大,能传递较大的功率,结构也紧凑,故应用最广。

(3) 多楔带传动

如图 4-3 (c) 所示,多楔带是若干根 V 带的组合,可避免多根 V 带长度不等,传力不均的缺点。适合用于传递动力较大而又要求结构紧凑的场合。

(4) 圆带传动

如图 4-3 (d) 所示,圆带横截面是圆形,通常用皮革或棉绳制成。圆带的牵引力小,适用于传递较小功率的场合,如缝纫机、录音机等。

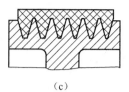

(a)　　　　　　　　(b)　　　　　　　(c)　　　　　　　(d)

图 4-3　摩擦带的类型

2）啮合带传动

利用啮合传递运动和动力。

(1) 同步带传动

如图 4-4（a）所示，同步带工作时，利用带工作面上的齿与带轮上的齿槽相互啮合，以传递运动和动力。

(2) 齿孔带传动

如图 4-4（b）所示，工作时，带上的孔与轮上的齿相互啮合，以传递运动和动力。

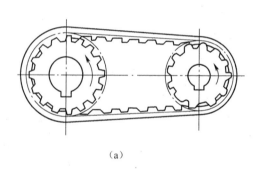 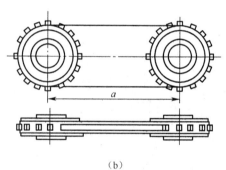

(a)　　　　　　　　　　　　　　　　　　(b)

图 4-4　啮合带

2. 带传动的特点和应用

摩擦带传动具有以下特点：

(1) 带有弹性，能缓和冲击、吸收振动，故传动平稳、无噪声。

(2) 过载时，带在轮上打滑，具有过载保护作用。

(3) 结构简单，制造成本低，安装维护方便。

(4) 带与带轮间存在弹性滑动，不能保证准确的传动比。

(5) 两轴的中心距大，整机尺寸大。

(6) 带需张紧在带轮上，故作用在轴上的压力大。

(7) 传动效率低，带的寿命较短。

摩擦带传动适用于要求传动平稳、传动比要求不很严格、中小功率及传动中心距较大的场合，不适宜在高温、易燃、易爆及有腐蚀介质的场合下工作。

啮合带传动中的同步带传动能保证准确的传动比，其适应的速度范围广

($v \leqslant 500\text{m/s}$),传动比大（$i \leqslant 12$），传动效率高（$\eta = 0.98 \sim 0.99$），传动结构紧凑，故广泛用于电子计算机、数控机床及纺织机械中。啮合带传动中的齿孔带传动，常用于放映机、打印机中，以保证同步运动。

4.2.3 带传动的工作能力分析

为了保证带传动能正常工作，带传动未承载时，带必须以一定的张紧力套在带轮上，此时带轮两边的拉力 F_0 相等，如图 4-5（a）所示，称为初拉力。

传动时，当主动带轮以转速 n_1 旋转时，其对带的摩擦力 F_f 与带的运动方向一致，从动轮对带的摩擦力与带传动方向相反，则使绕入主动轮一边的带被拉紧，拉力由 F_0 增加到 F_1，称为紧边，F_1 为紧边拉力；绕出主动轮一边的带被放松，拉力由 F_0 减为 F_2，称为松边，F_2 为松边拉力。此时带两边的拉力不再相等，如图 4-5（b）所示。设环形带的总长度不变，则紧边拉力的增加量 ($F_1 - F_0$) 应等于松边拉力的减少量 ($F_0 - F_2$)，即

$$F_1 - F_0 = F_0 - F_2$$
$$F_1 + F_2 = 2F_0 \tag{4.1}$$

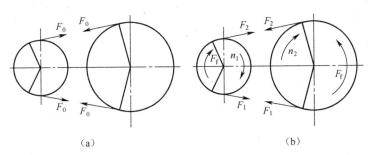

图 4-5 带传动的工作原理

带两边拉力之差 F 称为带传动的有效拉力，也称为有效圆周力，实际上也就是带与带轮之间的摩擦力的总和 F_f，即：

有效圆周力 $\qquad F = F_1 - F_2 = F_f \tag{4.2}$

带所能传递的功率为 $\qquad P = \dfrac{Fv}{1000} \tag{4.3}$

式中，P 为传递功率（kW）；F 为有效圆周力（N）；v 为带的速度（m/s）。

在初拉力一定的情况下，带与带轮之间的摩擦力的总和是有限的。当所要传递的圆周力超过摩擦力的极限值时，带将在带轮上发生明显的相对滑动，这种现象称为打滑。经常出现打滑将使带的磨损加剧、传动效率降低，严重时会使带传动失效。因此应避免出现带打滑的现象。

当传动带和带轮间有全面滑动趋势时，摩擦力达到最大，即有效圆周力达到最大，忽略离心力的影响，紧边拉力和松边拉力之间的关系可用欧拉公式表示，即

$$\frac{F_1}{F_2} = e^{f\alpha} \tag{4.4}$$

式中，F_1 和 F_2 分别为紧边拉力和松边拉力（N）；e 为自然对数的底数；f 为摩擦因数（在 V 带传动中，应代入当量摩擦因数 f_V）；α 为小带轮的包角（rad），即带与带轮接触弧所对应的中心角。

由式（4.1）、式（4.2）和式（4.4）可得带在不打滑的条件下所能传递的最大有效圆周力为

$$F_{max} = 2F_0 \frac{e^{f\alpha}-1}{e^{f\alpha}+1} \tag{4.5}$$

由式（4.5）可知，带传动的最大有效圆周力与下列因素有关：

（1）初拉力 F_0

初拉力越大，有效圆周力越大。但初拉力过大会使带的摩擦加剧，降低带的寿命，而初拉力过小又会造成带的工作能力降低。

（2）摩擦因数 f

摩擦因数 f 越大，摩擦力也越大，带所能传递的有效圆周力越大，对于 V 带传动，其当量摩擦因数 $f_V = f/\sin(\phi/2) \approx 3f$，所以其传递能力高于平带。

（3）包角

包角增大，有效圆周力增大，因为增加了包角会使整个接触弧上的摩擦力的总和增加，从而提高传动能力。水平装置的带传动，通常将松边放置在上边，以增大包角。由于大带轮的包角大于小带轮的包角，打滑会首先在小带轮上发生，所以只需考虑小带轮的包角 α_1，一般要求 $\alpha_1 \geqslant 120°$。

4.2.4 带传动的弹性滑动与传动比

传动带是弹性体，受到拉力后会产生弹性伸长，伸长量随拉力的大小变化而变化。工作时，由于紧边和松边的拉力不同，因而两边的弹性伸长量也不同，如图 4-6 所示，带由紧边 a_1 绕过主动轮进入松边 b_1 时，带的拉力逐渐降低，其弹性变形量也逐渐减小，带在绕过带轮的过程中，相对带轮回缩，向后产生了局部的相对滑动，导致带的速度逐渐小于主动轮的速度。同样，当带由松边绕过从动轮 2 进入紧边时，拉力增加，带逐渐被拉长，沿轮面产生向前的弹性滑动，使带的速度逐渐大于从动轮的圆周速度。这种由于带的弹性变形而产生的带与带轮间的微量相对滑动称为弹性滑动，由于传动中紧边与松边拉力不相等，因而产生弹性滑动是不可避免的。

弹性滑动导致从动轮的圆周速度 v_2 低于主动轮的圆周速度 v_1，速度的降低率称为滑动率，用 ε 表示

$$\varepsilon = (v_1 - v_2)/v_1 \tag{4.6}$$

考虑滑动率时带传动的传动比为

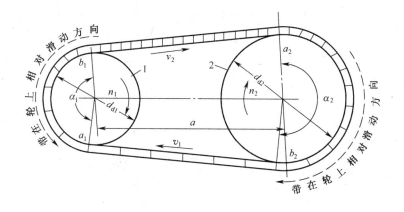

图 4-6 带传动的相对滑动

$$i = n_1/n_2 = \frac{d_{d2}}{d_{d1}(1-\varepsilon)} \tag{4.7}$$

滑动率 ε 的值与弹性变形的大小有关，即与带的材料和受力大小有关，不是准确的恒定值，因此，摩擦传动即使在正常使用条件下，也不能获得准确的传动比。通常带传动的滑动率为 $\varepsilon=0.01\sim0.02$，在一般传动计算中，可不予考虑。

因此带传动的传动比近似计算公式为：

$$i = n_1/n_2 = \frac{d_{d2}}{d_{d1}} \tag{4.8}$$

式中，n_1 是主动带轮的转速（r/min）；
n_2 是从动带轮的转速（r/min）；
d_{d1} 是主动带轮的直径（mm）；
d_{d2} 是从动带轮带轮的直径（mm）。

弹性滑动和打滑是两个截然不同的概念。打滑是指当带所传递的外载荷超过极限值时，引起带在带轮上的全面滑动，是带传动的一种主要失效形式，是可以避免的。弹性滑动是由于传动中紧边与松边拉力不相等而引起的，只要传递圆周力，就会发生弹性滑动，因而是不可避免的。

4.2.5 带传动的张紧、安装和维护

1. 带传动的张紧

V 带在张紧状态下工作了一定时间后会产生塑性变形，因而造成了 V 带传动能力下降，为了保证带传动的传动能力，必须定期检查与重新张紧。常用的张紧方法有以下两种：调整中心距和加张紧轮。

1）调整中心距

调整中心距法是带传动常用的张紧方法，如用调节螺杆使电机随摆动杆绕轴

摆动，如图4-7（a）所示，适用于垂直或接近垂直的布置。或者用调节螺杆使装有带轮的电动机沿滑轨移动，如图4-7（b）所示，适用于水平或倾斜不大的布置。或者如图4-7（c）所示，将装有带轮的电动机安装在浮动的摆架上，利用电动机自重，使带始终在一定的张紧力下工作。

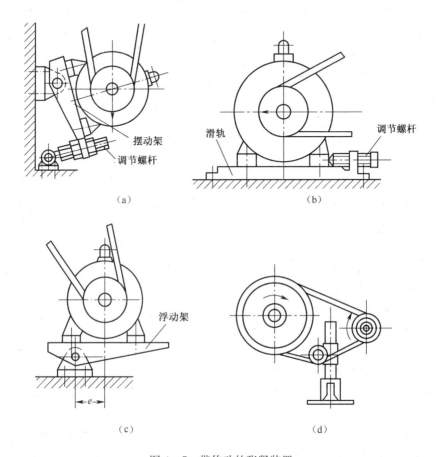

图4-7 带传动的张紧装置

2）加张紧轮

当中心距不可调节时，采用张紧轮张紧，如图4-7（d）所示，张紧轮一般应设置在松边内侧，并尽量靠近大带轮。张紧轮的轮槽尺寸与带轮相同，直径应小于带轮的直径，若设置在外侧时，则应使其靠近小轮，这样可以增加小带轮的包角。

2. 带传动的安装和维护

1）带轮的安装

平行轴传动时，各带轮的轴线必须保持规定的平行度，各轮宽的中心线，V带轮、多楔带轮对应轮槽的中心线，平带轮面凸弧的中心线均应共面且与轴线垂直，否则会加速带的磨损，降低带的寿命，如图4-8所示。

(1) 通常应通过调整各轮中心距的方式来安装带和张紧，切忌硬将传动带从带轮上拔下扳上，严禁用撬棍等工具将带强行撬入或撬出带轮。

(2) 同组使用的 V 带型号应相同，新旧 V 带不能同时使用。

(3) 安装时，应按规定的初拉力张紧，对于中等中心距的带传动，也可凭经验张紧，带的张紧程度以大拇指能将带按下 15mm 为宜。新带使用前，最好预先拉紧一段时间后再使用。

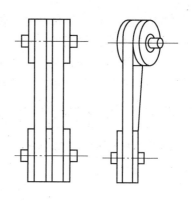

图 4-8 带轮的安装

2) 带传动的维护

(1) 带传动装置外面应加保护罩，以确保安全，防止带与酸、碱或油接触而腐蚀传动带。

(2) 带传动不需润滑，禁止往带上加润滑油或润滑脂，应及时清理带轮槽内及传动带上的油污。

(3) 应定期检查传动带，如有一根松弛或损坏则应全部更换新带。

(4) 带传动的工作温度不应超过 60℃。

(5) 如果带传动装置闲置时，应将传动带放松。

4.3 链 传 动

4.3.1 链传动概述

链传动由轴线平行的主动链轮、从动链轮和链条组成，它是以链条为中间挠性件的啮合传动装置，如图 4-9 所示。工作时，依靠链条与链轮轮齿的啮合来传递运动和动力。

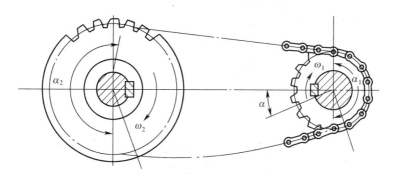

图 4-9 链传动

按用途的不同，链传动分为传动链、起重链和牵引链。起重链和牵引链主要用于起重机械和运输机械，传动链主要用于一般机械传动。在传动链中，又分为滚子链和齿形链两种，其中，滚子链应用最广泛，故本书主要讨论滚子链传动。

链传动靠链轮和链条之间的啮合来传递运动，而链轮之间有挠性链条，在相同的时间内两链轮转过的链节长度相等，所以链条平均线速度 $v = z_1 P n_1 = z_2 P n_2$（式中，$z$ 为链轮齿数，P 为链节距，n 为转速），平均传动比恒定，但实际上链条进入链轮后形成折线，链传动相当于一对多边形轮之间的传动，当链轮转到不同位置时，链条的瞬时链速和瞬时传动比都是变化的，并引起动载荷。

链传动与摩擦型带传动相比，链传动能够得到准确的平均传动比，传递功率大，效率较高，过载能力强，相同情况下的传动尺寸小，所需张紧力小，故对轴的压力小，可在高温、多尘、油污、潮湿等恶劣环境下工作，与齿轮传动相比，制造和安装精度要求较低，成本低，易于实现远距离传动和多轴传动。

链传动适用于两轴线平行且距离较远、瞬时传动比无严格要求，以及工作环境恶劣的场合，广泛用于农业，采矿、冶金、石油化工及运输等各种机械中。目前，链传动所能传递的功率可达 3 600kW，常用 100kW 以下；链速 v 可达 30～40m/s，常用 $v \leqslant 15$m/s；传动比最大可达 15，一般 $i \leqslant 6$，效率 $\eta = 0.91 \sim 0.97$。

4.3.2 滚子链和链轮

1. 滚子链的结构及标准

滚子链由内链板 1、外链板 2、销轴 3、套筒 4 和滚子 5 组成，结构如图 4-10（a）所示。

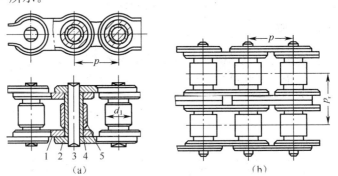

图 4-10 滚子链的结构
(a) 单排链；(b) 双排链

销轴与外链板之间和套筒与内链板之间分别采用过盈配合连接，而销轴与套筒之间和滚子与套筒之间则为间隙配合，这样，当内、外链板相对挠曲时，套筒可绕销轴自由转动。滚子是活套在套筒上的，当链条进入链轮啮合时，滚子沿链轮齿廓滚动，这样就可以减轻齿廓的磨损。链的磨损主要发生在销轴与套筒的接合面上。

内外链板均制成8字形，以使链板各横截面的抗拉强度相等，并可减轻链条的重量和惯性力。滚子链上相邻两销轴中心的距离称为节距，用 p 表示，它是链传动的最主要的参数，p 越大，链的各元件尺寸也越大，链所能传递的功率也越大，但当链轮齿数确定后，节距增大会使链轮直径增大。因此，在需承受较大载荷的场合下，滚子链还可制成多排形式的。为使链传动总体尺寸不致过大，可用小节距的双排链［图4-10（b）］或多排链。多排链由单排链彼此间用单销轴组合而成，其承载能力与排数成正比。但排数越多，越难使各排链受载均匀，故排数不宜过多，常用双排或三排链，四排以上的很少用。

当链条节数为偶数时，链的接头称为连接链板，连接链板的外链板相同，可以拆卸，常用开口销或弹簧卡片来固定，如图4-11（a）和图4-11（b）所示。当链节数为奇数时，必须把两个内链节直接连接，因此需采用特殊的过渡链板，如图4-11（c）所示，这种链板的强度较差，所以应尽可能避免奇数链节。滚子链的基本参数与尺寸见表4-1，分为A、B两个系列，表内的链号数乘以25.4/16mm即为链节距值。

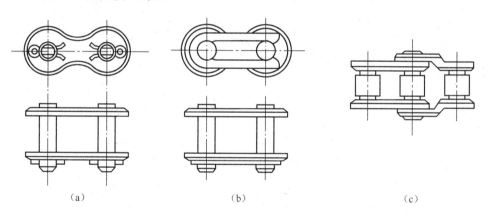

图4-11 滚子链的接头形式

表4-1 滚子链的基本参数和尺寸

链号	节距 p /mm	排距 p_t /mm	滚子外径 d_1 /mm	内链节内宽 b_1 /mm	销轴直径 d_2 /mm	内链节外宽 b_2 /mm	销轴长度 /mm	内链板高度 h_1 /mm	极限拉伸载荷 Q /N	单排质量 q /kg·m^{-1} /概略值
05B	8.00	5.64	5.00	3.00	2.31	4.77	8.6	7.11	4 400	0.18
06B	9.252	10.24	6.35	5.72	3.28	8.53	13.5	8.26	8 900	0.40
08B	12.7	13.92	8.51	7.75	4.45	11.30	17.01	11.81	17 800	0.70
08A	12.7	14.38	7.95	7.85	3.96	11.18	17.8	12.07	13 800	0.6

续表

链号	节距 p /mm	排距 p_t /mm	滚子外径 d_1 /mm	内链节内宽 b_1 /mm	销轴直径 d_2 /mm	内链节外宽 b_2 /mm	销轴长度 /mm	内链板高度 h_1 /mm	极限拉伸载荷 Q /N	单排质量 q /kg·m^{-1} /概略值
10A	15.875	18.11	10.16	9.40	5.08	13.84	21.8	15.09	21 800	1.0
12A	19.05	22.78	11.91	12.57	5.94	17.75	26.9	18.08	31 100	1.5
16A	25.4	29.29	15.88	15.75	7.92	22.61	33.5	24.13	55 600	2.6
20A	31.75	35.76	19.05	18.90	9.53	27.46	41.1	30.18	86 700	3.8
24A	38.10	45.44	11.23	25.22	11.10	35.46	50.8	36.20	124 600	5.6
28A	44.45	48.87	25.4	25.22	12.70	37.19	54.9	42.24	169 000	7.5
32A	50.8	58.55	28.58	31.55	14.27	45.21	65.5	48.26	222 400	10.1
40A	63.5	71.55	39.68	37.85	19.54	54.89	80.3	60.33	347 000	16.1
48A	76.2	87.83	47.63	47.35	23.80	67.82	955.5	72.39	500 400	22.6

滚子链的标记规定为：链号—排数×整链链节数国标编号。

例如，A 系列，节距为 31.75mm、双排、80 节的滚子链标记为：20A—2×80 GB/T 1243—1997。

2. 链轮

1) 链轮的齿形

滚子链链轮是链传动的主要零件，链轮齿形应满足下列要求：

（1）保证链条能平稳而顺利地进入和退出啮合。

（2）受力均匀，不易脱链。

（3）便于加工。

GB/T 1243—1997 规定了滚子链链轮的端面齿形，常用齿廓形状如图 4-12 所示。链轮的齿形用标准刀具加工，在其工作图上一般不绘制端面齿形，只需标明按"GB/T 1243-1997 规定制造"即可。

若已知节距 p、滚子外径 d_1，链轮的主要尺寸及计算公式见表 4-2。

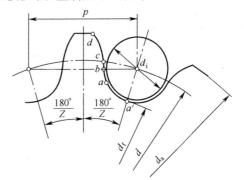

图 4-12 链轮的端面

表 4-2 滚子链轮的主要尺寸

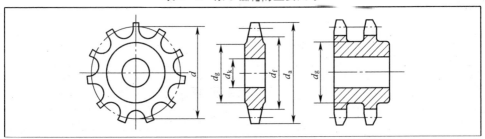

续表

名　称	符号	公　式	说　明
分度圆直径	d	$d=p/\sin(180°/z)$	
齿顶圆直径	d_a	$d_{a\max}=d+1.25p-d_i$ $d_{a\min}=d+(1-1.6/z)p-d_i$	可在 $d_{a\max}$ 与 $d_{a\min}$ 范围内选取，当选择 $d_{a\max}$ 时，应注意用展成法加工，d_a 要取整数。d_i 为配用滚子链的滚子外径
分度圆弦齿高	h_a	$h_{a\max}=(0.625+0.8/z)p-0.5d_i$ $h_{a\min}=0.5(p-d_i)$	h_a 是为简化放大齿形图的绘制而引入的辅助尺寸，$h_{a\max}$ 相当于 $d_{a\max}$，$h_{a\min}$ 相当于 $d_{a\min}$
齿根圆直径	d_f	$d_f=d-d_i$	
最大齿根距离	L_x	奇数齿：$L_x=d\cos(90°/z)-d_i$ 偶数齿：$L_x=d_f=d-d_i$	
齿侧凸缘 （或排间槽）直径	d_g	$d_g<p\cot(180°/z)-1.04h_2-0.76$	h_2 为内链板高度，d_g 要取为整数

注：d_x 为链轮的轴孔，根据轴的强度计算确定。

2）链轮的结构

链轮的结构尺寸与其直径有关，直径小的链轮制成整体结构［图 4-13 (a)］，中等尺寸的链轮做成孔板式［图 4-13 (b)］，直径很大的用组合式，可采用螺栓连接［图 4-13 (c)］，或将齿圈焊接到轮毂上［图 4-13 (d)］。

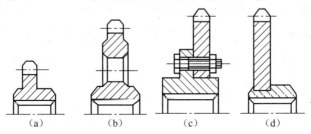

(a)　　　(b)　　　(c)　　　(d)

图 4-13　链轮的结构

4.3.3　链传动的布置与维护

1. 链传动的布置

链传动的布置对传动的工作状态和使用寿命有较大的影响，应注意以下几点：

（1）两链轮的两轴应平行布置，两轮的回转平面应在同一平面内。

（2）两链轮最好布置成轴心连线在水平面内，需要时也可布置成两轮轴心连线与水平面夹角小于 45°的位置，尽量避免垂直布置，必须采用两链轮上下布置时，上下两轮中心应不在同一条垂线上。

（3）通常使链条的紧边在上，松边在下，以免松边垂度过大时与轮齿相干涉或紧、松边相碰。

2. 链传动的张紧

链传动中，为了避免由于铰链磨损使链长度增大而松边过于松弛，垂直布置时避免链轮的啮合不良和振动过大，需适当张紧。一般情况下链传动设计成中心距可调整的形式，通过调整中心距来张紧链轮，也可采用张紧轮张紧（图4-14），张紧轮一般设在链条松边，根据需要可以靠近小链轮或大链轮，或者布置在中间位置。

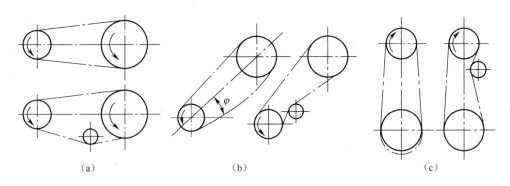

图 4-14 链传动的张紧

3. 链传动的润滑

链传动的润滑是影响传动工作寿命的重要因素之一，润滑良好可减少铰链的磨损。润滑方式按链速和链节距的大小按图4-15进行选取，人工润滑时，在链

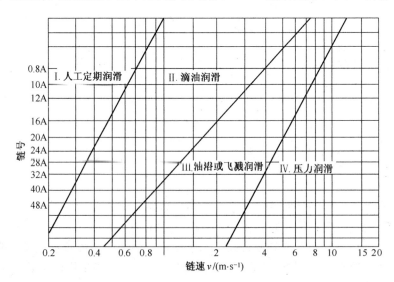

图 4-15 推荐的润滑方式

条内外链板间隙注油,每班一次;滴油润滑时,单排链每分钟油杯滴油 5~20 滴,链速高时取大值;油浴润滑时,链条浸油深度为 6~12mm;飞溅润滑时,链条不得浸入油池,甩油盘深度为 12~15mm,甩油盘的圆周速度大于 3m/s。

4.4　圆柱齿轮传动

4.4.1　齿轮传动的特点和类型

齿轮传动是现代机械中广泛应用的一种机械传动。与其他形式的传动相比,齿轮传动具有以下优点:传递的功率大、适用范围广、结构紧凑、效率高、工作可靠、寿命长,可以传递空间任意两轴之间的运动和动力,且能保证恒定的瞬时传动比。其缺点是:制造和安装精度要求高、成本高,且不适宜用于中心距较大的传动。

齿轮传动的类型很多,通常按两轮轴线间的位置及齿向不同分类。

根据两齿轮相对运动平面位置不同,齿轮传动分为平面齿轮传动和空间齿轮传动两大类。

1) 平面齿轮传动

平面齿轮传动的两齿轮轴线相互平行,常见的类型有以下几种。

(1) 直齿圆柱齿轮传动

直齿圆柱齿轮的轮齿与轴线平行,按其相对运动情况又可分为外啮合齿轮传动 [图 4 - 16 (a)]、内啮合齿轮传动 [图 4 - 16 (b)] 和齿轮齿条传动 [图 4 - 16 (c)]。

(2) 斜齿圆柱齿轮传动

如图 4 - 16 (d) 所示,斜齿轮的轮齿相对于轴线倾斜了一个角度,斜齿轮传动按其啮合方式也可分为外啮合、内啮合及齿轮齿条传动三种。

(3) 人字形齿轮传动

这种齿轮的轮齿呈人字形,可以看成是由两个螺旋角大小相等、旋向相反的斜齿轮合并而成,如 [图 4 - 16 (e)] 所示。

2) 空间齿轮传动

空间齿轮传动的两齿轮轴线不平行。按两轴线的相对位置可分为锥齿轮传动、交错轴斜齿轮传动和蜗杆涡轮传动。

(1) 锥齿轮传动

这种齿轮传动的两轮轴线相交,可为任意交角,常用的是 90°。锥齿轮按齿向不同,可分为直齿圆锥齿轮 [图 4 - 16 (f)]、斜齿圆锥齿轮和曲齿圆锥齿轮 [图 4 - 16 (g)]。

(2) 交错轴斜齿轮传动

这种齿轮传动的两齿轮轴线在空间交错(既不平行也不相交),如图 4 - 16

(h) 所示。

(3) 蜗杆涡轮传动

蜗杆涡轮传动的两轴线相交成 90°，如图 4 - 16 (i) 所示。

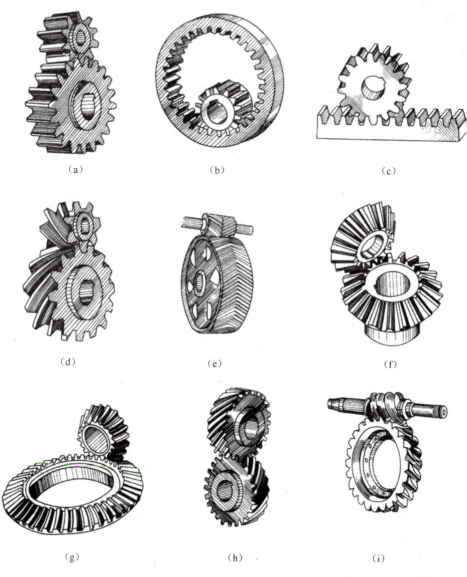

图 4 - 16　齿轮传动的类型

4.4.2　渐开线标准直齿圆柱齿轮的基本参数和几何尺寸计算

在机械工程中，常用的齿轮齿廓有渐开线齿廓、摆线齿廓和圆弧齿廓、其中渐开线齿廓易于制造，便于安装，应用最广。

1. 渐开线的形成及特性

当一直线在一圆周上作纯滚动时（图 4-17），此直线上任意一点的轨迹称为该圆的渐开线，这个圆称为渐开线的基圆，该直线称为渐开线的发生线。

由渐开线的形成过程可知，渐开线具有如下特性：

(1) 发生线在基圆上滚过的长度等于基圆上被滚过的弧长，即直线 NK 的长度等于弧长 AN。

(2) 发生线 NK 是基圆的切线和渐开线上 K 点的法线。线段 NK 是渐开线在 K 点的曲率半径，N 点为其曲率中心。由此可见，渐开线上各点的法线均与基圆相切。

(3) 渐开线上某一点的法线（压力方向线）与该点速度方向线所夹的锐角 α_K，称为该点的压力角。以 r_b 表示基圆半径，由图 4-17 可知

$$\cos\alpha_K = r_b / r_K \tag{4.9}$$

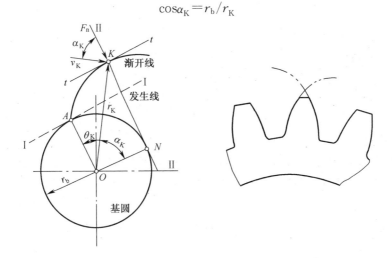

图 4-17　渐开线的形成及渐开线齿廓

上式表明渐开线上各点的压力角不等，向径 r_K 越大（即离开轮心越远的点），其压力角越大，反之越小。基圆上的压力角等于零。

(4) 渐开线的形状取决于基圆的大小。如图 4-18 所示，基圆越大，渐开线越平直，当基圆半径趋于无穷大时，其渐开线将成为垂直于 N_3K 的直线，它就是渐开线齿条的齿廓。所以基圆大小不同，轮齿的齿廓形状也不同。

(5) 基圆内无渐开线。

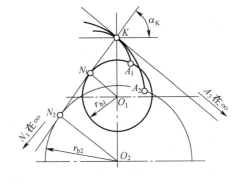

图 4-18　基圆半径对渐开线形状的影响

2. 齿轮各部分的名称及代号

图 4-19 为直齿圆柱齿轮的一部分，图中标出了齿轮各部分的名称和常用代号。

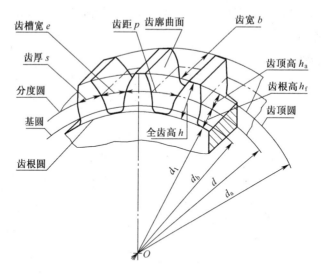

图 4-19　齿轮各部分的名称

1) 齿数

齿轮圆柱面上凸出的部分称为轮齿，其两侧是形状相同而方向相反的渐开线，称为齿廓。轮齿的总数称为齿数，用 z 表示。

2) 齿厚

任一圆周上同一轮齿两侧齿廓间的弧长，称为该圆上的齿厚，用 s_K 表示。

3) 齿槽

相邻两轮齿间的空间称为齿槽。任意圆周上，同一齿槽两侧齿廓间的弧长称为该圆的齿槽宽，用 e_K 表示。

4) 齿顶圆

各轮齿齿顶所确定的圆称为齿顶圆，齿顶圆直径用 d_a 表示。

5) 齿根圆

各齿槽底部所确定的圆称为齿根圆，齿根圆直径用 d_f 表示。

6) 齿距

在任意半径的圆周上，相邻两齿同侧齿廓间的弧长称为该圆上的齿距，用 p_K 表示。显然

$$p_K = s_K + e_K \tag{4.10}$$

7) 模数

根据齿距的定义，可知齿距与圆周长有如下关系：

$$\pi d_K = p_K z$$
$$d_K = (p_K/\pi) z = m_K z \tag{4.11}$$

上式中，比值 $p_K/\pi = m_K$ 称作该圆上的模数。在不同直径的圆周上，比值 p_K/π 是不同的，而且还包含无理数 π；又由渐开线性质可知，在不同直径的圆周上，齿廓各点的压力角也不相等。为了便于设计、制造及互换，人为地把齿轮某一圆周上的比值 p_K/π 规定为标准值（整数或有理数），并使该圆上的压力角也规定为标准值，这个圆称为分度圆，其直径用 d 表示。分度圆上的压力角简称压力角，用 α 表示。我国规定的的标准压力角为 20°。分度圆上的模数简称模数，用 m 表示，单位为 mm。模数已标准化，表 4-3 为其中的一部分。

表 4-3 标准模数系列（摘自 GB/T 357—1987）

第一系列	1，1.25，1.5，2，2.5，3，4，5，6，8，10，12，16，20，25，32，40，50
第二系列	1.75，2.25，2.75，(3.25)，3.5，(3.75)，4.5，5.5，(6.5)，7，9，(11)，14，18，22，28，36，45
注：①本标准适用于渐开线圆柱齿轮，对于斜齿轮是指法向模数。②优先采用第一系列，括号内的模数尽可能不用。	

模数是齿轮设计与制造的重要基本参数，齿轮的主要几何尺寸都和模数成正比，m 越大，则齿距 p 越大，轮齿就越大，轮齿的抗弯能力也越强，所以模数 m 又是轮齿抗弯能力的重要标志。

分度圆上的齿距、齿厚、齿槽宽习惯上不加分度圆字样，而直接称为齿距、齿厚、齿槽宽。分度圆上各参数的代号都不带下标。分度圆上的齿距为

$$p = s + e = \pi m \tag{4.12}$$

分度圆直径为

$$d = m z \tag{4.13}$$

8）齿顶高、齿根高和全齿高

介于齿顶圆与分度圆之间的部分称为齿顶，其径向高度称为齿顶高，用 h_a 来表示。介于齿根圆与分度圆之间的部分称为齿根，其径向高度称为齿根高，用 h_f 表示。齿顶圆与齿根圆之间的径向高度称为全齿高，用 h 表示，显然

$$h = h_a + h_f \tag{4.14}$$

齿顶高和齿根高的尺寸规定为模数的倍数，即

$$h_a = h_a^* m, \quad h_f = (h_a^* + c^*) m \tag{4.15}$$
$$h = h_a + h_f = (2h_a^* + c^*) m \tag{4.16}$$

式中，h_a^* 称为齿顶高系数，c^* 称为顶隙系数。齿顶高系数和顶隙系数已标准化，见表 4-4。

上式中，$c = c^* m$ 称为顶隙，是指一对齿轮啮合时，一个齿轮的齿顶圆到另

一个齿轮的齿根圆的径向距离（图 4 - 20）。顶隙的作用是为了避免一个齿轮的齿顶与另一个齿轮的齿槽底部相碰，同时也为了在间隙中存储润滑油。

当齿轮的模数 m，压力角 α，齿顶高系数 h_a^*，顶隙系数 c^* 均为标准值，且分度圆上的齿厚与齿槽宽相等时，该齿轮称为标准齿轮。m、α、h_a^*、c^* 和 z 为渐开线直齿圆柱齿轮几何尺寸计算的 5 个基本参数。

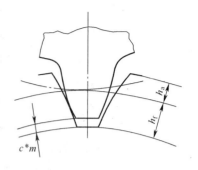

图 4 - 20 齿轮顶隙

外啮合渐开线标准直齿圆柱齿轮几何尺寸的计算公式归纳在表 4 - 5 中。

表 4 - 4 渐开线圆柱齿轮的齿顶高系数和顶隙系数

系　　数	正　常　齿　制	短　齿　制
h_a^*	1.0	0.8
c^*	0.25	0.3

表 4 - 5 渐开线标准直齿圆柱齿轮几何尺寸计算公式

名　称	代号	计算公式 外齿轮	计算公式 内齿轮	齿条
模数	m	取标准值		
压力角	α	$\alpha = 20°$		
分度圆直径	d	$d = mz$		
基圆直径	d_b	$d_b = d\cos\alpha$		
齿顶高	h_a	$h_a = h_a^* m$		
齿根高	h_f	$h_f = (h_a^* + c^*) m$		
全齿高	h	$h = h_a + h_f = (2h_a^* + c^*) m$		
齿距	p	$p = \pi m = s + e$		
齿厚	s	$s = \pi m / 2$		
齿槽宽	e	$e = \pi m / 2$		
顶隙	c	$c = c^* m$		
齿顶圆直径	d_a	$d_a = d + 2h_a = (z + 2h_a^*) m$	$d_a = d - 2h_a = (z - 2h_a^*) m$	∞
齿根圆直径	d_f	$d_f = d - 2h_f = (z - 2h_a^* - 2c^*) m$	$d_f = d + 2h_f = (z + 2h_a^* + 2c^*) m$	∞
中心距	a	$a = (d_2 \pm d_1)/2 = m(z_2 \pm z_1)/2$		∞

注：中心距计算式中"＋"用于外啮合，"－"号用于内啮合。

4.4.3 渐开线标准直齿圆柱齿轮的啮合传动

1. 渐开线标准直齿圆柱齿轮的啮合特性

1) 瞬时传动比恒定

齿轮传动的传动比是指主从动轮的角速度之比，也等于转速之比。

$$i_{12}=\frac{\omega_1}{\omega_2}=\frac{n_1}{n_2} \tag{4.17}$$

图 4-21 所示一对相互啮合的齿廓在 K 点接触的情况。设两轮的角速度分别为 ω_1 和 ω_2，则接触点 K 的线速度为

$$v_{K1}=O_1K\omega_1, \quad v_{K2}=O_2K\omega_2$$

过 K 点作两齿廓的公法线 $n-n$，它与齿轮轮心连线 O_1O_2 交于 P 点，并分别与两个齿轮的基圆交于 N_1 和 N_2 两点。为保证两齿廓在啮合过程中既不相互嵌入也不相互分离，v_{K1} 与 v_{K2} 在公法线方向的分速度必须相等，即

$$v_{K1}\cos\alpha_{K1}=v_{K2}\cos\alpha_{K2}$$
$$O_1K\omega_1\cos\alpha_{K1}=O_2K\omega_2\cos\alpha_{K2}$$

从而有

$$i_{12}=\frac{\omega_1}{\omega_2}=\frac{O_2K\cos\alpha_{K2}}{O_1K\cos\alpha_{K1}}$$

过 O_1、O_2 分别作公法线 $n-n$ 的垂线，垂足分别为 N_1、N_2，根据渐开线的性质可知，渐开线上任意一点的法线必与基圆相切，N_1、N_2 点即为切点，$O_1N_1=r_{b1}$，$O_2N_2=r_{b2}$，则有

$$O_1N_1=O_1K\cos\alpha_{K1}, \quad O_2N_2=O_2K\cos\alpha_{K2}$$

又由 $\triangle O_1N_1P \backsim \triangle O_2N_2P$，可得传动比为

$$i_{12}=\frac{\omega_1}{\omega_2}=\frac{O_2K\cos\alpha_{K2}}{O_1K\cos\alpha_{K1}}=\frac{O_2N_2}{O_1N_1}=\frac{O_2P}{O_1P}=\frac{r_{b2}}{r_{b1}} \tag{4.18}$$

图 4-21 中 r_{b1}、r_{b2} 分别为两齿轮的基圆半径。P 点称为节点；令 $O_1P=r'_1$；$O_2P=r'_2$，分别以 r'_1 和 r'_2 为半径、以两轮轮心为圆心画圆，称为节圆。节点为两节圆的切点。把 r'_1 和 r'_2 代入式（4.18）得 $\omega_1 r'_1=\omega_2 r'_2$，即两节圆的圆周速度相等。显然，两齿轮啮合传动时，可视为半径为 r'_1、r'_2 的两节圆在作纯滚动。

从以上分析可知，齿轮的转速比与节圆半径成反比，也与基圆半径成反比。当一对齿轮制造出后其基圆半径已确定，因此，齿轮传动的瞬时传动比是恒定的。

2）传动的作用力方向不变

如图 4-21 所示，渐开线齿轮传动时，其齿廓接触点的轨迹称为啮合线。对于渐开线齿廓，无论在何点接触，过接触点的公法线总是两基圆的内公切线 N_1N_2。因此，直线 N_1N_2 就是齿廓的啮合线。当不考虑摩擦时，两齿廓间作用力的方向必沿着接触点的公法线方向，即啮合线方向。由于啮合线为定直线，所以在啮合过程中，齿廓间的作用力方向不变，这对齿轮传动的平稳性是很有利的。

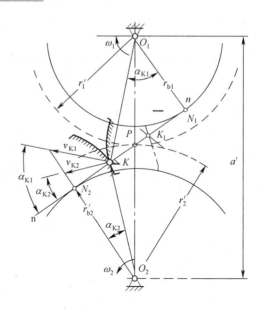

图 4-21 渐开线齿廓的啮合

过节点作两节圆的公切线 t—t，它与啮合线之间的夹角称为啮合角，用 α' 表示，由图 4-21 可见，渐开线齿轮传动中啮合角为常数。

3) 渐开线齿轮传动的可分性

两渐开线齿轮啮合时，其传动比等于两轮基圆半径之反比，而在渐开线齿轮的齿廓加工完成后，其基圆大小就已完全确定。所以，即使两轮的实际中心距与设计中心距略有偏差，也不会影响两轮的传动比。渐开线齿廓传动的这一特性称为传动的可分性。

实际上，制造、安装误差或轴承的磨损，常常会导致中心距的微小变化。但由于渐开线齿轮传动具有可分性，故仍能保持良好的传动性能。

2. 正确啮合条件

齿轮传动时，每一对轮齿仅仅啮合一段时间然后便分离，而由后一对轮齿接替。为了保证每一对轮齿都能正确地进入啮合，要求前一对轮齿在 K 点接触时，后一对轮齿能在啮合线上另一点 K' 正常接触，如图 4-22 所示。而 KK' 恰好是齿轮 1 和齿轮 2 的法向齿距（相邻轮齿同侧齿廓间的法线距离）。由此可知，要保证两齿轮正确啮合，它们的法向齿距必须相等，即 $p_{n1}=p_{n2}$。

又由渐开线的性质可知，法向齿距与基圆齿距相等。设 P_{b1}、P_{b2} 分别表示齿轮 1 和齿轮 2 的基圆齿距，则有

$$p_{b1}=p_{b2}$$

而

$$P_{b1}=\pi d_{b1}/z_1=\pi d_1\cos\alpha_1/z_1=\pi m_1\ z_1\cos\alpha_1/z_1=\pi m_1\cos\alpha_1$$
$$P_{b2}=\pi d_{b2}/z_2=\pi d_2\cos\alpha_2/z_2=\pi m_2\ z_2\cos\alpha_2/z_2=\pi m_2\cos\alpha_2$$

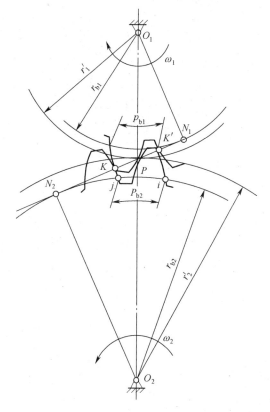

图 4‑22　正确啮合条件

可得两齿轮正确啮合的条件为

$$m_1\cos\alpha_1 = m_2\cos\alpha_2$$

式中，m_1、m_2、α_1、α_2 分别为两轮的模数和压力角。由于模数和压力角都已标准化，所以要满足上式，则应使

$$m_1 = m_2 = m,\quad \alpha_1 = \alpha_2 = \alpha \tag{4.19}$$

上式表明，渐开线齿轮的正确啮合条件是：两轮的模数和压力角分别相等。

3. 连续传动条件

一对轮齿的正确啮合过程如图 4‑23（a）所示，设轮 1 为主动轮，轮 2 为从动轮，当两轮的一对齿开始啮合时，主动轮的齿根部分与从动轮的齿顶接触，所以开始啮合点是从动轮的齿顶圆和啮合线 N_1N_2 的交点 B_2；当两轮继续转动，啮合点的位置沿着 N_1N_2 移动，轮 2 齿廓上的啮合点由齿顶向齿根移动，轮 1 齿廓上的啮合点则由齿根向齿顶移动。当啮合传动进行到主动轮的齿顶圆与啮合线 N_1N_2 的交点 B_1 时，两轮即将脱离接触，故 B_1 为轮齿的终止啮合点。线段 B_1B_2 为啮合点的实际轨迹，称为实际啮合线段。若将两轮的齿顶圆增大，啮合点趋近于点 N_1、N_2。但由于基圆内无渐开线，实际啮合线不可能超过极限点 N_1、N_2，故线段 N_1N_2 称为理论啮合线。

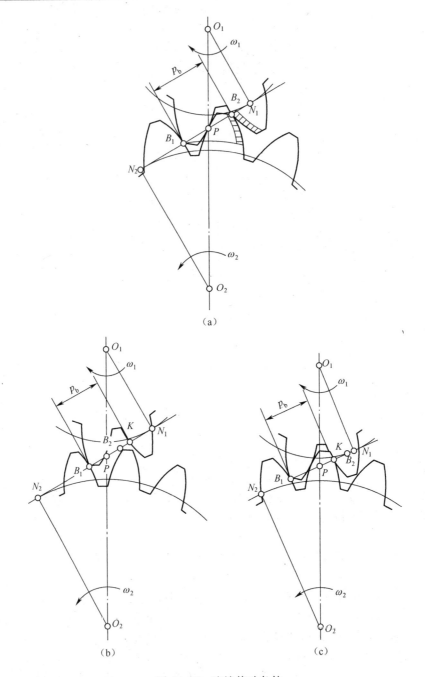

图 4-23 连续传动条件

由轮齿啮合的过程可知,一对轮齿啮合到一定位置时即会终止,要使齿轮连续传动,就必须使前一对轮齿尚未脱离啮合,后一对轮齿能及时进入啮合,或者已经在 B_1、B_2 点之间的任一点相啮合。为此,必须使实际啮合线段大于或等于法向齿距（基圆齿距），即 $B_1B_2 \geqslant P_b$。图 4-23（a）表示 $B_1B_2 = P_b$ 的情况，此时恰好能够连续传动。图 4-23（b）表示 $B_1B_2 < P_b$ 的情况，此时当前一对齿在 B_1 点即将脱离啮合，后一对齿尚未进入啮合，传动不能连续进行。图 4-23（c）表示 $B_1B_2 > P_b$ 的情况，此时传动不仅能够连续进行，而且还有一段时间为两对齿同时啮合。

实际啮合线段 B_1B_2 与基圆齿距的比值称为齿轮传动的重合度，用 ε 来表示，于是渐开线齿轮连续传动的条件可表示为

$$\varepsilon = \frac{B_1B_2}{P_b} \geqslant 1 \tag{4.20}$$

重合度越大，表示同时啮合的轮齿对数越多。当 ε＝1，表示在传动过程中只有一对齿啮合。当 ε＝2，则表示有两对齿同时啮合。如果 1＜ε＜2，则表示在传动过程中，时而有两对轮齿相啮合，时而有一对轮齿相啮合。在一般机械中，要求重合度 ε≥1.1～1.4。

重合度的详细计算公式可参阅有关的机械设计手册。对于一般的标准齿轮传动，重合度都大于 1，故不必验算。

4. 标准中心距

图 4-24（a）表示一对渐开线标准齿轮外啮合时的情况。由图可以看出，两轮的分度圆相切，其中心距 a 等于两轮分度圆半径之和，即

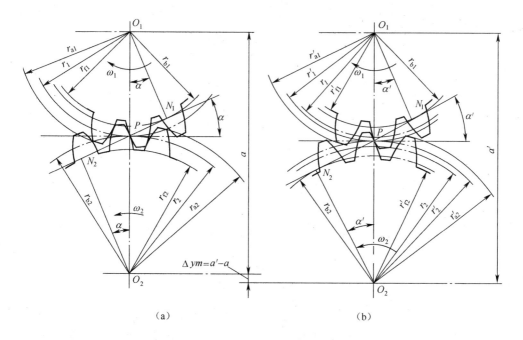

图 4-24 渐开线齿轮安装的中心距

$$a = r'_1 + r'_2 = r_1 + r_2 = \frac{1}{2}m(z_1 + z_2) \tag{4.21}$$

这种中心距称为标准中心距。

一对齿轮安装时，两轮的中心距总是等于两轮节圆半径之和。因此，标准安装时，其分度圆与节圆重合。但如果由于种种原因，齿轮的实际中心距与标准中心距不等，如图 4-24（b）所示，则两轮的分度圆就不再相切，这时节圆与分度圆也不再重合。

4.4.4 内齿轮与齿条

1) 内齿轮

图 4-25 所示为一圆柱内齿轮，其齿廓形状有以下特点：

（1）内齿轮的齿厚相当于外齿轮的齿槽宽，而其齿槽宽相当于外齿轮的齿厚。内齿轮的齿廓是内凹的渐开线。

（2）内齿轮的齿顶圆在分度圆之内，而齿根圆在分度圆之外。其齿根圆比齿顶圆大。

（3）齿轮的齿廓均为渐开线时，其齿顶圆必须大于基圆。

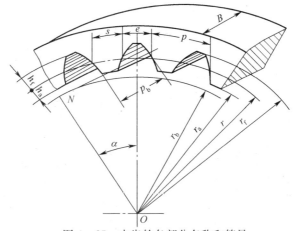

图 4-25 内齿轮各部分名称和符号

2) 齿条

图 4-26 所示为一齿条，其齿廓形状有以下特点：

（1）其齿廓是直线，齿廓上各点的法线相互平行，而齿条移动时，各点的速度方向、大小均一致，故齿条齿廓上各点的压力角相同。如图所示，齿廓的压力角等于齿形角，数值为标准压力角值。

（2）齿条可视为齿数无穷多的齿轮，其分度圆无穷大，成为分度线。任意与分度线平行的直线上的齿距均相等，$p_k = \pi m$。只有分度线上的齿厚与齿槽宽相等，即 $s = e$，其他直线上 $s \neq e$。

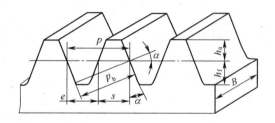

图 4 - 26 齿条各部分名称和符号

4.4.5 切齿原理和根切现象

渐开线齿轮可以用铸造、锻造、轧制、粉末冶金和切削加工等多种方法制造,最常用的是切削加工法。切削加工按加工原理又可分为仿形法和范成法两种。

1. 切齿原理

1) 仿形法

仿形法切削轮齿是用渐开线齿形的成形铣刀直接切出齿形。常用的刀具有盘形铣刀 [图 4 - 27 (a)] 和指状铣刀 [图 4 - 27 (b)] 两种。加工时,铣刀绕本身轴线旋转,同时轮坯沿齿轮轴线方向直线移动。铣出一个齿槽以后,将轮坯转过 $2\pi/z$ 再铣第 2 个、第 3 个、……齿槽。仿形法切削轮齿方法简单,不需要专用机床,但生产率低,精度差,故仅适用于单件生产及精度要求不高的场合。

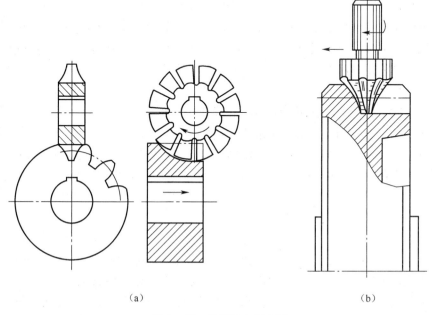

(a) (b)

图 4 - 27 仿形法加工齿轮

2) 范成法

范成法加工是利用一对齿轮传动时,其轮齿齿廓互为包络线的原理来切齿的。这种方法采用的刀具主要有齿轮插刀、齿条插刀和齿轮滚刀。与仿形法相比,范成法加工齿轮不仅精度高,而且生产率也高。

(1) 齿轮插刀

齿轮插刀的形状如图4-28(a)所示。刀具顶部比正常齿高出c^*m,以便切出顶隙部分。插齿时,插刀沿轮坯轴线方向作往复切削运动,同时强迫插刀与轮坯模仿一对齿轮传动那样以一定的角速度比转动,直至全部齿槽切制完毕。

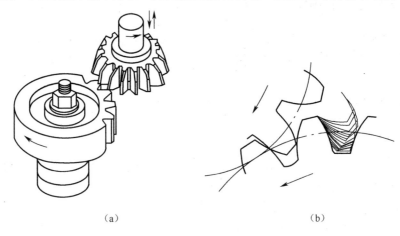

(a)　　　　　　　　　　(b)

图4-28　用齿轮插刀加工齿轮

因插齿刀的齿廓是渐开线,故切制的齿轮齿廓也是渐开线。根据正确啮合条件,被切制的齿轮的模数和压力角与刀具相等,故用同一把刀具切出的齿轮不论齿数多少都能正确啮合。

(2) 齿条插刀

齿轮插刀的齿数增加至无穷多时,其基圆半径也增至无穷大,渐开线齿廓变成直线齿廓,齿轮插刀就变成齿条插刀,如图4-29所示。齿条插刀顶部比传动用的齿条高出c^*m,同样为了切出顶隙部分。齿条插刀切制轮齿时,其范成运动相当于齿条与齿轮的啮合传动,插刀的移动速度与轮坯分度圆上的圆周速度相等。

(3) 齿轮滚刀

以上介绍的两种刀具只能间断地切削,生产率较低,目前广泛采用的齿轮滚刀,能连续切削,生产率较高。如图4-30所示为齿轮滚刀切制轮齿的情形。滚刀形状很像螺旋,它的轴向截面为一齿条,切齿时,滚刀绕其轴线回转,就相当于齿条在连续不断地移动。当滚刀和轮坯绕各自的轴线转动时,便按范成原理切制出渐开线齿廓。滚刀除了旋转外,还沿着轮坯的轴线方向移动,以便切出整个齿宽上的齿槽。

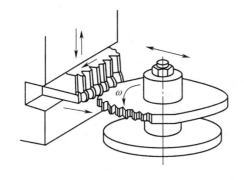

图 4 - 29　用齿条插刀加工齿轮

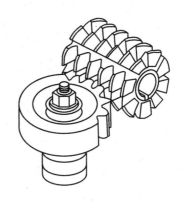

图 4 - 30　用齿轮滚刀加工齿轮

2. 根切现象和最少齿数

用范成法加工齿轮时，有时会出现刀具的顶部切入齿根，将齿根部分渐开线齿廓切去一部分的现象，称为根切（图 4 - 31）。根切使齿根削弱，降低了轮齿的抗弯强度，严重时还会使重合度减小，导致传动不平稳，所以应当避免。

现以齿条刀具切削标准齿轮为例分析根切产生的原因。

如图 4 - 32 所示为用齿条插刀加工标准齿轮的情况。图中齿条插刀的分度线与轮坯的分度圆相切，B_1 点为轮坯齿顶圆与啮合线的交点，而

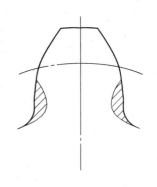

图 4 - 31　根切现象

N_1 点为轮坯基圆与啮合线的切点。根据啮合原理可知：刀具将从位置 1 开始切削齿廓的渐开线部分，当刀具行至位置 2 时，齿廓的渐开线已全部切出。如果刀具的齿顶线恰好通过 N_1 点，则当范成运动继续进行时，该切削刃即与切好的渐开线齿廓脱离，因而就不会发生根切现象。但是若刀具的顶线超过了 N_1 点，由基圆内无渐开线的性质可知，超过 N_1 的刀刃不但不能切制出渐开线齿廓，还将把已加工完成的渐开线廓线切去一部分，导致根切的产生。

由上述分析可知，要避免根切就必须使刀具齿顶线不超过 N_1 点。如图 4 - 33 所示，避免根切需满足如下几何条件

$$N_1 E \geqslant h_a^* m$$

而

$$N_1 E = P N_1 \sin\alpha = (r\sin\alpha)\sin\alpha = \frac{m\,z}{2}\sin^2\alpha$$

整理后可以得出

$$z \geqslant \frac{2h_a^*}{\sin^2\alpha}$$

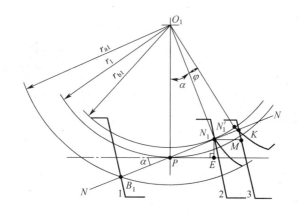

图 4-32 根切产生的原因图

可知，被切齿轮的齿数越少越容易发生根切。为了不产生根切，齿数不得少于某一数值，这就是最少齿数 $z_{\min}$。

$$z_{\min} = \frac{2h_a^*}{\sin^2\alpha} \quad (4.22)$$

当 $\alpha = 20°$，$h_a^* = 1$ 时，$z_{\min} = 17$。若允许少量根切时，正常齿的最少齿数 $z_{\min}$ 可取 14。

3. 变位齿轮

由于渐开线标准齿轮受根切限制，齿数不得少于 $z_{\min}$，使传动不够

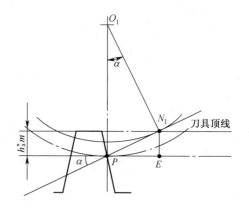

图 4-33 最少齿数

紧凑，此外，当中心距小于标准中心距时无法安装。为了改善齿轮传动的性能，出现了变位齿轮。

当齿条插刀标准安装时（齿条插刀的分度线与轮坯的分度圆相切），若齿顶线超过极限点 N_1，切出来的轮齿会发生根切。为避免根切，可将齿条插刀远离轮心一段距离，齿顶线不再超过极限点 N_1（图 4-34），则切制出的轮齿不会发生根切，此时齿条插刀的分度线与轮坯的分度圆不再相切。这种改变刀具与齿坯相对位置后切制出的齿轮称为变位齿轮。

变位有两种情况，刀具远离轮心的变位称为正变位，刀具移近轮心的变位称为负变位。刀具相对于切制标准齿轮时的位置所移动的距离称为变位量，用 xm 表示，其中，x 为变位系数，m 为模数。正变位时 $x>0$，负变位时 $x<0$，切制标准齿轮时相当于 $x=0$。

加工变位齿轮时，齿轮的模数、压力角、齿数及分度圆、基圆均与标准齿轮

相同，所以两者的齿廓曲线是相同的，只是截取不同的部位。由图 4 - 35 可见，正变位齿轮齿根部分的齿厚增加，提高了齿轮的抗弯强度，但齿顶减薄，负变位正好相反。用范成法切制齿数少于最少齿数的齿轮时，为避免根切必须采用正变位。

关于变位齿轮传动的类型及特点可参见有关的设计手册。

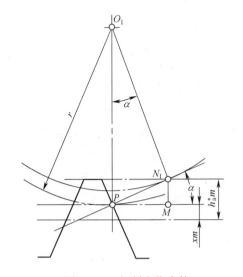

图 4 - 34 切削变位齿轮

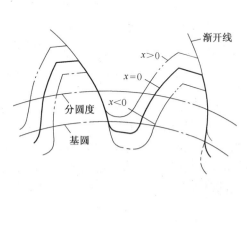

图 4 - 35 变位齿轮齿形比较

4.4.6 渐开线斜齿圆柱齿轮传动

1. 斜齿圆柱齿轮齿廓曲面的形成及特点

如图 4 - 36（a）所示，当发生面在基圆柱上作纯滚动时，发生面上与基圆柱轴线平行的任意一直线 KK 就展开出一渐开线曲面，此曲面即为直齿圆柱齿轮的齿廓曲面。一对直齿圆柱齿轮啮合时，两轮齿廓侧面将沿着齿面上与轴线平行的直线顺序地进行啮合，齿面上的接触线为直线，如图 4 - 36（b）所示，所以两轮轮齿在进入啮合时是沿着全齿宽同时接触的，在退出啮合时，也是沿着全齿宽同时脱离的。轮齿上作用力同样也是同时突然加上和突然卸下的。这种接触方式，使直齿轮在传动时容易产生冲击、振动和噪声。对于高速传动，这种情况尤其严重。

斜齿圆柱齿轮齿廓曲面的形成与直齿圆柱齿轮相似，只是形成渐开线齿廓曲面的直线与基圆柱的轴线不平行，而是在发生平面内与基圆柱母线成一夹角 β_b 的斜直线 KK，如图 4 - 37（a）所示。当发生面沿基圆柱作纯滚动时，斜直线 KK 的轨迹为螺旋渐开面，即斜齿圆柱齿轮的齿廓曲面。斜直线 KK 与基圆柱母线间的夹角 β_b 称为基圆柱上的螺旋角。

由斜齿轮的形成可知，一对斜齿圆柱齿轮啮合时，两轮齿廓侧面沿着与轴线

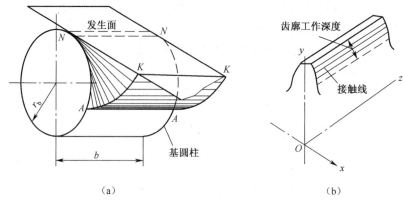

图 4-36 直齿轮齿廓曲面的形成及齿廓接触线

倾斜的直线相接触,如图 4-37(b)所示。显然,齿面在不同位置接触时,其接触线的长度是变化的。从开始啮合起,接触线由零开始逐渐增大,到某一位置后,又由长变短,直至脱离啮合。因此,斜齿轮是逐渐进入啮合和逐渐退出啮合的,所以斜齿圆柱齿轮传动平稳,冲击和噪声小。另外,由于轮齿是倾斜的,所以同时啮合的齿数比直齿轮多,重合度比直齿轮大,故承载能力高,适用于高速和重载传动。

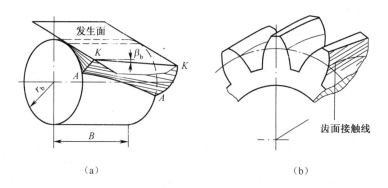

图 4-37 斜齿轮齿廓曲面的形成及齿廓接触线

斜齿轮的缺点是在传动过程中产生轴向力,为了消除轴向力的影响,可以采用人字形齿轮。人字形齿轮可以看做由两个尺寸相等而齿的螺旋线方向相反的斜齿轮组合而成,因而轴向力可以互相抵消。但人字形齿轮加工困难。

斜齿轮按其齿廓渐开螺旋面的旋向,可以分为左旋[图 4-38(a)]和右旋[图 4-38(b)]两种。其判别方法与螺纹的左旋、右旋相同。

2. 斜齿圆柱齿轮的几何尺寸计算

斜齿轮是由直齿轮演变来的,从它的端面看,完全像一个渐开线的直齿轮,所以其几何尺寸计算与直齿轮大致相同。由于轮齿是倾斜的,轮齿除端面(垂直

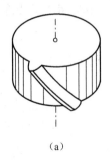 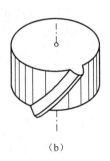

图 4-38 斜齿轮的螺旋方向

于齿轮轴线的平面）外，还有法面（垂直于齿的平面）。斜齿圆柱齿轮的加工，通常是使用加工直齿轮的刀具，使其倾斜一个角度后，沿齿轮螺旋线方向（垂直于法面的方向）进刀，故法面几何尺寸取决于标准刀具的尺寸，即法面几何尺寸为标准值。但因法向截面不是圆，故几何尺寸不能按法向参数计算。而端面上的齿形为渐开线，其啮合原理和几何尺寸计算方法与直齿轮完全相同。因此，计算斜齿轮的几何尺寸时，可以套用直齿圆柱齿轮的公式，只是将斜齿轮的法面参数换算为端面参数代入公式即可。总之，斜齿轮几何尺寸计算的关键在于正确掌握法面参数与端面参数的换算关系。

为方便起见，在以下的叙述中，法面参数用下标 n 表示，端面参数用下标 t 表示。

1) 螺旋角 β

斜齿圆柱齿轮齿廓曲面与任意圆柱面的交线都是一条螺旋线，该螺旋线的切线与过切点的圆柱母线间所夹的锐角，称为该圆柱面上的螺旋角。在斜齿轮各个不同的圆柱面上，螺旋角是不同的。通常用分度圆柱面上的螺旋角 β 来表示轮齿的倾斜程度和进行几何尺寸计算。β 越大，轮齿越倾斜，传动平稳性越好，但轴向力也越大。一般，设计时取 $\beta=8°\sim20°$。近年来，为增大重合度，增加传动的平稳性和降低噪声，有大螺旋角化的趋势。对于人字形齿轮，由于轴向力可以抵消，常取 $\beta=25°\sim45°$。但因其加工困难，精度较低，一般用于重型机械的齿轮传动。

2) 模数 m

将斜齿轮的分度圆柱面展开成平面，如图 4-39 所示，图中阴影部分为轮齿，空白部分为齿槽。由图可以看出，端面齿距 P_t 和法面齿距 P_n 的关系为 $P_n=P_t\cos\beta$，两边各除以 π，即得端面模数 m_t 和法面模数 m_n 的关系为

$$m_n=m_t\cos\beta \tag{4.23}$$

3) 压力角

为便于分析，以斜齿条为例说明问题。如图 4-40 所示，△abc 为端面上的

直角三角形，$\angle abc$ 为端面压力角 α_t，$\triangle a'b'c$ 为法面上的直角三角形，$\angle a'b'c$ 为法面压力角 α_n，因为 $ab=a'b'$，故可导出

$$\tan\alpha_n = \tan\alpha_t \cos\beta \tag{4.24}$$

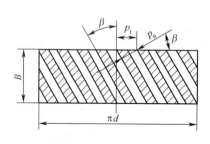

图 4-39 端面齿距与法向齿距

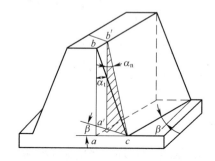

图 4-40 端面压力角与法向压力角

标准规定法向压力角 α_n 为标准值，且 $\alpha_n=20°$。

4）齿顶高系数和顶隙系数

斜齿轮的齿顶高系数和顶隙系数也有法向和端面两种。无论从法向还是端面看，斜齿轮的齿顶高都是相同的，顶隙也相同，即有

$$h_a = h_{an}^* m_n = h_{at}^* m_t, \quad c = c_n^* m_n = c_t^* m_t$$

将式（4.23）代入上式得

$$h_{at}^* = h_{an}^* \cos\beta, \quad c_t^* = c_n^* \cos\beta \tag{4.25}$$

由于法向参数为标准值，故对于正常齿制，$h_{an}^*=1$，$c_n^*=0.25$，短齿制 $h_{an}^*=0.8$，$c_n^*=0.3$。

斜齿轮的几何尺寸计算公式见表 4-6。

表 4-6 外啮合标准斜齿圆柱齿轮的几何尺寸计算

名称	符号	计算公式
法面模数	m_n	取标准值
端面模数	m_t	$m_t = m_n / \cos\beta$
法面压力角	α_n	标准值
端面压力角	α_t	$\tan\alpha_t = \tan\alpha_n / \cos\beta$
分度圆直径	d	$d = m_t z$
齿顶圆直径	d_a	$d_a = d + 2h_a$
齿根圆直径	d_f	$d_f = d - 2h_f$
齿顶高	h_a	$h_a = m_n$
齿根高	h_f	$h_f = 1.25 m_n$
全齿高	h	$h = h_a + h_f = 2.25 m_n$
顶隙	c	$c = h_f - h_a = 0.25 m_n$
中心距	a	$a = (d_1 + d_2)/2 = m_t(z_1 + z_2)/2 = m_n(z_1 + z_2)/(2\cos\beta)$

3. 斜齿圆柱齿轮的正确啮合条件

从斜齿轮齿廓的形成原理可知，其端面齿廓与直齿圆柱齿轮一样，因此一对外啮合斜齿圆柱齿轮的正确啮合条件是：两齿轮的端面模数和端面压力角分别相等，且两轮的螺旋角大小相等、旋向相反（内啮合时旋向相同）。由式（4.23）及式（4.24）可知，两轮的法向模数和法向压力角也必须分别相等。由于斜齿轮以法向参数为标准值，故其正确啮合条件为

$$\alpha_{n1}=\alpha_{n2}=\alpha_n,\ m_{n1}=m_{n2}=m_n,\ \beta_1=\pm\beta_2 \qquad (4.26)$$

式中，"—"号表示外啮合时螺旋角旋向相反；"+"号表示内啮合时螺旋角旋向相同。

4. 斜齿圆柱齿轮传动的重合度

图 4-41 表示斜齿轮与斜齿条在前端面的啮合情况。齿廓在 A 点开始啮合，在 E 点终止啮合，FG 是一对齿啮合过程中齿条分度线上一点所走的距离。作从动齿条分度面的俯视图，显然，齿条的工作齿廓只在 FG 区间处于啮合状态，FG 区间之外均不可能啮合。当轮齿到达虚线所示位置时，其前端面虽已开始脱离啮合，但轮齿后端面仍处在啮合区内，整个轮齿尚未终止啮合。只有当轮齿后端面走出啮合区，该齿才终止啮合。由此可见，斜齿轮传动的啮合线 FH 比端面齿廓完全相同的直齿轮长 GH，故斜齿轮传动的重合度为

$$\varepsilon=\frac{FH}{p_t}=\frac{FG+GH}{p_t}=\varepsilon_t+\frac{b\tan\beta}{p_t} \qquad (4.27)$$

式中，ε_t 为端面重合度，其值等于与斜齿轮端面齿廓相同的直齿轮传动的重合度；$b\tan\beta/p_t$ 为轮齿倾斜而产生的附加重合度。由上式可见，斜齿轮传动的重合度随齿宽 b 和螺旋角 β 的增大而增大，可达到很大的数值，这是斜齿轮传动平稳，承载能力较高的主要原因之一。

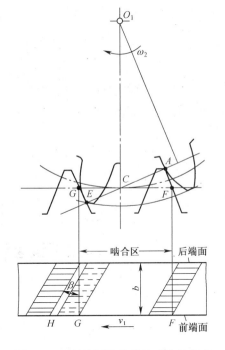

图 4-41 斜齿圆柱齿轮传动的重合度

5. 斜齿圆柱齿轮的当量齿数

加工斜齿轮时，铣刀是沿着螺旋线的方向进刀的，故应当按照斜齿轮的法向齿形选择刀具。另外，在计算轮齿强度时，因为力作用在法向平面内，也需要知道法向齿形。

如图 4-42 所示，过斜齿圆柱齿轮的分度圆螺旋线上的 P 点，作垂直于轮

齿的法向截面 n—n，此法面与分度圆柱的截交线为一椭圆，椭圆的长半轴 $a=d/(2\cos\beta)$，短半轴 $b=d/2$。该法向截面齿形即为斜齿轮的法向齿形。

若以椭圆上 P 点的曲率半径为分度圆半径，以斜齿轮的法向模数 m_n 为模数，法向压力角 α_n 为压力角作一直齿圆柱齿轮，这个直齿轮的齿形与斜齿轮的法向齿形十分接近，因而称这个直齿圆柱齿轮为该斜齿轮的当量齿轮。它的齿数称为当量齿数，以 z_v 表示。

由数学知识可导出椭圆在 P 点的曲率半径为 $\rho=a^2/b=d/2\cos^2\beta$，故有

$$z_v=\frac{2\rho}{m_n}=\frac{d}{m_n\cos^2\beta}=\frac{m_n z}{m_n\cos^3\beta}=\frac{z}{\cos^3\beta} \tag{4.28}$$

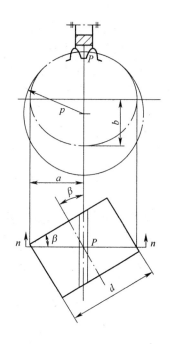

图 4-42 斜齿轮的当量齿数

式中，z 为斜齿轮的实际齿数。可见，当量齿数 z_v 大于斜齿轮的实际齿数 z，并且不一定为整数。

前已述及标准正常齿直齿轮不产生根切的最少齿数 $z_{min}\geqslant17$，故对于标准正常齿斜齿轮有

$$z_{min}=z_{v\,min}\cos^3\beta=17\cos^3\beta \tag{4.29}$$

可见标准斜齿轮不根切的最少齿数小于标准直齿轮不根切的最少齿数。

4.5 圆锥齿轮与涡轮蜗杆传动

4.5.1 圆锥齿轮传动

圆锥齿轮用于传递两相交轴的运动和动力，其传动可看成是两个锥顶点共点的圆锥体相互作纯滚动，如图 4-43 所示。圆锥齿轮传动的两轴交角（$\Sigma=\delta_1+\delta_2$）由传动要求确定，可为任意值，常用轴交角 $\Sigma=90°$。

圆锥齿轮有直齿、斜齿和曲齿，其中直齿锥齿轮最常用，斜齿锥齿轮已逐渐被曲齿锥齿轮代替。与圆柱齿轮相比，直齿锥齿轮的制造精度较低，工作时振动和噪声都较大，适用于低速轻载传动；曲齿锥齿轮传动平稳，承载能力强，常用于高速重载传动，但其设计和制造较复杂。本节仅讨论两轴相互垂直的标准直齿锥齿轮传动。

1. 标准直齿圆锥齿轮的几何尺寸计算

由于圆锥齿轮的轮齿尺寸由大端到小端逐渐减小，为了便于计算和测量，通

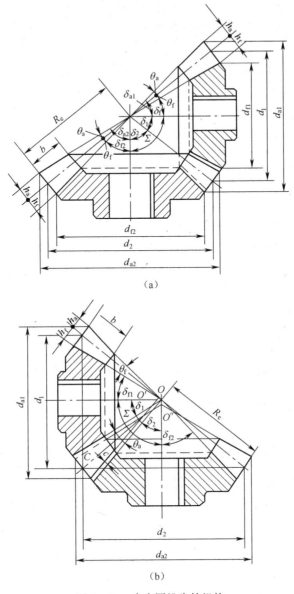

图 4-43 直齿圆锥齿轮机构

常取大端的参数为标准值,即大端分度圆锥上的模数和压力角符合标准值。模数按 GB/T 12368—1990 规定的数值选取,压力角一般为 $\alpha=20°$;齿顶高系数 $h_a^*=1$,顶隙系数 $c^*=0.2$。

直齿圆锥齿轮按顶隙不同可分为非等顶隙收缩齿[图 4-43(a)]和等顶隙收缩齿[图 4-43(b)]两种。等顶隙收缩齿具有可增大小端齿顶厚度,增大齿根圆角半径,减少应力集中,提高刀具寿命,有利于润滑等优点,因此推荐采用等顶隙收缩圆锥齿轮,其几何尺寸的计算公式见表 4-7。

表 4-7 标准直齿圆锥齿轮的几何尺寸计算（$\Sigma=90°$）

名　称	代号	小　齿　轮	大　齿　轮
分锥角	δ	$\delta_1 = \arctan(z_1/z_2)$	$\delta_2 = 90° - \delta_1$
分度圆直径	d	$d_1 = m z_1$	$d_2 = m z_2$
齿顶圆直径	d_a	$d_{a1} = d_1 + 2h_a\cos\delta_1$	$d_{a2} = d_2 + 2h_a\cos\delta_2$
齿根圆直径	d_f	$d_{f1} = d_1 - 2h_f\cos\delta_1$	$d_{f2} = d_2 - 2h_f\cos\delta_2$
齿根高	h_f	$h_f = 1.2m$	
齿顶高	h_a	$h_a = m$	
全齿高	h	$h = 2.2m$	
顶隙	c	$c = 0.2m$	
锥距	R	$R = \frac{1}{2}\sqrt{d_1^2 + d_2^2}$	
齿宽	b	$b \leqslant R/3$	
齿根角	θ_f	$\theta_{f1} = \theta_{f2} = \arctan(h_f/R)$	
齿顶角	θ_a	$\theta_a = \theta_f$	
齿顶圆锥角	δ_a	$\delta_{a1} = \delta_1 + \theta_{a1}$	$\delta_{a2} = \delta_2 + \theta_{a2}$
齿根圆锥角	δ_f	$\delta_{f1} = \delta_1 - \theta_{f1}$	$\delta_{f2} = \delta_2 - \theta_{f2}$
当量齿数	z_v	$z_{v1} = z_1/\cos\delta_1$	$z_{v2} = z_2/\cos\delta_2$

4.5.2 蜗杆传动

1. 蜗杆传动的特点及类型

蜗杆传动主要由蜗杆和涡轮组成,如图 4-44 所示,主要用于传递空间交错的两轴之间的运动和动力,通常轴交角 $\Sigma=90°$。一般情况下,蜗杆为主动件,涡轮为从动件。蜗杆传动广泛应用在机床、汽车、仪器、起重运输机械、冶金机械,以及其他机械制造工业中,最大传动功率可达 750kW,通常用在 50kW 以下。

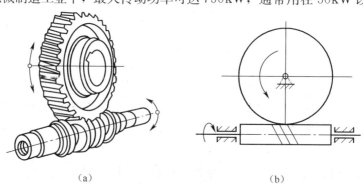

(a)　　　　　　　　　　　(b)

图 4-44　蜗杆传动

蜗杆传动与齿轮传动相比，有如下特点：

(1) 传动比大，机构紧凑。蜗杆的单级传动比在传递动力时，$i=5\sim80$，常用的为 $i=15\sim50$。分度传动时 i 可达 1 000。

(2) 传动平稳。因蜗杆形如螺杆，其齿是一条连续的螺旋线，故传动平稳，噪声小。

(3) 有自锁性。当蜗杆的导程角小于轮齿间的当量摩擦角时，可实现自锁。

(4) 传动效率低。蜗杆传动由于齿面间相对滑动速度大，齿面摩擦严重，故在制造精度和传动比相同的条件下，蜗杆传动的效率比齿轮传动效率低。当 $z_1=1$ 时，效率 $\eta=0.7\sim0.75$；$z_1=2$ 时，$\eta=0.7\sim0.82$；$z_1=4, 6$ 时，$\eta=0.82\sim0.92$；具有自锁性能的蜗杆传动，当蜗杆主动时，效率 $\eta=0.4\sim0.45$。

(5) 制造成本高。为了降低摩擦，减小磨损，提高齿面抗胶合能力，涡轮齿圈常用贵重的铜合金制造，因此成本较高。

根据蜗杆螺旋线方向不同，可分为左、右旋蜗杆。一般多用右旋蜗杆。其旋向的判定方法与螺旋传动中螺纹旋向的判定方法相同。与螺纹有单线、多线一样，蜗杆也有单头蜗杆和多头蜗杆。

按照蜗杆的形状不同，蜗杆传动可分为圆柱蜗杆传动 [图 4-45 (a)]、环面蜗杆传动 [图 4-45 (b)] 和锥面蜗杆传动 [图 4-45 (c)] 三种类型。

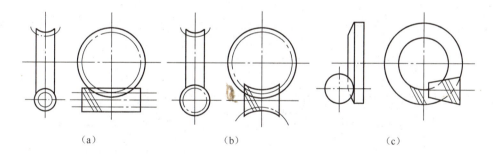

图 4-45　蜗杆传动的类型

按加工方法不同，圆柱蜗杆又分为阿基米德蜗杆（图 4-46）和渐开线蜗杆（图 4-47）。阿基米德蜗杆螺旋面的形成与螺纹的形成相同，在垂直于蜗杆轴线的截面上，齿廓为阿基米德螺旋线。由于阿基米德蜗杆制造简便，故应用较广。本节讨论两轴交角为 $\Sigma=90°$ 的阿基米德蜗杆传动。

2. 蜗杆传动的主要参数和几何尺寸

如图 4-48 所示，过蜗杆轴线且垂直于涡轮轴线的平面称为中间平面，在中间平面内，蜗杆齿廓与齿条相同，两侧边为直线。根据啮合原理，与之相啮合的涡轮在中间平面内的齿廓必为渐开线。因此，蜗杆涡轮在中间平面内的啮合就相当于渐开线齿轮与齿条的啮合。

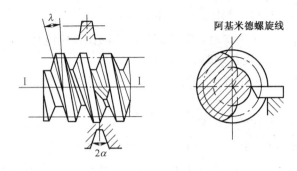

图 4-46 阿基米德蜗杆

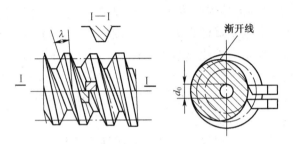

图 4-47 渐开线蜗杆

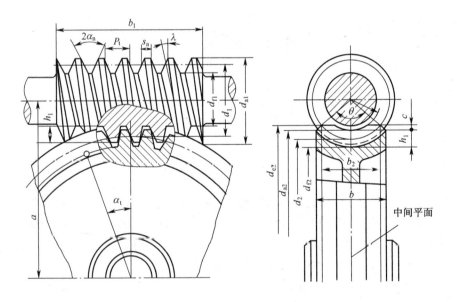

图 4-48 蜗杆传动的几何尺寸

1) 蜗杆传动的主要参数

(1) 蜗杆头数 z_1、涡轮齿数 z_2 及传动比 i

蜗杆头数 z_1 即为蜗杆螺旋线的数目,其选择与传动比、传动效率及制造的难易程度等因素有关,一般取 1、2、4、6。传动比大或要求自锁的蜗杆传动常取 $z_1=1$。在动力传动中,为了提高传动效率,往往采用多头蜗杆。

涡轮齿数根据传动比和蜗杆头数决定:$z_2=i z_1$。传递动力时,为增加传动平稳性,涡轮齿数宜多取些,当 $z_2<28$ 时,会使传动的平稳性降低,且涡轮齿容易发生根切;但齿数越多,涡轮尺寸越大,蜗杆轴越长,因而刚度越小,影响蜗杆传动的啮合精度,所以一般不大于 100 齿,常取 $z_2=32\sim80$。z_1、z_2 的推荐值见表 4-9。

下面分析蜗杆传动的传动比。当蜗杆转过一周时,涡轮转过 z_1 个齿,即旋转 z_1/z_2 周,故

$$i\frac{\omega_1}{\omega_2}=\frac{n_1}{n_2}=\frac{1}{z_1/z_2}=\frac{z_2}{z_1} \tag{4.30}$$

应当注意,蜗杆传动的传动比 i 不等于涡轮和蜗杆分度圆直径之比,即 $i\neq d_2/d_1$。

(2) 模数 m 和压力角 α

为了便于设计和加工,标准规定中间平面的模数和压力角为标准值,即涡轮的端面模数 m_{t2}、端面压力角 α_{t2} 及蜗杆的轴向模数 m_{a1} 和轴向压力角 α_{a1} 为标准值。标准模数列于表 4-8,标准压力角为 20°。

(3) 蜗杆螺旋线升角(导程角)λ

蜗杆螺旋面与分度圆柱面的交线为螺旋线。如图 4-49 所示,将蜗杆分度圆柱面展开,螺旋线与端面的夹角即为蜗杆分度圆柱面上的螺旋线升角 λ,或称为蜗杆的导程角。由图可知

$$\tan\lambda=\frac{z_1 p_{a1}}{\pi d_1}=\frac{z_1 m}{d_1} \tag{4.31}$$

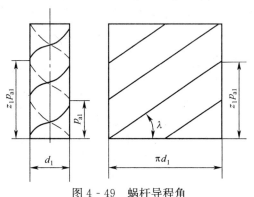

图 4-49 蜗杆导程角

λ 角的范围一般为 $3.5°\sim27°$。蜗杆导程角小时,传动效率低。蜗杆导程角大时,传动效率高,但蜗杆的切削加工较困难。

(4) 蜗杆涡轮的正确啮合条件

如前所述，涡轮蜗杆中间平面的模数和压力角为标准值。蜗杆涡轮的正确啮合条件为：涡轮的端面模数 m_{t2} 等于蜗杆的轴向模数 m_{a1}，涡轮的端面压力角 α_{t2} 等于蜗杆的轴向压力角 α_{a1}。当轴垂直交错时，涡轮的螺旋角 β_2 还应当等于蜗杆的导程角 λ，而且旋向相同。蜗杆涡轮正确啮合的条件可表示为

$$m_{a1}=m_{t2}=m, \quad \alpha_{a1}=\alpha_{t2}=\alpha, \quad \beta=\lambda \tag{4.32}$$

(5) 蜗杆分度圆直径 d_1 和蜗杆直径系数 q

为保证蜗杆传动的正确啮合，切制涡轮所用的刀具是与蜗杆分度圆相同的涡轮滚刀，除外径稍大些外，其他尺寸和齿形参数必须与相啮合的蜗杆尺寸相同。由于滚刀分度圆直径不仅与模数有关，还与蜗杆头数 z_1 及导程角 λ 有关，因此，加工同一模数的涡轮，不同的蜗杆分度圆直径，就需要不同的滚刀。为了减少涡轮滚刀数量和便于标准化，规定蜗杆分度圆直径 d_1 为标准值，且与 m 有一定的匹配，见表 4-8。

表 4-8 蜗杆基本参数（部分）（$\Sigma=90°$）（GB 10085—88）

m/mm	d_1/mm	z_1	q	m^2d_1/mm³	m/mm	d_1/mm	z_1	q	m^2d_1/mm³
2	(18)	1, 2, 4	9.000	72	6.3	(50)	1, 2, 4	7.936	1 985
	22.4	1, 2, 4, 6	11.200	89.6		63	1, 2, 4, 6	10.000	2 500
	28	1, 2, 4	14.000	112		(80)	1, 2, 4	12.698	3 175
	35.5	1	17.750	142		112	1	17.778	4 445
2.5	(22.4)	1, 2, 4	8.960	140	8	(63)	1, 2, 4	7.875	4 032
	28	1, 2, 4, 6	11.200	175		80	1, 2, 4, 6	10.000	5 120
	(35.5)	1, 2, 4	14.200	221.9		(1 000)	1, 2, 4	12.500	6 400
	45	1	18.000	281		140	1	17.500	8 960
3.15	(28)	1, 2, 4	8.889	278	10	(710)	1, 2, 4	7.100	7 100
	35.5	1, 2, 4, 6	11.270	352		90	1, 2, 4, 6	9.000	9 000
	(45)	1, 2, 4	14.286	447.5		(112)	1, 2, 4	11.200	11 200
	56	1	17.778	556		160	1	16.000	16 000
4	(31.5)	1, 2, 4	7.875	504	12.5	(90)	1, 2, 4	7.200	14 062
	40	1, 2, 4, 6	10.000	640		112	1, 2, 4, 6	8.960	17 500
	(50)	1, 2, 4	12.500	1 136		(140)	1, 2, 4	11.200	21 875
	71	1	17.750	1 136		200	1	16.000	31 250
5	(40)	1, 2, 4	8.000	1 000	16	(112)	1, 2, 4	7.000	28 672
	50	1, 2, 4, 6	10.000	1 250		140	1, 2, 4, 6	8.750	35 840
	(63)	1, 2, 4	12.600	1 575		(180)	1, 2, 4	11.250	46 080
	90	1	18.000	2 250		250	1	15.625	64 000

蜗杆分度圆直径 d_1 与模数 m 的比值称为蜗杆直径系数，用 q 表示，即

$$q=\frac{d_1}{m} \tag{4.33}$$

式中，d_1、m 均为标准值，导出的 q 值不一定为整数。将上式代入式 (4.31) 可得

$$\tan\lambda=\frac{z_1}{q} \tag{4.34}$$

当模数 m 一定时，q 值增大则蜗杆直径增大，蜗杆的刚度提高。因此，对于小模数蜗杆规定了较大的 q 值，以使蜗杆有足够的刚度。

表 4-9 各种传动比时 z_1 和 z_2 的推荐值

传动比	5～6	7～8	9～13	14～24	25～27	28～40	>40
z_1	6	4	3～4	2～3	2～3	1～2	1
z_2	29～36	28～32	27～52	28～72	50～81	28～80	>40

(6) 中心距 a

蜗杆传动的中心距为

$$a=\frac{d_1+d_2}{2}=\frac{m(q+z_2)}{2} \tag{4.35}$$

2) 蜗杆传动的几何尺寸计算

蜗杆传动的几何尺寸计算公式见表 4-10。

表 4-10 圆柱蜗杆传动的几何尺寸计算

名称	符号	计算公式 蜗杆	计算公式 涡轮
齿顶高	h_a	$h_a=m$	
齿根高	h_f	$h_f=1.2m$	
分度圆直径	d	$d_1=mq$	$d_2=mz_2$
齿顶圆直径	d_a	$d_{a1}=d_1+2h_a$	$d_{a2}=d_2+2h_a$
齿根圆直径	d_f	$d_{f1}=d_1-2h_f$	$d_{f2}=d_2-2h_f$
顶隙	c	$c=0.2m$	
蜗杆分度圆直径的导程角	λ	$\lambda=\arctan(z_1/q)$	
涡轮分度圆上轮齿的螺旋角	β		$\beta=\lambda$
中心距	a	$a=m(q+z_2)/2$	

3. 蜗杆与涡轮的回转方向及相对滑动速度

蜗杆传动中蜗杆和涡轮的回转方向与蜗杆、涡轮的相对位置，以及蜗杆螺旋线的方向有关。由涡轮蜗杆正确啮合的条件可知，蜗杆螺旋线的方向与涡轮的旋向一致。通常蜗杆为右旋，相应的涡轮轮齿也为右旋。

一般蜗杆为主动，当蜗杆回转方向已知，并且蜗杆螺旋线方向、蜗杆与涡轮的相对位置均已确定时，涡轮的转向可以用主动轮左、右手法则来判定。如图 4-50 所示，对主动右旋蜗杆，用右手四指顺着蜗杆的转向握住蜗杆轴线，则拇指的反方向即为涡轮上节点的速度方向。对于主动左旋蜗杆，则应以左手用同样的方法来判定。

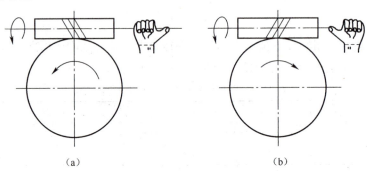

图 4-50 涡轮的转向

蜗杆传动中齿廓间有较大的相对滑动速度，滑动速度 v_s 沿蜗杆螺旋线的切线方向。如图 4-51 所示，v_1 为蜗杆的圆周速度，v_2 为涡轮的圆周速度，相互垂直，所以有

$$v_s = \sqrt{v_1^2 + v_2^2} = \frac{v_1}{\cos\lambda} \quad (4.36)$$

蜗杆传动由于齿廓间较大的相对滑动产生热量，使润滑油温度升高而变稀，润滑条件变差，传动效率降低。

4. 蜗杆传动的热平衡计算及润滑

1) 蜗杆传动的热平衡计算

蜗杆传动的效率低、发热量大，若不及时散热，会引起箱体内润滑油油温过高，承载油膜破坏而使齿面易产生胶合。因此，对连续工作的闭式蜗杆传动应进行热平衡计算。

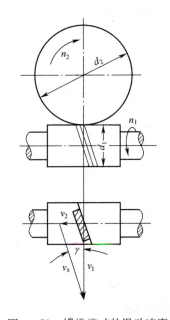

图 4-51 蜗杆传动的滑动速度

在闭式传动中，蜗杆传动产生的热量通过箱体散发，蜗杆传动热平衡时，产生的热量和散发的热量相等，据此可得热平衡时润滑油工作温度 t_1 的计算式为

$$t_1 = \frac{1\,000\,(1-\eta)\,P_1}{KA} + t_0 \leqslant [t_1] \quad (4.37)$$

式中，P_1 为蜗杆传动的输入功率，单位为 kW；K 为散热系数，单位为

W/m²·℃,在自然通风良好的场所,$K=14\sim17.5$,在没有循环空气流动的场所,$K=8.5\sim10.5$;η 为蜗杆传动总效率;A 为散热面积,单位为 m²;t_0 为周围空气温度,单位为℃,一般可取 20℃;$[t_1]$ 为达到热平衡时润滑油的工作温度,单位为℃,$[t_1]=70℃\sim90℃$。

如果工作温度 t_1 超过了许用温度 $[t_1]$,则首先应考虑在不增大箱体尺寸的前提下,设法增加散热面积,例如,在机体外壁加散热片。若仍未能满足要求,则可采用下列强制冷却的措施,以增大其散热能力:

(1) 在蜗杆轴端装设风扇,以提高散热系数,如图 4-52 (a) 所示。

(2) 在箱体油池内装蛇形管,通过循环水冷却润滑油,如图 4-52 (b) 所示。

(3) 采用循环压力喷油冷却,如图 4-52 (c) 所示。

2) 蜗杆传动的润滑

基于蜗杆传动的特点,润滑具有特别重要的意义。润滑不良会使传动效率显著降低,导致剧烈磨损、油温升高,反过来又使润滑进一步恶化,严重时会发生胶合。对于润滑油黏度和给油方法,主要根据相对滑动速度和载荷类型进行选择。滑动速度 $v_s \leqslant 5 \sim 10 \text{m/s}$ 时,采用油浴润滑。为减小搅油损失,下置式蜗杆不宜浸油太深。滑动速度 $v_s > 10 \sim 15 \text{m/s}$ 时,需要采用压力喷油润滑。具体选择可参见有关设计手册。

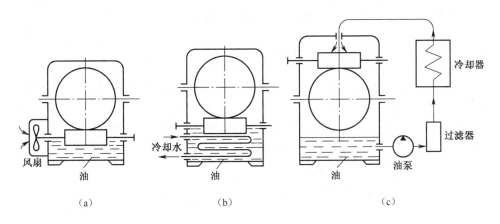

图 4-52 蜗杆传动的散热方法

4.6 轮系及减速器

4.6.1 轮系概述

齿轮传动在各种机器和机械设备中已经获得广泛的应用,但仅采用一对齿轮进行传动时,其传动比较小。在实际机械中,为了实现变速、变向或获得大的传动比等目的，常采用若干对互相啮合的齿轮将主动轴的运动传到从动轴。这种由一系列相互啮合的齿轮组成的传动系统称为轮系。

如果轮系中各齿轮的轴线互相平行，则称为平面轮系［图 4‐53（a）和图 4‐52（c）］，否则称为空间轮系［图 4‐53（b）］。

根据轮系运转时，齿轮的轴线相对于机架是否固定，轮系又可分为定轴轮系［图 4‐53（a）和图 4‐53（b）］和周转轮系［图 4‐53（c）］两大类。

在大多数的机械传动中，都广泛应用了轮系，本节将介绍轮系的分类特点及应用，并结合实例着重介绍各种轮系传动比的计算方法。

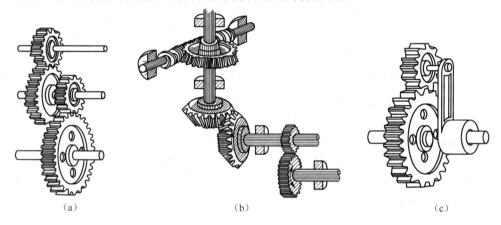

图 4‐53 轮系传动简图

4.6.2 定轴轮系传动比及转速的计算

为适应和满足各种机械传动的不同需要，轮系的形式很多，组成各异，其中定轴轮系在工程中应用最为广泛。

在轮系中，输入轴和输出轴角速度（或转速）之比，称为轮系的传动比，常用字母 i 表示，并在其右下角用下标表明其对应的两轴。例如 i_{AK} 表示 A 轴的角速度与 K 轴的角速度之比，即

$$i_{AK}=\frac{\omega_A}{\omega_K}=\frac{n_A}{n_K} \tag{4.38}$$

定轴轮系传动比的计算是其他类型的轮系传动比计算的基础，它包括计算轮系传动比的大小和确定末轮的回转方向。

1. 定轴轮系传动比的计算

如图 4‐54 所示为一平面定轴轮系，求 i_{15}。

设各轮的齿数分别为 z_1、z_2、z_3、z_4 和 z_5，各轴的角速度分别为 ω_1、ω_2、ω_3、ω_4 和 ω_5，则各对相互啮合的齿轮传动比为

$$i_{1,2}=\frac{n_1}{n_2}=-\frac{z_2}{z_1},\quad i_{2',3}=\frac{n'_2}{n_3}=\frac{z_3}{z'_2}$$

$$i_{3',4} = \frac{n'_3}{n_4} = -\frac{z_4}{z'_3}, \quad i_{4,5} = \frac{n_4}{n_5} = \frac{z_5}{z_4}$$

"−":对于一对外啮合圆柱齿轮,由于两轮转向相反,其传动比规定为负,"+":对于一对内啮合圆柱齿轮,两轮转向相同,其传动比规定为正。

将以上各式分别连乘,并且有 $n'_2 = n_2$,$n'_3 = n_3$,可得到

$$i_{12} i_{2'3} i_{3'4} i_{45} = \frac{n_1}{n_2} \frac{n_{2'}}{n_3} \frac{n_{3'}}{n_4} \frac{n_4}{n_5} = \frac{n_1}{n_5} = i_{15}$$

又

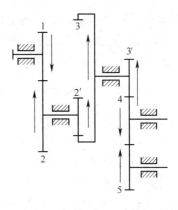

图 4-54 定轴轮系的传动比计算

$$\left(-\frac{z_2}{z_1}\right)\left(-\frac{z_3}{z_{2'}}\right)\left(-\frac{z_4}{z_{3'}}\right)\left(-\frac{z_5}{z_4}\right) = (-1)^3 \frac{z_2 z_3 z_4 z_5}{z_1 z_{2'} z_{3'} z_4} = (-1)^3 \frac{z_2 z_3 z_5}{z_1 z_{2'} z_{3'}}$$

故得

$$i_{15} = \frac{n_1}{n_5} = (-1)^3 \frac{z_2 z_3 z_5}{z_1 z_{2'} z_{3'}} \tag{4.39}$$

设轮系中有 m 对外啮合齿轮,那么从第一主动轮到最末一个从动轮,其转动方向必经过 m 次变化,故总传动比的正负号可以用 $(-1)^m$ 来确定。图 4-54 中所示的轮系有三对外啮合齿轮,故总传动比的正负号由 $(-1)^3$ 确定。

由以上分析推广到一般情况,可得轴线平行的定轴轮系传动比的计算公式。设轮 A 为首轮,轮 K 为末轮,其间共有 m 对外啮合齿轮,则有

$$i_{AK} = \frac{n_A}{n_K} = (-1)^m \frac{\text{轮系中所有从动轮齿数的连乘积}}{\text{轮系中所有主动轮齿数的连乘积}} \tag{4.40}$$

在图 4-54 中,齿轮 4 同时与齿轮 3′、齿轮 5 相啮合,它既是前一级的从动轮(对齿轮 3′ 而言),又是后一级的主动轮(对齿轮 5 而言),在计算式中分子、分母同时出现而被约去,因而它的齿数不影响传动比的大小,但却增加了外啮合次数,改变了传动比的符号,使轮系的从动轮转向改变。这种不影响传动比大小,但影响传动比符号,即改变轮系的从动轮转向的齿轮,称为惰轮。

关于齿轮的转向,应注意以下两点:

1)在式(4.40)中,$(-1)^m$ 在计算中表示轮系中首末两轮回转方向的异同,传动比为正值说明首末轮转向相同,负值则相反。但此判断方法只适用于平面定轴轮系。

2)当轮系为空间定轴轮系时,不能使用 $(-1)^m$ 来确定末轮的回转方向,只能用画箭头的方式来判断。传动比的计算公式可写成

$$i_{AK} = \frac{n_A}{n_K} = \frac{\text{轮系中所有从动轮齿数的连乘积}}{\text{轮系中所有主动轮齿数的连乘积}} \tag{4.41}$$

2. 定轴轮系中任意从动轮转速的计算

在机械传动中,通常电机的速度都已知,需要根据传动机构和电机的转速来

确定从动轴的转速,通过传动比的计算公式,就可以计算出机床在加工中的相应不同的传动比的不同的主轴的转速。由根据式(4.41)得定轴轮系中任意从动轮 k 的转速

$$n_k = n_A \frac{1}{i} = n_A \frac{\text{k 轮前所有主动轮齿数连乘积}}{\text{k 轮前所有从动轮齿数连乘积}} \quad (4.42)$$

即任意从动轮 k 的转速,等于首轮的转速乘以首轮与 k 轮间传动比的倒数。

3. 定轴轮系末端带移动件的计算

定轴轮系在实际应用中,经常遇到末端带有移动件的情况,如末端是螺旋传动或齿轮齿条传动等。这时,一般要计算末端移动件(螺母或丝杠、齿轮或齿条、鼓轮上所带重物)的移动速度及移动方向。

图 4 - 55 所示为磨床砂轮架进给机构,它的末端是螺旋传动。当丝杠每回转一周,螺母(砂轮架)便移动一个导程。只要知道齿轮 4 的转速和回转方向,螺母移动的距离和方向即可确定。其移动速度计算公式如下:

$$v = n_k L = n_k P_h \quad (4.43)$$

式中,v 为螺母(砂轮架)的移动速度,单位为 mm/min;L 为主动轮 1(手轮)每回转一周,螺母(砂轮架)的移动距离,单位为 mm;P_h 为丝杠导程,单位为 mm。

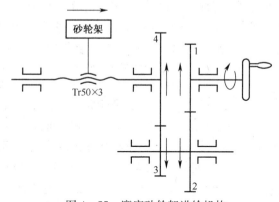

图 4 - 55 磨床砂轮架进给机构

例 4 - 1 图 4 - 56 为一卷扬机的传动系统,末端为蜗杆传动。已知:$z_1 = 18$,$z_2 = 36$,$z_3 = 20$,$z_4 = 40$,$z_5 = 2$,$z_6 = 50$,鼓轮直径 $D = 200$mm,$n_1 = 1000$r/min。试求涡轮的转速 n_6 和重物 G 的移动速度 v,并确定提升重物时 n_1 的回转方向。

解:

根据式(4.42)得涡轮的转速

$$n_6 = n_1 \frac{z_1 z_3 z_5}{z_2 z_4 z_6} = 1\,000 \times \frac{18 \times 20 \times 2}{36 \times 40 \times 50} \text{r/min} = 10 \text{r/min}$$

重物 G 的移动速度

$$v = \pi D n_6 = 3.14 \times 200 \times 10 \text{mm/min} = 6\,280 \text{mm/min} = 6.28 \text{m/min}$$

由重物 G 提升可确定涡轮回转方向，根据蜗杆为右旋，可确定蜗杆回转方向，再用画箭头的方式来确定 n_1 的回转方向，如图 4-56 所示。

4.6.3 周转轮系及其传动比

若轮系中某几个齿轮（至少一个）的轴线相对机架是不固定的，而是绕着固定轴线转动，则这种轮系称为周转轮系。

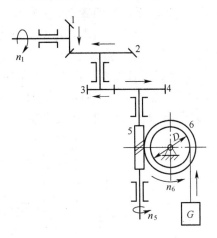

图 4-56 例 4-1 图

1. 周转轮系的组成及分类

周转轮系由太阳轮、行星轮、系杆（行星架）三种基本构件组成。其中，绕固定几何轴线转动或不动的齿轮称为太阳轮，如图 4-57 所示的齿轮 1 和齿轮 3；既绕自身几何轴线转动（自转），又随构件 H 绕太阳轮的几何轴线转动（公转）的齿轮称为行星轮，如图 4-57 中的齿轮 2；支持行星轮作公转的构件 H 称为系杆（行星架）。其中，太阳轮和行星架的运转轴线必须重合，否则轮系无法重合。

周转轮系按轮系的自由度进行分类可分为两类，即行星轮系和差动轮系。

在图 4-57 所示的周转轮系中，太阳轮 3 固定，其活动构件数为 3，运动副 $P_L=3$，$P_H=2$，其自由度数为 1，只需要一个原动件，机构就具有确定的相对运动，这种周转轮系称为行星轮系。

在图 4-58 所示的周转轮系中，两个太阳轮均作转动，其活动构件数为 4，运动副 $P_L=4$，$P_H=2$，其自由度数为 2，需要两个原动件，机构才具有确定的相对运动。这种周转轮系称为差动轮系。

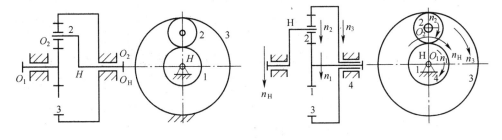

图 4-57 简单行星轮系　　　　　　图 4-58 差动轮系

2. 周转轮系传动比的计算

在周转轮系中，行星轮的几何轴线是运动的，故周转轮系传动比的计算方法不同于定轴轮系，但两者之间又存在一定的内在联系。为了利用定轴轮系传动比的计算公式，间接求出周转轮系的传动比，可以运用转化机构法。即利用相对运动原理，当给整个轮系加上一个与行星架的转速相等、转向相反的附加转速 ($-n_H$)，则把周转轮系转化为一定条件下的定轴轮系，这个轮系称为周转轮系的转化轮系，如图 4-59 所示。此时，其传动比的计算方法与定轴轮系相同。

转化机构各构件的转速变化见表 4-11。

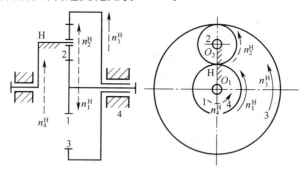

图 4-59 周转轮系的转化机构

表 4-11 周转轮系及其转化机构各构件转速之间的关系

构 件	原有的转速	在转化机构中的转速
齿轮 1	n_1	$n_1^H = n_1 - n_H$
齿轮 2	n_2	$n_2^H = n_2 - n_H$
齿轮 3	n_3	$n_3^H = n_3 - n_H$
系杆 H	n_H	$n_H^H = n_H - n_H = 0$
机架	$n_4 = 0$	$n_4^H = -n_H$

注：转化轮系中各构件转速带有角标 H，表示该转速是各构件对行星架 H 的相对转速。

由上述分析可得周转轮系传动比的计算公式

$$i_{13}^H = \frac{n_1^H}{n_3^H} = \frac{n_1 - n_H}{n_3 - n_H} \quad (-1)^1 \frac{z_2 z_3}{z_1 z_2} = -\frac{z_3}{z_1} \tag{4.44}$$

由上式可知，对于差动轮系，在 n_1、n_3、n_H 中，若给定两个转速，即可求出第三个转速；对于行星轮系，齿轮 1 或齿轮 3 固定，即 n_1 或 n_3 等于零，则给定一个转速，即可求得另一个转速。这里要注意 i_{13}^H 并非原周转轮系中两轮的传动比，而是转化轮系中的传动比，即 $i_{13}^H \neq i_{13}$。

将式（4.44）推广到一般的周转轮系中，可得周转轮系的转化机构传动比计算公式

$$i_{AK}^{H} = \frac{n_{A}^{H}}{n_{K}^{H}} = \frac{n_{A}-n_{H}}{n_{K}-n_{H}} = (-1)^{m} \frac{\text{轮系中所有从动轮齿数的连乘积}}{\text{轮系中所有主动轮齿数的连乘积}} \quad (4.45)$$

注意式（4.45）只适用于齿轮 A、K 和系杆 H 的回转轴线相互平行的情况。而且将 n_A、n_K、n_H 代入上式计算时，必须带正号或负号。对于差动轮系，如两构件转向相反时，一构件以正值代入，另一构件以负值代入，第三构件的转向用所求得的正负号来判断。

例 4-2 如图 4-60 所示，$z_1=100$，$z_2=101$，$z_{2'}=100$，$z_3=99$，求传动比 i_{H1}。

解：

在图示的轮系中，轮 3 为固定轮，即 $n_3=0$，该轮系为行星轮系，根据式（4.43）得

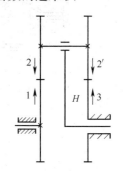

图 4-60　例 4-2 图

$$i_{13}^{H} = \frac{n_1-n_H}{n_3-n_H} = \frac{n_1-n_H}{0-n_H} = 1 - \frac{n_1}{n_H} = 1 - i_{1H}$$

故

$$i_{1H} = 1 - i_{13}^{H} = 1 - (-1)^2 \frac{z_2 z_3}{z_1 z_{2'}} = 1 - \frac{101 \times 99}{100 \times 100} = \frac{1}{10\,000}$$

所以

$$i_{H1} = \frac{1}{i_{1H}} = 10\,000$$

上式说明，当系杆 H 转 10 000 转时，轮 1 才转 1 转，其转向与系杆的转向相同，可见其传动比极大。

若将 z_3 改为 100，则可计算得

$$i_{H1} = -100$$

即当系杆 H 转 100 转，轮 1 反向转 1 转。可见行星轮系中从动轮的转向不仅与主动轮的转向有关，而且与轮系中各轮的齿数有关。在本例中，只将轮 3 增加了 1 个齿，轮 1 就反转了，传动比也发生很大变化，这是行星轮系与定轴轮系不同之处。

4.6.4　混合轮系及其传动比

在机械传动中，还经常采用由定轴轮系和基本周转轮系所组成的轮系，或由几个基本周转轮系所组成的轮系，这种轮系称为混合轮系。如图 4-61 所示为混合轮系。

由混合轮系的组成可见，计算混合轮系的传动比，显然不能直接应用定轴轮系传动比的计算式。若对整个混合轮系附加一个公共转速后，也不可能使之转化为一个定轴轮系。因此，计算混合轮系传动比时，是将其包含的定轴部分、各个周转轮系部分区分开来，并分别应用各自传动比的计算公式，然后联立求解出所要求的传动比。

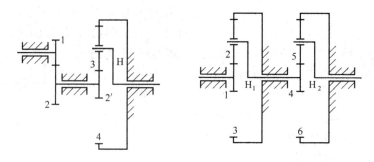

图 4-61 混合轮系

计算混合轮系的传动比，最重要的是正确划分轮系的各组成部分，划分的关键是找出各个基本周转轮系。找基本周转轮系的一般方法：先找出行星轮，其次找出支撑该行星轮作公转的构件——转臂，然后找出与该行星轮相啮合的作定轴旋转的中心轮。这样，每个转臂连同其上的行星轮及与行星轮相啮合的中心轮就组成了一个基本周转轮系（在一个基本周转轮系中，转臂、中心轮的几何轴线是共线的）。找出各个基本周转轮系后，余下的便是定轴轮系部分了。下面举例说明。

例 4-3 图 4-62 所示的轮系中，已知各轮齿数为：$z_1=20$，$z_2=40$，$z_3=81$，$z_4=45$，$z_{4'}=44$，$z_5=80$。求传动比 i_{15}。

解：

该轮系由两个基本轮系组成。齿轮 1、2 构成定轴轮系，齿轮 3、4、4′、5 及系杆 H 构成行星轮系，其中 $n_3=0$。

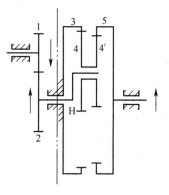

图 4-62 例 4-3 图

对于定轴轮系有 $\quad i_{1,2}=-\dfrac{z_2}{z_1}=-\dfrac{40}{20}=-2$

对于行星轮系有

$$i_{5,3}^H=\dfrac{n_5-n_H}{n_3-n_H}=1-\dfrac{n_5}{n_H}=1-i_{5H}=(-1)^0\dfrac{z_{4'}z_3}{z_5 z_4}=\dfrac{44\times81}{80\times45}=0.99$$

即 $\quad i_{5H}=1-0.99=0.01$

$$i_{H5}=\dfrac{i}{i_{5H}}=100$$

又因为 $n_2=n_H$，则

$$i_{1,5}=i_{1,2}i_{H5}=-2\times100=-200$$

负号表示轮系中轮 1 与轮 5 的转向相反，如图中箭头所示。

4.6.5 减速器

1. 减速器的作用

圆柱齿轮减速器是一种齿轮传动装置,是由封闭在箱体内的一对或多对齿数不同的齿轮组成,由于齿数不同,齿轮的转速也不同,从而以一定的传动比改变传动速度,这样达到降低速度的目的。齿轮减速器常安装在机械的原动机与工作机之间,用以降低输入的转速并相应地增大输出的转矩,在机器设备中被广泛采用,图4-63为一级圆柱齿轮减速器。

图4-63 圆柱齿轮减速器

2. 减速器的类型、特点和应用

减速器的种类很多,按照传动类型可以分为齿轮减速器、蜗杆减速器和行星减速器;按照传动的级数可以分为单级和多级减速器;按照齿轮形状可分为圆柱齿轮减速器、圆锥齿轮减速器和圆锥——圆柱齿轮减速器;按传动轴布置形式可分为展开式、分流式和同轴式;按照轴的空间位置可分为水平轴和立轴两种情况,常用的减速器的类型、特点和应用见表4-12。

表4-12 常用的减速器的类型、特点和应用

名称	简图	传动比范围		特点及应用
		一般	最大值	
一级圆柱齿轮减速器		≤5	10	结构简单,工作可靠,寿命长,效率高(为0.96~0.99),齿轮可做成用于低速或轻载的传动直齿、用于高速重载的传动斜齿和人字齿

续表

名称	简图	传动比范围		特点及应用
		一般	最大值	
二级展开式圆柱齿轮减速器		8～40	60	结构简单，但齿轮相对于轴承的位置不对称，因此应具有较大的刚度。高速级齿轮布置在远离输入端，这样，轴在转矩作用下产生的扭转变形将能减小轴在弯矩作用下的弯曲变形所引起的载荷沿齿宽分布不均匀现象 用于载荷比较平稳的场合，齿轮可做成直齿、斜齿和人字齿
二级同轴式圆柱齿轮减速器		8～40	60	长度较短，但轴向尺寸及重量较大，两对齿轮浸入油中深度大致相等。高速级齿轮的承载能力难以充分利用；中间轴承润滑困难；中间轴较长、刚性差、载荷沿齿宽分布不均匀，效率为 0.91～0.97
二级分流式圆柱齿轮减速器		8～40	60	高速级可以做成斜齿，低速级可以做成人字齿或直齿 结构比较复杂，但齿轮对于轴承对称布置，载荷沿齿宽分布均匀，轴承受载均匀，中间轴的转矩相当于轴所传递的转矩的一半。多用于变载荷或大功率场合，效率为 0.90～0.97

续表

名 称	简 图	传动比范围		特点及应用
		一般	最大值	
一级圆锥齿轮减速器	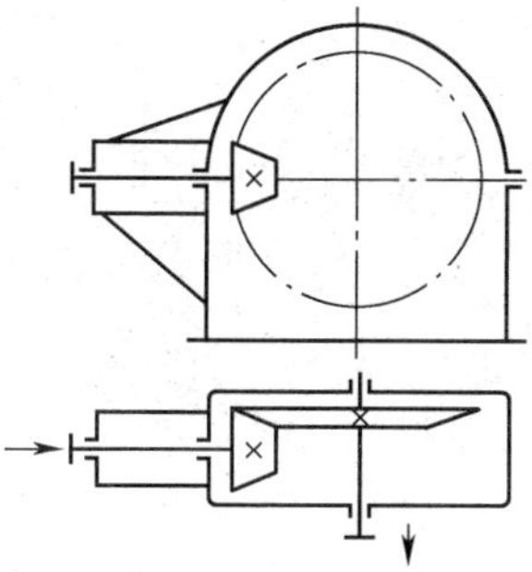	≤3	6	用于输入轴和输出轴轴线相交的场合，输出轴可以做成卧式或立式。齿轮可做成直齿，斜齿或曲齿，效率为 0.94～0.98
蜗杆减速器	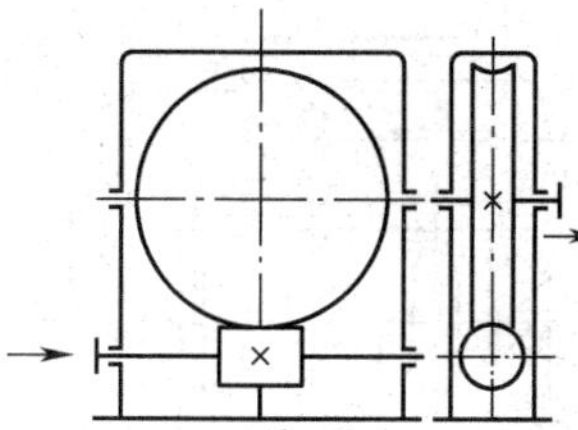	10～40	80	体积小、传动比大、运转平稳但效率低（为 0.40～0.92），蜗杆与涡轮啮合处的冷却和润滑都比较方便。但蜗杆圆周速度太大，搅油损失大，一般用于蜗杆圆周速度 $v ≤ 4～5m/s$ 时，多用于中小功率、交错轴传动

3. 圆柱齿轮减速器的结构

为了能正确使用、维护减速器，除了掌握通用传动零件、连接零件和支撑零件的有关知识外，还要了解有关减速器的主要结构、附件及其作用，下面以图 4-64 所示的单级圆柱齿轮减速器为例进行分析。

1) 箱体结构

件 5 和件 8 是减速器的上箱体和下箱体，是用来支承和固定轴系零件的，应保证传动件轴线相互位置的正确性，因而箱体的轴孔必须精确加工。为了增加箱体的刚度，通常在箱体上制出加强筋板。

为了便于轴系零件的安装和拆卸，箱体通常制成剖分式。剖分面一般取在轴线所在的水平面内（即水平剖分），以便于加工。箱盖和箱座之间用螺栓连接成一整体，为了使轴承座旁的连接螺栓尽量靠近轴承座孔，并增加轴承支座的刚性，通常在轴承座旁制出凸台。设计螺栓孔位置时，留出扳手空间。

箱体通常用灰铸铁（HT150 或 HT200）铸成，对于受冲击载荷的重型减速器也可采用铸钢箱体。单件生产时为了简化工艺，降低成本可采用钢板焊接箱体。

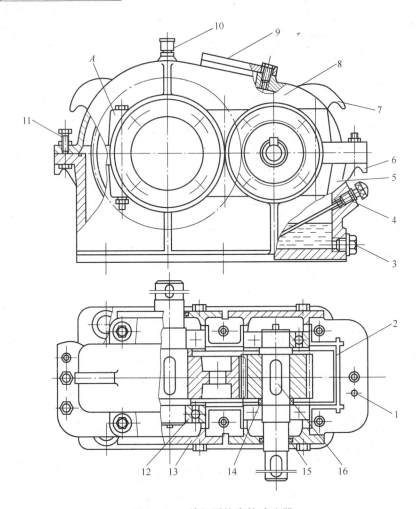

图 4-64 单级圆柱齿轮减速器

1—定位销；2—输油沟；3—螺塞；4—油标尺；5—下箱体；6—吊钩；7—吊耳；
8—上箱体；9—视孔盖；10—通气器；11—启箱螺钉；12—轴承；13—端盖；14—套筒；
15—密封圈；16—键

2）轴系零件

图 4-64 中两个齿轮和轴都是分开制造的，用普通平键做周向固定（如图 4-64 中的件 16）。如果高速级的小齿轮直径和轴的直径相差不大，可将小齿轮与轴制成一体。轴上零件用轴肩、轴套、封油环与轴承端盖做轴向固定。两轴均采用轴承支承。轴承端盖与箱体座孔外端面之间垫有调整垫片组，以调整轴承游隙，保证轴承正常工作。

该减速器中的齿轮传动采用油池浸油润滑，大齿轮的轮齿浸入油池中，靠它把润滑油带到啮合处进行润滑。轴承采用箱体内的油润滑，因此下箱体的剖分面开油沟。如果滚动轴承采用润滑脂润滑，为了防止箱体内的润滑油进入轴承，应在轴承和齿轮之间设置封油环。轴伸出的轴承端盖孔内装有密封元件（如图 4-64 中的件 15），防止箱内润滑油泄漏，以及外界灰尘、异物浸入箱体，具有良好的密封效果。

3）减速器附件

(1) 定位销

在精加工轴承座孔前，在箱盖和箱座的连接凸缘上配装定位销（如图 4-64 中的件 1），以保证箱盖和箱座的装配精度，同时也保证了轴承座孔的精度。两定位圆锥销应设在箱体纵向两侧连接凸缘上，且不宜对称布置，以加强定位效果。

(2) 窥视孔盖板

为了检查传动零件的啮合情况，并向箱体内加注润滑油，在箱盖的适当位置设置一观察孔，观察孔多为长方形，观孔盖平时用螺钉固定在上箱体上，盖板下垫有纸质密封垫片，以防漏油。

(3) 通气器

通气器（如图 4-64 中的件 10）用来沟通箱体内、外的气流，箱体内的气压不会因减速器运转时的油温升高而增大，从而提高了箱体分箱面、轴伸端缝隙处的密封性能，通气器多装在箱盖顶部或观察孔盖上，以便箱内的膨胀气体自由溢出。

(4) 油面指示器

为了检查箱体内的油面高度，及时补充润滑油，在油箱便于观察和油面稳定的部位，装设油面指示器（如图 4-64 中的件 4）。

(5) 放油螺塞

换油时，为了排放污油和清洗剂，应在箱体底部、油池最低位置开设放油孔，平时放油孔用油螺塞旋紧，放油螺塞和箱体结合面之间应加防漏垫圈（如图 4-64 中的件 3）。

(6) 启箱螺钉

装配减速器时，常常在箱盖和箱座的结合面处涂上水玻璃或密封胶，以增强密封效果，但却给开启箱盖带来困难。为此，在箱盖侧边的凸缘上开设螺纹孔，并拧入启箱螺钉。开启箱盖时，拧动启箱螺钉（如图 4-64 中的件 11），迫使箱盖与箱座分离。

(7) 起吊装置

为了便于搬运，需在箱体上设置起吊装置。图 4-64 中上箱体铸有两个吊耳，用于起吊箱盖。箱座上铸有两个吊耳（如图 4-64 中的件 7），下箱体设置吊钩 6，用于吊运整台减速器。

此外下箱体上还设置地脚螺栓孔以便固定减速器。

思考与练习

4-1 带传动的弹性滑动和打滑现象有什么区别？产生原因是什么？

4-2 增大初拉力可以使带和带轮间的摩擦力增加，但为什么带传动中不能过大地增大初拉力来提高带的传动能力，而是把初拉力控制在一定数值上？

4-3 渐开线是怎样形成的？它有哪些性质？

4-4 对齿轮传动的基本要求是什么？怎样才能满足这些要求？

4-5 什么是模数？它的物理意义是什么？

4-6 分度圆有何特点？它与节圆有何区别？

4-7 一对直齿圆柱齿轮正确啮合条件和连续传动条件分别是什么？

4-8 斜齿轮的当量齿轮是什么？它有何用途？

4-9 测得一渐开线标准直齿圆柱齿轮的齿顶圆直径为 $d_a=225$mm，数得其齿数为 $z=98$，求其模数，并计算主要尺寸。

4-10 两个标准圆柱齿轮传动，已测得齿数 $z_1=22$，$z_2=98$，小齿轮齿顶圆直径 $d_a=240$mm，大齿轮全齿高 $h=22.5$mm，试判断这两个齿轮能否正确啮合？

4-11 一对标准外啮合正常齿直齿圆柱齿轮，已知 $z_1=19$，$z_2=68$，$m=2$mm，$\alpha=20°$，计算小齿轮的分度圆直径、齿顶圆直径、齿根圆直径、基圆直径、齿距、齿厚和齿槽宽。

4-12 直齿圆锥齿轮正确啮合的条件是什么？

4-13 与齿轮传动相比，蜗杆传动有何优点？什么情况下宜采用蜗杆传动？

4-14 判断如图 4-65 所示中的涡轮、蜗杆的回转方向或螺旋方向。

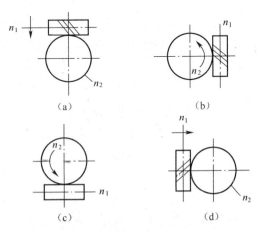

图 4-65 题 4-14 图

(a) 判定涡轮 n_2 回转方向；(b) 判定蜗杆 n_1 回转方向；

(c) 判定蜗杆旋向；(d) 判定涡轮 n_2 回转方向

4-15　蜗杆传动的传动比如何计算？能否用分度圆直径之比表示传动比？

4-16　行星轮系传动比计算中，i_{AK}^{H} 与 i_{AK} 有何区别？行星轮系中首末轮的转向关系如何确定？

4-17　如图4-66所示为车床溜板箱进给刻度盘轮系，运动由齿轮1输入，齿轮4输出，已知各轮齿数为：$z_1=18$，$z_2=87$，$z_{2'}=28$，$z_3=20$，$z_4=84$，求传动比 i_{14}。

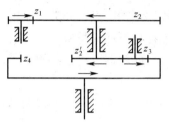

图4-66　题4-17图

4-18　在如图4-67所示的轮系中，已知各齿轮的齿数分别为 $Z_1=18$、$Z_2=20$、$Z_2'=25$，$Z_3'=2$（右旋）、$Z_4=40$，且已知 $n_1=100$ 转/分（A向看为逆时针），求轮4的转速及其转向。

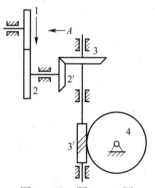

图4-67　题4-18图

4-19　如图4-68所示的轮系中，各齿轮均为标准齿轮，且其模数均相等，若已知各齿轮的齿数分别为：$Z_1=20$、$Z_2=48$、$Z_2'=20$。试求齿数 Z_3 及传动比 i_{1H}。

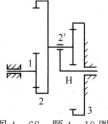

图4-68　题4-19图

第5章 连接及轴系结构分析

学习目标

- 掌握螺纹及螺纹连接的结构特点、分类、应用场合，能正确识别螺纹连接件、紧固件，正确选择螺纹连接类型。
- 掌握键连接、销连接、联轴器、离合器的功能、结构，初步具有正确选用的能力。
- 熟悉轴系零件的功能、结构特点，了解常见工艺结构的作用，能正确分析轴的结构设计的合理性。
- 熟悉常用滚动轴承的类型、结构特点、应用场合，会根据轴承代号分析得出轴承类型、尺寸、精度等基本信息。

学习建议

- 课堂上学习螺纹连接、键连接、轴、轴承等相关知识。
- 通过课程网站和互联网资源查找相关学习资源。
- 通过观察和思考，发现并分析生产、生活中的机械连接问题。

分析与探究

机械传动系统中的各种零部件需要以一定的方式连接起来成为一个整体，才能将运动和动力逐级传递，因此连接在系统中必不可缺。轴及轴承是支撑运动部件的重要部分，了解轴及轴承的相关知识是正确设计和选用的基础。本章将学习螺纹连接、键连接、销连接、联轴器、离合器、轴及轴承等机械零件的功能、结构及用途。

5.1 连 接

所谓连接就是将两个或两个以上的零件联合成一体的结构。为了便于机器的制造、装配、维修和运输等原因，机器中相当多的零件需要彼此连接。例如，减速器箱盖和箱座之间用螺栓连接成一体，齿轮和轴用普通平键做周向固定。连接分三大类：一类是不可拆连接，如焊接、铆接、粘接等，这些连接在拆时必须破坏或损伤连接中的零件；另一类连接是可拆卸连接，如键连接、螺纹连接、销连接等，这些连接装拆方便，在拆开时不损坏连接件中的任一零件。此外还有过盈配合连接，本节主要讨论可拆卸连接。

5.1.1 螺纹连接

1. 螺纹连接的类型

螺纹连接是利用螺纹零件构成的可拆连接,其结构简单,装拆方便,广泛应用于各种机械设备中。

螺纹连接有四种基本类型:螺栓连接、双头螺柱连接、螺钉连接和紧定螺钉连接。

1) 螺栓连接

螺栓连接的结构特点是,螺栓穿过两个被连接件的通孔,并配有螺母。它们可分为以下两种类型。

(1) 普通螺栓连接

如图 5-1 (a) 所示,螺栓杆和孔之间有间隙,杆和孔的加工精度要求低,使用时需拧紧螺母。普通螺栓连接装拆方便,应用最广泛。

(2) 铰制孔螺栓连接

如图 5-1 (b) 所示,螺栓杆和孔之间没有间隙,应用在光杆和孔的加工精度高(孔需铰制),能承受和螺栓轴线方向垂直的横向载荷并起定位作用的场合。

2) 双头螺柱连接

双头螺柱连接如图 5-1 (c) 所示,螺柱两头都制有螺纹,一头与螺母配合,另一头与被连接件配合。这种连接多用于被连接件之一太厚,不适于钻成通孔或不能钻成通孔时。在拆卸时只须拧出螺母、取下垫圈,而不必拧出螺柱,因此采用这种连接不会损坏被连接件上的螺孔。

3) 螺钉连接

如图 5-1 (d) 所示,在螺纹连接中只有螺钉连接不需要螺母,直接拧入被连接件的螺孔内,结构简单,但不宜经常装拆,以免损坏孔内螺纹。

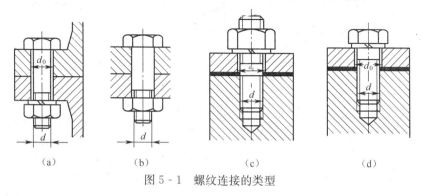

图 5-1 螺纹连接的类型

4) 紧定螺钉连接

如图 5-2 所示,紧定螺钉分为柱端、锥端和平端三种。与螺栓、双头螺柱和螺钉不同,紧定螺钉不是利用旋紧螺纹产生轴向压力压紧机件起固定作用。柱端紧定螺钉利用其端部小圆柱插入机件小孔[图5-2（a）]或环槽[图5-2（c）]中起定位、固定作用，阻止机件移动。锥端紧定螺钉利用端部锥面顶入机件上小锥坑[图5-2（b）]起定位、固定作用。平端紧定螺钉则依靠其端平面与机件的摩擦力起定位作用。三种紧定螺钉能承受的横向力递减。

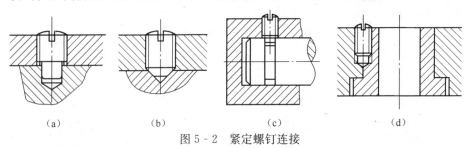

（a）　　　　（b）　　　　（c）　　　　（d）

图5-2　紧定螺钉连接

有时也将紧定螺钉"骑缝"旋入（将两机件装好，加工螺孔，使螺孔在两机件上各有一半，再旋入紧定螺钉），起固定作用，如图5-2（d）所示。此时称为"骑缝螺钉"。

2. 螺纹连接件

由于使用的场合及要求各不相同，螺纹连接件的结构形式也有多种类型。常用的有螺栓、双头螺柱、螺钉、螺母、垫圈等。螺纹连接件大多已标准化，设计时应结合实际，根据有关标准合理选用。其常用的类型、结构特点和应用见表5-1。

表5-1　常用螺纹连接件的类型、结构特点和应用

名称	图　例	结构特点及应用
六角头螺栓		螺栓精度分A，B，C三级，通常多用C级。杆部可以是全螺纹或一段螺纹
双头螺柱		两端均有螺纹，两端螺纹可以相同或不同。有A型和B型两种结构，一段拧入厚度大不便于穿通孔的被连接件，另一端套入螺母

续表

名称	图例	结构特点及应用
螺钉	十字槽盘头　六角头 内六角圆柱头　一字开槽沉头　一字开槽盘头	头部形状有圆头、扁圆头、六角头、圆柱头和沉头等。起子槽有十字槽、一字槽、内六角孔。十字槽强度高，便于用机动工具。内六角可代替普通六角头螺栓，用于要求结构紧凑的地方
紧定螺钉		紧定螺钉的末端形状有锥端、平端和圆柱端，锥端适用于被紧定零件的表面硬度较低或不经常拆卸的场合；平端接触面积大，不伤零件表面，常用于紧定硬度较大的平面或经常装拆的场合；圆柱端压入轴上的凹坑中，适用于紧定空心轴上的零件位置
垫圈	平垫圈　斜垫圈	垫圈是螺纹连接中不可缺少的附件。放置在螺母和被联件之间，起保护支承表面的作用。平垫圈按加工精度不同，分为A级和C级两种。用于同一螺纹直径的垫圈又分为特大、大、普通和小四种规格，特大垫圈主要在铁木结构上使用。斜垫圈只用于倾斜的支承面上
六角螺母		根据螺母厚度不同，分为标准螺母和薄螺母两种，薄螺母常用于受剪力的螺栓上或空间尺寸受限制的场合。螺母的制造精度和螺栓相同，分别为A、B、C三级，分别与相同级别的螺栓配用

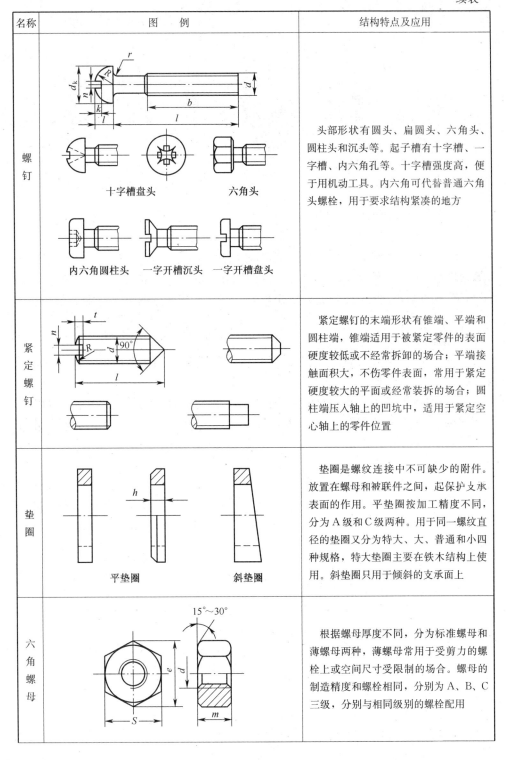

续表

名称	图例	结构特点及应用
圆螺母	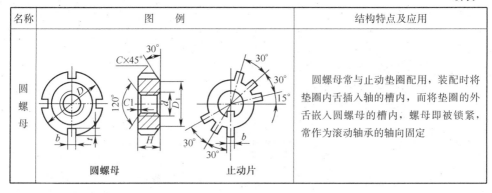 圆螺母　　　止动片	圆螺母常与止动垫圈配用，装配时将垫圈内舌插入轴的槽内，而将垫圈的外舌嵌入圆螺母的槽内，螺母即被锁紧，常作为滚动轴承的轴向固定

3. 螺纹连接的预紧和防松

1) 螺纹连接的预紧

生产实际中，绝大多数螺栓连接都是紧螺栓连接，即在装配时必须拧紧螺母，使螺纹连接在承受工作载荷前就受到预紧力的作用。螺纹连接预紧的目的是增加连接的刚度、紧密性和提高防松能力。一般螺栓连接的预紧力规定为：

合金钢螺栓　　　　　　$F' \leqslant (0.5 \sim 0.6)\sigma_S A_1$

碳素钢螺栓　　　　　　$F' \leqslant (0.6 \sim 0.7)\sigma_S A_1$

式中，σ_S 为螺栓材料的屈服点（MPa）；A_1 为螺杆最小横截面（按螺纹小径计算）的面积（mm^2）。

对一般螺纹连接，预紧力可凭经验控制；对重要螺纹连接，通常借助测力矩扳手或定矩扳手来控制其大小。对于 $M10 \sim M68$ 的粗牙普通螺纹，拧紧力矩 T（N·mm）的经验公式为

$$T \approx 0.2 F' d$$

式中，F' 为预紧力（N）；d 为螺纹公称直径（mm）。

由于摩擦因数不稳定和扳手上的力难以准确控制，有时可能拧得过紧而使螺杆拧断，因此在重要的连接中如果不能严格控制预紧力的大小，不宜使用直径小于 12mm 的螺栓。

2) 螺纹连接的防松

螺纹连接一般都能满足自锁条件，拧紧后螺母和螺栓头部等支承面上也有防松作用，所以在静载荷和工作温度变化不大时，螺纹连接不会自动松脱。但在冲击、振动或变载荷作用下，或在高温或温度变化较大的情况下，螺纹连接中的预紧力和摩擦力会逐渐减小或可能瞬时消失，导致连接失效。螺纹连接一旦失效，将严重影响机器的正常工作，甚至造成事故。因此，为保证连接安全可靠，设计时必须采取有效的防松措施。

防松的实质就是防止螺纹副的相对转动。防松的措施很多，按工作原理可分为摩擦力防松、机械方法防松和破坏螺纹副关系防松三类。

(1) 摩擦力防松

这种防松方法是设法使螺纹副间产生附加的摩擦力,即使螺杆上的轴向外载荷减小,甚至消失,也能保证螺纹副间的正压力(附加摩擦力)依然存在。这种正压力通过螺纹副沿轴向或径向张紧来产生。

① 双螺母防松

如图5-3(a)所示,两个螺母对顶拧紧,螺杆旋合段受拉而螺母受压,使螺纹副轴向张紧,从而达到防松目的。这种防松方法用于平稳、低速和重载的连接。其缺点是在载荷剧烈变化时不十分可靠,而且螺杆增长,螺母增多,结构尺寸变大。

② 弹簧垫圈防松

如图5-3(b)所示,它是靠拧紧螺母时,垫圈被压平后产生的弹性反力使螺纹副轴向张紧,从而达到防松目的。应当指出,垫圈的斜口尖端顶住螺母及被连接件的支承面,也有防松作用。这种方法结构简单、使用方便。但在冲击、振动很大的情况下,防松效果不十分可靠,一般用于不太重要的连接。

③ 自锁螺母防松

如图5-3(c)所示,螺母一端制成非圆形收口或开缝后径向收口。当螺母拧紧后,收口胀开,利用收口的弹力使螺纹副径向张紧,达到防松目的。这种防松方法结构简单,防松可靠,多次拆装也不会降低防松能力。

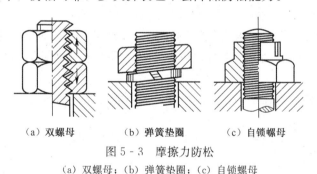

(a) 双螺母　　　(b) 弹簧垫圈　　　(c) 自锁螺母

图5-3　摩擦力防松

(a) 双螺母;(b) 弹簧垫圈;(c) 自锁螺母

(2) 机械防松法

机械方法防松是利用便于更换的防松元件,直接防止螺纹副的相对运动,常用的有以下几种。

① 开口销和槽形螺母防松

如图5-4(a)所示,螺母拧紧后,把开口销插入螺母槽与螺栓尾部孔内,并将开口销尾部扳开,阻止了螺母与螺栓的相对转动。此方法防松可靠,但安装困难,且不经济,故只用于冲击、振动较大的重要连接。

② 止动垫圈防松

图5-4(b)为双耳式止动垫圈,垫圈的一边向上弯贴在螺母的侧面上,另

一边向下弯且放入被连接件的小槽中,以防止螺母松脱。此方法经济可靠,但需有容纳弯耳之处。

③串联钢丝防松

如图 5-4(c)所示,将钢丝穿入各螺钉头部的孔内,使其相互制约,达到防松的目的。此方法防松可靠,但拆装不便,特别要注意钢丝的穿绕方向,仅适用于螺钉组连接。

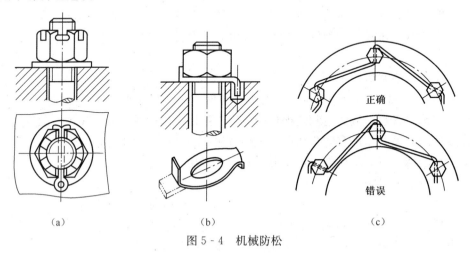

图 5-4 机械防松

(3) 破坏螺纹副关系防松

如果连接不需拆开,可把螺纹副转化为非运动副,从而排除相对运动的可能,这是以破坏螺纹副关系来达到防松目的。如图 5-5 所示,常用的方法如下。

①焊接法

将螺母与螺栓焊在一起,防松可靠,但不能拆卸,如图 5-5(a)所示。

②冲点法

螺母拧紧后,利用冲头在螺栓尾部与螺母旋合的末端冲 2~3 点,这种方法防松可靠,适合不拆卸的连接,如图 5-5(b)所示。

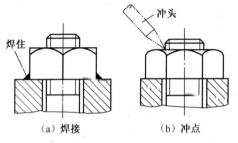

图 5-5 破坏螺纹副关系防松
(a)焊接;(b)冲点

③黏接法

用黏合剂涂于螺纹旋合表面，拧紧螺母待黏合剂固化，即将螺栓与螺母黏接在一起。这种方法简单有效，并能保证密封；但时间长了，其防松能力就差了，需拆开重新涂胶装配。

4. 螺栓组的结构设计

布置螺栓组时，要注意以下几点：

(1) 螺栓的布置应使各螺栓的受力合理。

对于铰制孔用螺栓连接，不要在平行于工作载荷的方向上成排地布置8个以上的螺栓，以免载荷分布过于不均；当螺栓连接受弯矩或转矩时，应使螺栓的位置适当靠近连接接合面的边缘，以减少螺栓的受力如图5-6所示。

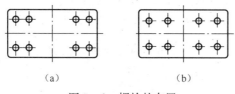

图5-6 螺栓的布置
(a) 合理；(b) 不合理

(2) 螺栓的排列应有合理的间距、边距，保证扳手等工具使用时所需的空间如图5-7所示。

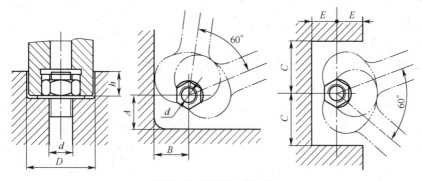

图5-7 预留扳手空间

(3) 分布在同一圆周上的螺栓数目应取成偶数，以便于分度和画线。

(4) 同一螺栓组中螺栓的材料、直径和长度均应相同。

(5) 保证被连接件、螺母和螺栓头支承面平整，并与螺栓轴线相互垂直。在铸、锻件等的粗糙表面上安装螺栓时，应制成凸台［图5-8 (a)］或沉头座［图5-8 (b)］。当支承面为倾斜表面时，应采用斜面垫圈［图5-8 (c)］等。

5.1.2 键连接

键连接是一种应用很广泛的可拆连接，主要用于轴与轴上零件的周向相对固定，以传递运动或转矩。键连接的主要类型有：平键连接、半圆键连接、楔键连

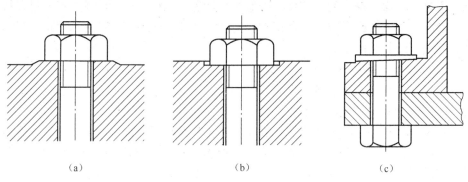

图 5-8 保证支承面平整

(a) 凸台；(b) 沉头座；(c) 斜面垫圈的应用

接和切向键连接。其中平键连接和半圆键连接为松键连接，楔键连接和切向键连接为紧键连接。

1) 平键连接

平键是应用最广的键。按照用途分为普通平键、导向平键和滑键。平键以两侧面为工作面，工作时通过轴上键槽和轮毂键槽与键的侧面接触传递扭矩。键的上表面与轮毂槽底面留有间隙。平键连接具有易于制造，装拆方便，轴与轴上零件的对中性好等特点，所以应用广泛，但它不能实现轴上零件的轴向固定，常用于静连接，即轮毂与轴之间无相对移动的连接。

(1) 普通平键

如图 5-9 所示，按键结构可分为 A 型（圆头）、B 型（方头）、C 型（半圆头）三类。使用圆头平键时，轴上键槽是用指状铣刀加工的［图 5-9 (a)］，键放置于与之形状相同的键槽中，键的轴向定位好，但键槽对轴的应力集中较大。使用方头平键时［图 5-9 (b)］，轴上键槽用圆盘铣刀加工，因而避免了圆头平键的缺点，但键在键槽中固定不好，常用螺钉紧定。半圆头平键常用于轴端与轴上零件的连接。不论采用哪类键连接，由于轮毂上的键槽是用插刀或拉刀加工

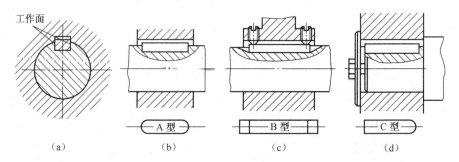

图 5-9 普通平键连接

(a) 平键连接；(b) 圆头；(c) 方头；(d) 半圆头

的，因此都是开通的，如图 5-10 所示。

(2) 导向平键和滑键

用于动连接，即轮毂与轴之间有轴向相对移动的连接。导向平键（图 5-11）是一种较长的平键，键用螺钉固定在轴上，轮毂可沿键作轴向滑移。当轴上零件滑移距离较大时，宜采用滑键（图 5-12），因为滑移距离较大时，用过长的平键，制造困难。滑键固定在轮毂上，轮毂带动滑键在轴槽中作轴向移动，因而需要在轴上加工长的键槽。

2) 半圆键连接

半圆键连接的工作情况与平键相同，不同的是半圆键能在轴槽中摆动，以自动适应轮毂中键槽的斜度。它装配方便，尤其适用于锥形轴端的连接（图 5-13）。但其键槽较深，对轴的强度削弱较大。

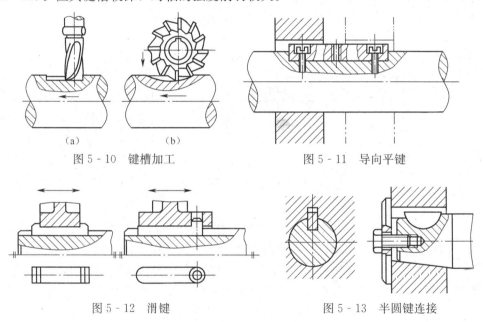

图 5-10 键槽加工　　　　　图 5-11 导向平键

图 5-12 滑键　　　　　图 5-13 半圆键连接

3) 楔键连接

楔键（图 5-14）上表面和轮毂键槽具有 1∶100 的斜度，键的上下面是工作表面。装配靠键的上下表面楔紧作用传递扭矩，并能轴向固定零件和传递单方向的轴向力，但会使轴上零件与轴的配合产生偏心与偏斜，在高速、振动下易松动。故多用在对中要求不高、载荷平稳和低速的场合。常用的有普通楔键和钩头楔键〔图 5-14（c）〕。钩头楔键便于拆卸。为了安全，应加防护罩。

4) 切向键

切向键连接只用于静连接。切向键的连接结构如图 5-15 所示，由两个普通的楔键组成。装配时，把两个键从轮毂的两端打入并楔紧，因此会影响到轴和轮毂的对中性；工作时，靠工作面的挤压和轴与轮毂间的摩擦力传递较大的转矩，

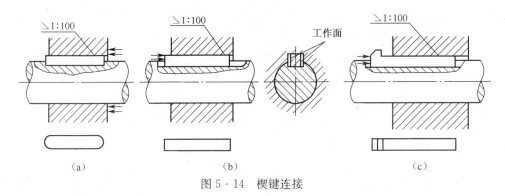

图 5-14 楔键连接

但只能传递单向转矩。当要传递双向转矩时,需两组切向键,并应错开 120°~130° 布置。切向键连接主要用于轴径 $d>100mm$,对中要求不高而载荷很大的重型机械,比如矿山用大型绞车的卷筒、齿轮与轴的连接等。

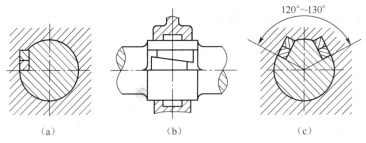

图 5-15 切向键连接

5) 花键连接

如果使用一个平键,不能满足轴所传递的扭矩的要求时,可在同一轴毂连接处均匀布置两个或三个平键。而且由于载荷分布不均的影响,在同一轴毂连接处均匀布置 2 (3) 个平键时,只相当于 1.5 (2) 个平键所能传递的扭矩。显然,键槽愈多,对轴的削弱就愈大。如果把键和轴作成一体就可以避免上述缺点。多个键与轴作成一体就形成了花键,如图 5-16 所示。

图 5-16 花键连接

花键已标准化,按其剖面齿形分为矩形花键、渐开线花键等,如图 5-17 所示。

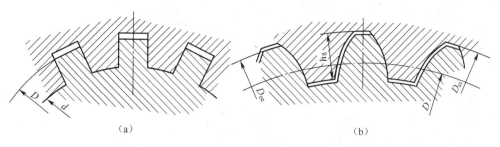

图 5 - 17 花键剖面
(a) 矩形剖面;(b) 渐开线剖面

5.1.3 销连接

销连接主要用于固定零、部件之间的相互位置(定位销),是装配机器的重要辅件;同时也可用于轴与轮毂的连接并传递不大的载荷,如图 5 - 18 所示。

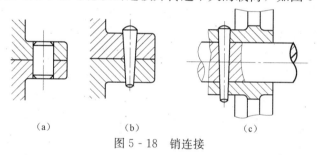

图 5 - 18 销连接

销可分为圆柱销 [图 5 - 18 (a)]、圆锥销 [图 5 - 18 (b) 和图 5 - 18 (c)]等。圆柱销利用微量过盈固定在铰制孔中,多次拆装后定位精度会下降;圆锥销利用一定的锥度装入铰制孔中,装拆方便,多次拆装对定位精度影响较小,所以应用较广泛,圆锥销的小端直径为公称值。

销的材料为 35、45、30CrMnSiA 钢,安全销用 35、45 钢或 T8A、T10A 等钢材制成,热处理后硬度为 30~36HRC。

销的类型可根据工作要求选定。用于连接的销,工作时受挤压和剪切作用,在选用时,先按经验确定其公称直径,再校核剪切强度和挤压强度;定位销一般不受载荷作用,或者只受很小的载荷作用,其直径可按结构确定,一般选用数目不得少于 2 个。

5.1.4 联轴器与离合器

联轴器和离合器都是用来连接两轴、使其一起转动并传递扭矩的部件。用联轴器连接的两轴,只有在机器停车后,经过拆卸才能使两轴分开;而用离合器连接的两轴,可在机器工作时方便地使两轴接合或分离。

联轴器、离合器大多已标准化、系列化。本节主要介绍联轴器和离合器的结构、性能、适用场合及选用等方面的内容。

1. 联轴器

联轴器一般由两个半联轴器构成，半联轴器分别与主、从动轴用键连接，然后再用螺栓将两个半联轴器连接起来（图 5-19）。联轴器所连接的两轴，由于制造和安装的误差、承载后的变形和温度变化，以及转动零件的不平衡和轴承的磨损等原因，都可能使两轴不能严格对中，出现一定程度的相对位移或偏斜等误差。因此，要求联轴器从结构上具有在一定范围内补偿两轴间相对位置误差的性能，以避免机器运转时在轴、联轴器和轴承中引起附加载荷而导致出现振动，甚至损坏机器零件。

1）联轴器的类型

联轴器的类型很多，一类是刚性联轴器，用于两轴对中严格，且在工作时不发生轴线偏移的场合。另一类是挠性联轴器，用于两轴有一定限度的轴线偏移场合。挠性联轴器又可分为无弹性元件联轴器和弹性联轴器。

（1）固定式刚性联轴器

固定式刚性联轴器有凸缘式、套筒式和夹壳式等。凸缘联轴器是应用最广泛的固定式刚性联轴器。如图 5-19 所示，凸缘联轴器由两个带凸缘的半联轴器和一组螺栓组成。这种联轴器有两种对中方式：一种是通过分别具有凸槽和凹槽的两个半联轴器的相互嵌合来对中，半联轴器采用普通螺栓连接；另一种是通过铰制孔用螺栓与孔的紧配合对中，当尺寸相同时后者传递的转矩较大，且装拆时轴不必作轴向移动。

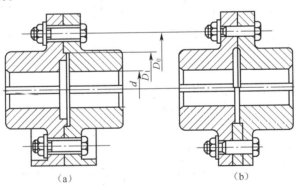

图 5-19 凸缘联轴器

凸缘联轴器的材料用灰铸铁或碳钢，在重载或圆周速度大于 30m/s 时应用铸钢或锻钢。由于凸缘联轴器对所连接的两轴缺乏补偿能力，因而对两轴的对中性要求较高。如果两轴之间有位移或产生了偏斜时，就会在各构件中产生附加载荷，同时在传递载荷时，不能缓和冲击和吸收振动，因此凸缘联轴器适合于连接低速、无冲击、轴的刚性大、对中性好的短轴。

(2) 可移式刚性联轴器

可移式刚性联轴器的组成零件间构成动连接,即有相对滑动,故可补偿两轴间的相对偏移。但因无弹性元件,故不能缓冲、减振。可移式刚性联轴器的种类较多,如十字滑块联轴器、万向联轴器、齿式联轴器、挠性爪联轴器等。现仅以十字滑块联轴器和万向联轴器为例加以说明。

① 十字滑块联轴器

如图 5-20 所示,它是由端面开有凹槽的两个半联轴器 1 和 3,以及十字头滑块 2 组成。十字头滑块两面的凸牙位于互相垂直的两个直径方向上,并分别嵌入 1、3 的凹槽内,十字滑块在凹槽内滑动,以补偿两轴的偏移。由于这种联轴器的半联轴器与中间盘组成移动副,不能发生相对转动,因此主动轴与从动轴的角速度相等。但在两轴间有偏移的情况下工作时,中间盘会产生很大的离心力,从而加大动载荷,因此这种联轴器只用于低速传动。

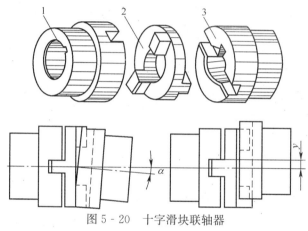

图 5-20 十字滑块联轴器

② 万向联轴器

万向联轴器由两个叉形接头 1 和 3、一个十字形接头 2 和轴销 4、5 组成,如图 5-21(a)所示。万向联轴器允许两轴间有较大的角度偏斜,两轴夹角 α 可达 35°～45°,但其主、从动轴的角速度不同步,当主动轴以等角速度 ω_1 转动时,从动轴角速度 ω_2 将在一定范围内周期性变化,因而在传动中将引起附加动载荷。为避免这种现象,常将两个万向联轴器联在一起成双使用[图 5-21(b)]。万向联轴器结构紧凑,维护方便,能补偿较大的综合位移,且传递转矩较大,所以在汽车、机床等机械中应用广泛。万向联轴器的结构形式很多,其中小型万向联轴器已标准化,设计时可按标准选用。

(3) 弹性联轴器

弹性联轴器构造与凸缘联轴器相似,只是用套有弹性套的柱销代替了连接螺纹,利用弹性套的弹性变形来补偿两轴的相对位移。这种联轴器重量轻、结构简单、但弹性套易磨损、寿命较短,广泛用于经常正反转、启动频繁的场合。

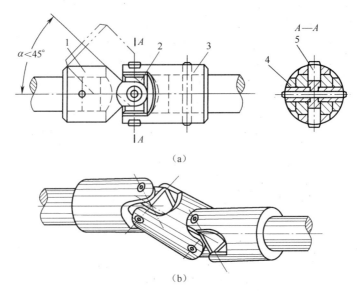

图 5-21 万向联轴器

①弹性套柱销联轴器

弹性套柱销联轴器的结构与凸缘联轴器相似,只是用套有弹性套的柱销代替了连接螺栓,如图 5-22 所示。弹性套的变形可以补偿两轴的径向位移,并有缓冲和吸振作用。允许轴向位移 2~7.5mm,径向位移为 0.2~0.7mm,角度位移为 30′~1°30′。该联轴器主要用于中小功率或较高转速的场合。

②弹性柱销联轴器

弹性柱销联轴器是用尼龙柱销将两个半联轴器连接起来,如图 5-23 所示。与弹性套柱销联轴器相比,弹性柱销联轴器的承载能力较大,但其适应转速较低、允许的误差偏移量也较小(轴向位移为 0.5~3mm,径向位移为 0.15~0.25mm,角度位移为 30′)。这种联轴器结构简单,柱销耐磨性好,维修方便。它主要用于有正反转或启动频繁、对缓冲要求不高的场合。

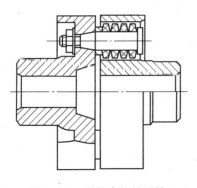

图 5-22 弹性套柱销联轴

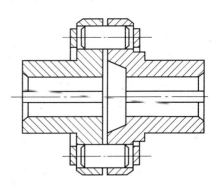

图 5-23 弹性柱销联轴器

2）联轴器的选择

（1）类型选择

联轴器的选择应该与其使用要求及类型特点一致。对于一般能精确对中、低速、刚性较大的短轴可选用固定式的凸缘联轴器，反之则应选具有补偿能力的可移式刚性联轴器；对于传递较大转矩的重型机械，可选用齿式联轴器，而对于高速、且有振动的轴可选用弹性联轴器；对于两轴有一定夹角的轴，可选用万向联轴器。

（2）型号和尺寸的选择

类型确定后，再根据联轴器所需传递的计算转矩 T_c、转速 n 和被连接件的直径确定其结构尺寸。选择型号时应同时满足下列两式：

$$T_c \leqslant T_n, \quad n \leqslant [n]$$

T_n 和 $[n]$ 分别为联轴器的公称转矩（N·m）和许用转速（r/min），可以从设计手册中查取。计算转矩 T_c 按下式计算：

$$T_c = K_A \cdot T \tag{5.1}$$

式中，T 为名义转矩，K_A 为工作情况因数，是考虑原动机的性质及工作机的工作情况，以防止在启动时出现动载荷和工作中的过载而引入的系数，其值参见表 5-2。

表 5-2 工作情况系数

原动机	工作机	K_A
电动机	带式运输机、鼓风机、连续运动的金属切削机床	1.25~1.5
	链式运输机、括板运输机、螺旋运输机、离心泵、木工机械	1.5~2.0
	往复运动的金属切削机床	1.5~2.5
	往复泵、往复式压缩机、球磨机、破碎机、冲剪机	2.0~3.0
	起重机、升降机、轧钢机	3.4~4.0
涡轮机	发电机、离心泵、鼓风机	1.2~1.5
往复式发动机	发电机	1.5~2.0
	离心泵	4~4
	往复式工作机，如空压机、泵	4~5

注：1. 固定式、刚性可移式联轴器选用较大 K_A 值；弹性联轴器选用较小 K_A 值。
2. 牙嵌式离合器 $K=2$~3；摩擦式离合器 $K_A=1.2$~1.5；安全离合器取 $K_A=1.25$。
3. 从动件的转动惯量小，载荷平稳，K_A 取较小值。

例 5-1 某车间起重机根据工作要求选用一电动机，总功率为 $P=10$kW，转速 $n=960$r/min，电动机轴的直径 $d=42$mm，试选择所需的联轴器（只要求与电动机轴连接的半联轴器满足直径要求）。

解：

（1）类型选择

为了减少振动与冲击，选用弹性套柱销联轴器。

(2) 载荷计算

名义转矩 $T = 9550 \dfrac{P}{n} = 9550 \times \dfrac{10}{960} \text{N} \cdot \text{m} = 99.48 \text{N} \cdot \text{m}$

查表 5-2 得 $K_A = 3.0$，则计算转矩为：

$$T_c = K_A T = 3.0 \times 99.48 \text{N} \cdot \text{m} = 298.44 \text{N} \cdot \text{m}$$

(3) 型号选择

由机械设计手册 GB 4323—84 查得 TL7 弹性套柱销联轴器的许用转矩为 500N·m，许用最大转速为 3600r/min，轴径为 40~48mm 之间。

2. 离合器

离合器一般由主动部分（与主动轴相连接）、从动部分（与从动轴相连接）、接合元件（用以将主动部分和从动部分结合在一起）及操纵部分等组成。根据接合元件间相互作用力的形式，将离合器分为牙嵌式离合器和摩擦式离合器；根据离合器的操纵方式分为机械式、气压式、液压式、电磁式离合器等。

1) 牙嵌离合器

如图 5-24 所示，牙嵌离合器是由两个端面上有牙的半离合器组成。半离合器 1 用键和紧定螺钉固定在主动轴上；另一半离合器 3 用导向键或花键与从动轴连接，由操纵机构拨动滑环 4 使其做轴向移动，以实现离合器的分离与接合。为了使两轴较好地对中，在主动轴的半离合器内装有对中环 2，从动轴端可在对中环内自由转动。牙嵌离合器常用的牙形有矩形、梯形、三角形和锯齿形。矩形牙在工作时没有轴向分力，但不便于接合与分离，磨损后也无法补偿，因此应用较少；梯形牙的强度较高，能传递较大的转矩，并能补偿由于磨损造成的牙侧间隙，从而减少了振动，因而应用较为广泛；三角形牙用于传递小的转矩和低速离合器；锯齿形牙强度高，但只能传递单向转矩，用于特定的工作条件下。

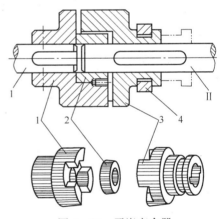

图 5-24 牙嵌离合器

牙嵌离合器结构简单，外廓尺寸小，结合后可保证主动轴和从动轴同步运转，但只宜在两轴低速或停机时结合，以免因冲击折断牙齿。

2) 摩擦离合器

摩擦离合器是靠摩擦力传递转矩的，它可以在运动中进行离合，接合平稳，而且过载后可以打滑，比较安全。其缺点是外廓尺寸较大，结构复杂。

(1) 单盘式摩擦离合器

如图 5-25 所示,单盘式摩擦离合器是靠操纵滑块 4 施加轴向压力 F_Q,使两个摩擦盘面 1、2 压紧和松开,以实现主动轴和从动轴的接合与分离。其结构简单,但径向尺寸较大,且只能传递不大转矩,故常用在轻型机械上。

(2) 多盘式摩擦离合器

如图 5-26 所示,多盘式摩擦离合器主动轴 1 和外壳 2 相连接,外壳内装有一组外摩擦片 4,形状如图 5-27(a)所示,其外缘凸齿插入外壳 2 的

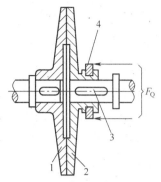

图 5-25 单盘式摩擦离合器

凹槽内,与外壳一起转动,其内孔不与任何零件接触。从动轴 10 和套筒 9 相连,套筒内装有另一组内摩擦片 5,形状如图 5-27(b)所示,其外缘不与任何零件接触,而内孔凸齿与套筒 9 上的纵向凹槽相连接,因而带动套筒 9 一起回转。滑环 7 由操纵机构控制,当滑环左移时使杠杆 8 绕支点顺时针转动,通过压板 3 将两组摩擦片压紧,离合器处于结合状态;滑环 7 向右移动实现分离。螺母 6 可调节摩擦盘间的压力。内摩擦片 5 也可做成碟形,如图 5-27(c)所示,则分离时能自动弹开。多盘式摩擦离合器由于摩擦面增多,传递转矩的能力显著增大,径向尺寸相对减少,但这种离合器结构较为复杂。

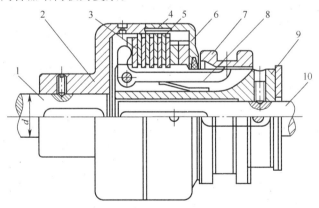

图 5-26 多盘式摩擦离合器

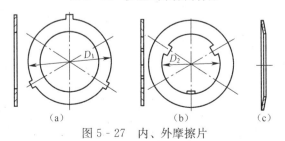

图 5-27 内、外摩擦片

5.2 轴及轴承

5.2.1 轴的分类

轴是机械传动中的重要零件。轴的功用是支承转动零件（如凸轮、带轮、齿轮等）及传递运动和动力，它的结构和尺寸是由被支承的零件和支承它的轴承的结构和尺寸决定的。

根据轴在工作中承受载荷的特点，轴可分为传动轴、心轴和转轴。

1) 传动轴

主要传递动力、承受扭转作用的轴称为传动轴。图 5-28 所示的汽车变速器与后桥间的轴即为传动轴。

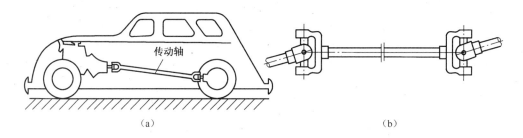

图 5-28 汽车传动轴

2) 心轴

只起支承旋转件的作用，而不传递动力。按其是否与轴上零件一起转动，又可分为转动心轴［如图 5-29（a）所示的车轮轴］和固定心轴［如图 5-29（b）的滑轮支撑轴］。

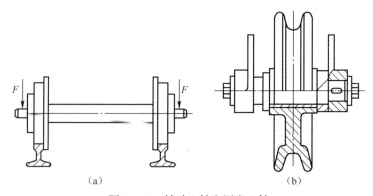

图 5-29 转动心轴和固定心轴

3) 转轴

既支撑回转零件又传递动力，同时承受弯曲和扭转两种作用的轴称为转轴，机器中的大多数轴都属于这一类。减速器传动装置中的两轴均为转轴。

根据轴线的形状的不同，轴又可分为直轴、曲轴和挠性钢丝轴。曲轴（图5-30）和挠性钢丝轴（图5-31）属于专用零件。直轴按外形不同又可分为光轴和阶梯轴。光轴形状简单，应力集中少，易加工，但轴上零件不易装配和定位，常用于心轴和传动轴。阶梯轴各轴段截面的直径不同，这种设计使各轴段的强度相近，而且便于轴上零件的装拆和固定，因此阶梯轴在机器中的应用最为广泛。

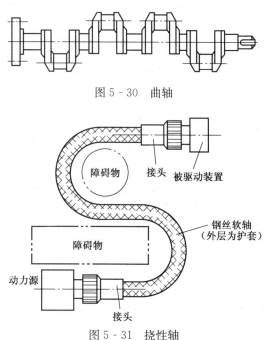

图 5-30 曲轴

图 5-31 挠性轴

5.2.2 轴的结构及轴上零件的定位

轴的结构主要取决于以下因素：轴在机器中的安装位置及形式；轴上安装零件的类型、尺寸、数量，以及和轴连接的方法；载荷的性质、大小、方向及分布情况；轴的加工工艺等。由于影响轴的结构的因素较多，并且其结构形式又要随着具体情况的不同而异，所以轴没有标准的结构形式。设计时，必须针对不同情况进行具体的分析。但是，不论何种具体条件，轴的结构都应满足：轴和装在轴上的零件要有准确的位置；轴上零件应便于装拆和调整；轴应具有良好的制造工艺性等。

图5-32为单级圆柱齿轮减速器中的输出轴的结构图，该轴系由联轴器、轴、轴承盖、轴承、套筒、齿轮等组成。如图所示，轴与轴承配合处的轴段称为轴颈，轴和传动零件即轮毂（主要为齿轮和联轴器等）相配合的部分称为轴头，

连接轴颈与轴头的非配合部分统称为轴身。阶梯轴上截面变化的部位称为轴肩或轴环，它对轴上的零件起轴向定位作用。

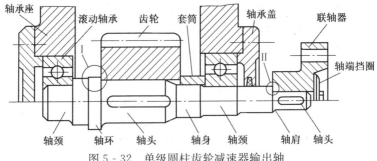

图 5-32 单级圆柱齿轮减速器输出轴

1. 轴上零件的轴向定位及固定

轴上零件轴向固定的目的是为了防止零件沿轴线方向移动，使零件准确而可靠地处在规定的位置，并承受轴向力。一般采用的轴向固定方法有轴肩、轴环、套筒、圆螺母、紧定螺钉、弹簧挡圈、轴端挡圈、圆锥面等。

利用轴肩或轴环是最常用、最方便而可靠的轴向固定方法，其结构简单，能承受较大的轴向力，常用于齿轮、链轮、带轮、联轴器和轴承等的定位。用轴肩或轴环固定零件时，常需采用其他方式来防止零件向另一方向移动，如图 5-33（a）所示的套筒、图 5-33（c）所示的弹性挡圈及图 5-33（d）所示的轴端挡圈等。

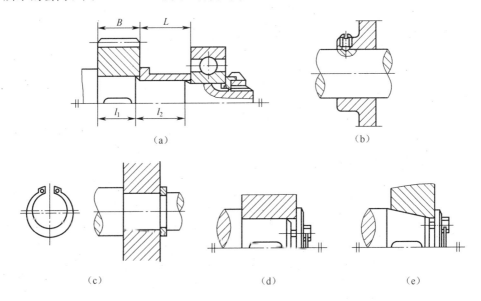

图 5-33 零件的轴向固定
(a) 轴肩—套筒—圆螺母；(b) 紧定螺钉
(c) 轴肩—弹性挡圈；(d) 轴肩—轴端挡圈；(e) 圆锥面—轴端挡圈

为了保证轴上零件定位准确和固定可靠，利用轴肩或轴环定位时，轴肩（轴环）的圆角半径 R 应小于零件孔端的外圆角半径 R_1 或倒角 C_1，以使零件端面与轴肩（轴环）贴合，如图 5-34 所示。此外，轴肩高度 h 应大于 R_1 或 C_1，一般取 $h=(0.07\sim0.1)d$，轴环的宽度一般取 $b\approx1.4h$。与滚动轴承相配合时，h 值按轴承标准中的安装尺寸获得，h、R、C 可参阅有关手册。采用套筒、圆螺母、轴端挡圈等做轴向固定时，轴头的长度应略短于轴上零件轮毂的长度，使零件的端面与套筒等固定零件能靠到位。

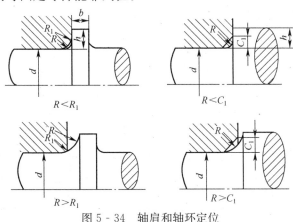

图 5-34 轴肩和轴环定位

2. 轴上零件的周向定位

轴上零件周向固定的目的是为了传递转矩，防止零件与轴产生相对转动。常用的固定方法有键连接、花键连接和过盈配合等。其中，紧定螺钉只用在传力不大之处。如图 5-35 和图 5-36 所示。

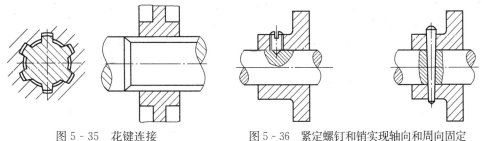

图 5-35 花键连接　　　　图 5-36 紧定螺钉和销实现轴向和周向固定

3. 轴的结构工艺性

轴的结构除了要考虑与其他零件的联系外，还要考虑到自身在加工、测量、装配等方面的工艺性，即应便于轴的加工和轴上零件的装拆，因此在进行轴的结构设计时，应注意以下一些问题。

1）加工工艺性

（1）形状力求简单，阶梯轴的级数尽可能少，而且各段直径不易相差太大。

（2）轴上要求磨削的表面，如与滚动轴承配合处，需在轴肩处留砂轮越程槽,如图5-37 (a) 所示,砂轮边缘可磨削到轴肩端部,保证了轴肩的垂直度。对于轴上需车削螺纹的部分,应有退刀槽,以保证车削时能退刀,如图5-37 (b) 所示。

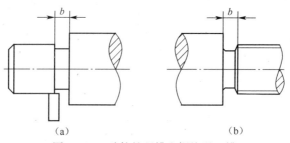

图 5-37 砂轮越程槽和螺纹退刀槽
(a) 砂轮越程槽;(b) 螺纹退刀槽

(3) 应尽量使轴上同类结构要素(如过渡圆角、倒角、键槽、越程槽、退刀槽及中心孔等)的尺寸相同,并符合标准和规定;如不同轴段上有几个键槽时,将各键槽布置在同一母线上,以便于加工,如图5-38所示。

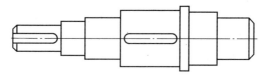

图 5-38 键槽布置在同一母线

2) 装配工艺性

(1) 一般将轴设计成阶梯形,目的是增加强度和刚度,便于装拆,易于轴上零件的固定,区别不同的精度、表面粗糙度及配合的要求。如图5-39所示为阶梯轴上零件的装拆图。图中表明,可依次把齿轮、套筒、左端轴承、轴承盖、带轮和轴端挡圈从轴的左端装入,这样零件依次往轴上装配时,既不擦伤配合表面,又可使装配方便;右端轴承从轴的右端装入。

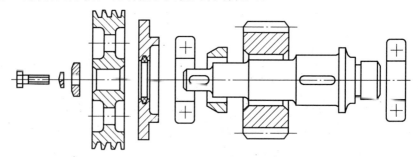

图 5-39 轴的装配

(2) 轴端应倒角、去毛刺,以便于装配。
(3) 固定滚动轴承的轴肩高度应小于轴承内圈厚度(具体数据可查滚动轴承

有关标准），以便拆卸，如图5-40所示。

5.2.3 轴承

轴承的功能是支承轴及轴上的回转件，保证轴的旋转精度，减少轴与支承之间的摩擦，使之转动灵敏。

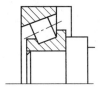

图 5-40 轴肩高度应小于轴承内圈厚度

根据轴承中摩擦性质的不同，轴承可分为两种类型。在运转过程中，轴颈与轴承之间产生相对滑动摩擦的，称为滑动轴承；若轴承的元件在转动中产生相对滚动摩擦的，称为滚动轴承。

1. 滚动轴承的结构和类型

1) 滚动轴承的结构

滚动轴承一般由内圈、外圈、滚动体和保持架组成，如图5-41（a）所示。内圈装在轴颈上，外圈装在机座或零件的轴承孔内。多数情况下，外圈不转动，内圈与轴一起转动。当内外圈之间相对旋转时，滚动体沿着滚道滚动。保持架的作用是把滚动体均匀地隔开。有些滚动轴承没有内圈、外圈或保持架，但滚动体为其必备的主要元件。常用的滚动体如图5-41（b）所示。

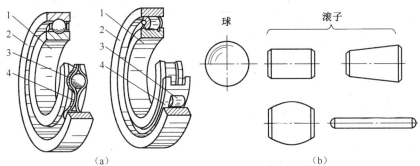

图 5-41 滚动轴承的构造

(a) 结构图；(b) 滚动体；

1—内圈；2—外圈；3—滚动体；4—保持架；

2) 滚动轴承的类型

为满足机械的各种要求，滚动轴承有多种类型。滚动体的形状可以是球轴承或滚子轴承；滚动体的列数可以是单列或双列等。

常用滚动轴承的主要基本类型、代号、结构简图、性能特点及应用见表5-3。

表 5-3 常用滚动轴承的类型、代号及特性

轴承名称	类型代号	简图	主要特性
双列角接触球轴承	0 (6)		能同时承受径向载荷和双向的轴向载荷，具有相当于一对角接触球轴承背对背安装的特性

续表

轴承名称	类型代号	简图	主要特性
调心球轴承	1 (1)		主要承受径向载荷,能承受较小的轴向载荷。允许偏位角小于2°~3°,能自动调位
调心滚子轴承	2 (3)		与调心球轴承的特性类似,但承载能力较大,允许偏位角小于1°~2.5°
推力调心滚子轴承	2 (9)		能承受很大的轴向载荷和不大的径向载荷,能自动调心,允许偏位角小于2°~3°
圆锥滚子轴承	3 (7)		内外圈可以分离,便于调整游隙。除能承受径向载荷外,还能承受较大的单向轴向载荷
双列深沟球轴承	4 (0)		具有深沟球轴承的特性,比深沟球轴承的承载能力大,可用于比深沟球轴承要求更高的场合
推力球轴承	5 (8)	51000	套圈可分离,承受单向轴向载荷。高速时离心应力大,故极限转速低
		52000	可双向承受轴向载荷

续表

轴承名称	类型代号	简 图	主要特性
深沟球轴承	6 (0)	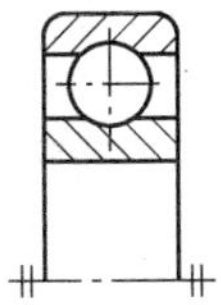	主要承受径向载荷，也能承受一定的双向轴向载荷，可用于较高转速。价格低廉，应用最广
角接触球轴承	7 (6)	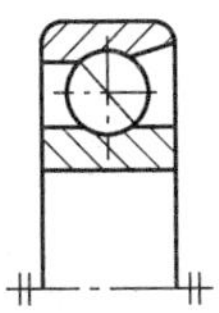	可承受径向载荷和较大轴向载荷，接触角越大则可承受轴向载荷越大
推力圆柱滚子轴承	8 (9)	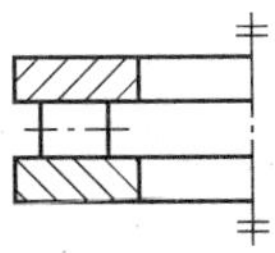	能承受较大的单向轴向载荷，限制单向轴向位移，极限转速低
圆柱滚子轴承	N (2)	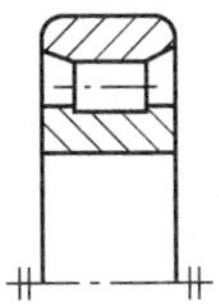	内外套圈可以分离，不能承受轴向载荷。由于是线接触，故能承受较大的径向载荷

注：括号中为旧标准代号。

2. 滚动轴承的代号

滚动轴承虽为标准件，但其类型很多，而且各类轴承又有不同的结构、尺寸、公差等级和技术要求，为便于设计、生产和选用，GB/T 272—1993 对滚动轴承代号的表示方法做了统一规定。常用滚动轴承代号由基本代号、前置代号和后置代号组成。代号通常刻在轴承外圈端面上，其具体排列顺序如下：

【前置代号】【基本代号】【后置代号】

1）基本代号

基本代号表示轴承的基本类型、结构和尺寸，是轴承代号的基础和核心。它由类型代号、尺寸系列代号和内径代号构成。

（1）内径代号

基本代号右起第一、二位数字表示轴承内径，常用轴承内径的表示方法见表 5-4。

（2）尺寸系列代号

基本代号右起第三、第四位数字是轴承的尺寸系列代号，由轴承的宽（高）度系列代号和直径系列代号组成，见表5-5。

直径系列代号表示具有相同内径而外径不同的轴承系列，用右起第三位数字表示；宽度系列代号表示内、外径相同而宽（高）度不同的轴承系列，用右起第四位数字表示。宽度系列代号用于向心轴承，代号为0时可省略不标；高度系列代号用于推力轴承。

表5-4 滚动轴承内径代号

轴承内径/mm		内径代号	示　　例
10～17	10	00	深沟球轴承6300，$d=10$mm
	12	01	
	15	02	
	17	03	
20～480（22、28、32除外）		用公称内径毫米数除以5所得的商数表示，当商数为一位数时，需在左边加"0"	调心滚子轴承23209，$d=45$mm
22、28、32及500以上		用公称内径毫米数直接表示，但在尺寸系列之间用"/"隔开	深沟球轴承62/22，$d=22$mm

表5-5 尺寸系列代号

直径系列代号	向心轴承							推力轴承			
	宽度系列代号							高度系列代号			
	8	0	1	2	3	4	5	6	7	9	1	2
	尺寸系列代号										
7	—	—	17	—	37	—	—	—	—	—	—	—
8	—	08	18	28	38	48	58	68	—	—	—	—
9	—	00	19	29	39	49	59	69	—	—	—	—
0	—	00	10	20	30	40	50	60	70	90	10	—
1	—	01	11	21	31	41	51	61	71	91	11	—
2	82	02	12	22	32	42	52	62	72	92	12	22
3	83	03	13	23	33	—	—	—	73	93	13	23
4	—	04	—	24	—	—	—	—	74	94	14	24
5	—	—	—	—	—	—	—	—	—	95	—	—

(3) 类型代号

基本代号右起第五位表示轴承类型，滚动轴承的类型代号用数字或大写拉丁字母表示。

2) 前置、后置代号

当轴承的结构、形状、公差、技术要求等有改变时，分别在轴承基本代号左侧加前置代号、在轴承基本代号的右侧加后置代号来表示。

前置代号表示成套轴承分部件，用字母表示。例如，L 表示可分离轴承的可分离内圈和外圈；K 表示滚子和保持架组件等。后置代号用字母（或字母加数字）表示，并与基本代号空半个汉字距离或用符号"—"、"/"分隔，后置代号共分 8 组，其排列顺序见表 5-6。

表 5-6　前置、后置代号排列

轴承代号									
前置代号	基本代号	后置代号（组）							
		1	2	3	4	5	6	7	8
成套轴承分部件		内部结构	密封与防尘及套圈变形	保持架及其材料	轴承材料	公差等级	游隙	配置	其他

常用的后置代号如下。

(1) 内部结构代号

内部结构代号表示同一类型轴承的内部结构不同。例如，角接触轴承的公称接触角为 15°、25°和 40°，分别用 C、AC 和 B 表示；同一类型的加强型用 E 表示等。

(2) 公差等级代号

轴承的公差等级按精度由低到高分为 6 级，分别为 0 级、6x 级、6 级、5 级、4 级和 2 级，其相应的代号分别用/P0、/P6x、/P6、/P5、/P4 和/P2 表示。其中，P6x 级仅适用于圆锥滚子轴承，P0 为普通级，代号可省略。

(3) 游隙代号

游隙是滚动轴承内、外圈间可径向或轴向移动的间隙，游隙可影响轴承的运动精度、寿命、噪声、承载能力等。轴承游隙分为 6 个组别，径向游隙依次由小到大。常用游隙组别为"0 组"，在轴承代号中不标出，其余游隙组别分别用/C1、/C2、/C3、/C4、C5 表示。

例 5-2　说明 6206、7312AC/P4、31415E、N308/P5 轴承代号的含义。

解：

①6206：类型代号 6 表示为深沟球轴承，尺寸系列为 02（其中 0 表示正常宽度，省略），内径代号为 06，表示内径 $d=65mm=30mm$，后置代号省略，公差等级代号为 P0 级，游隙代号为 0 组。

②7312AC/P4：类型代号为 7 表示角接触球轴承，尺寸系列为 03（其中 0 表示正常宽度，省略），轴承内径为 $d=125\text{mm}=60\text{mm}$，AC 表示接触角 $\alpha=25°$，公差等级为 P4 级。

③31415E：类型代号 3 表示为圆锥滚子轴承，尺寸系列为 14（其中宽度系列代号为 1，直径系列代号为 4），轴承内径为 $d=155\text{mm}=75\text{mm}$，E 表示加强型，（公差等级为 P0 级，游隙代号为 0 组，省略）。

④N308/P5：类型代号 N 表示为圆柱滚子轴承，尺寸系列为 03，轴承内径为 $d=85\text{mm}=40\text{mm}$，公差等级为 P5 级，（游隙代号为 0 组，省略）。

3. 滚动轴承类型的选择

在选用轴承时，首先要确定轴承的类型，然后在对各类轴承来说性能特点充分了解的基础上，综合考虑轴承的工作条件、使用要求等因素进行选用。一般来说，轴承类型的选择可按下述原则进行。

1) 载荷的大小、方向和性质

当轴承承受纯轴向载荷时，宜选用推力轴承；当轴承承受纯径向载荷时，宜选用深沟球轴承、圆柱滚子轴承或滚针轴承；当轴承同时受径向和轴向载荷时，若轴向载荷较小，宜选用深沟球轴承或接触角较小的角接触球轴承、圆锥滚子轴承；若轴向载荷较大，宜选用接触角较大的角接触球轴承、圆锥滚子轴承；若轴向载荷很大而径向载荷较小时，宜选用角接触推力轴承或选用向心轴承和推力轴承的组合支承结构。

2) 轴承的转速

转速一般对轴承类型的选择没有什么影响，但应注意其工作转速应低于其极限转速。球轴承（推力轴承除外）比滚子轴承极限转速高。当转速较高时，宜优先选用球轴承；低速时应选用滚子轴承。在同类型轴承中，直径系列中外径较小的轴承，宜用于高速，外径较大的轴承宜用于低速。

3) 轴承的调心性能

当弯曲变形较大或跨距大而两轴承孔的同轴度较差时，宜选用调心轴承。

4) 轴承的装调

对需经常装拆的轴承或支持长轴的轴承，为便于装拆和紧固，宜选用内外圈可分离的轴承（如 N0000、NA0000 等），以及带内锥孔和紧固套的轴承。另外当径向空间受限制时，应选轻系列、特轻系列或滚针轴承；当轴向尺寸受限制时，宜选用窄系列轴承。

5) 经济性

特殊结构的轴承价格比一般轴承的价格高；滚子轴承比球轴承的价格高；调心轴承比非调心轴承价格高；同型号而不同公差等级的轴承，其价格相差很大。因此，在满足使用要求的前提下，尽量选用价位较低的轴承以降低产品的成本。

4. 滑动轴承的类型和结构

1) 滑动轴承的种类

滑动轴承有多种类型,根据滑动轴承所能承受的载荷方向,可分为径向轴承(受径向力)、止推轴承(受轴向力)和径向止推轴承(同时受径向力和轴向力);根据相对运动表面间的摩擦状态可分为非液体摩擦滑动轴承和液体摩擦滑动轴承,前者两相对运动表面被润滑油部分地隔开,而后者两相对运动表面则被完全隔开;液体摩擦滑动轴承根据相对运动表面间承载流体的不同,又可分为液体动压轴承和液体静压轴承。

2) 滑动轴承的结构

(1) 径向滑动轴承的结构

径向滑动轴承的结构形式主要有整体式和剖分式,特殊结构的轴承有自动调心式等。

① 整体式径向滑动轴承

如图 5-42 所示,轴承主要由轴承座 1 和轴套 2 组成,轴套用紧定螺钉 3 固定于轴承座上以防止其相对转动。轴承座与机座间用地脚螺栓固连,轴承座上部设有装润滑油杯的螺纹孔 4。这种轴承结构简单,制造方便,价格低廉,但轴套磨损后,轴颈与轴套间的间隙无法调整,且轴的装拆必须沿轴向位移,装拆不便,故一般多用在低速、轻载及间歇工作的场合。

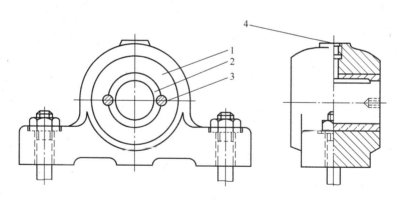

图 5-42 整体式径向滑动轴承
1—轴承座;2—轴套;3—紧定螺钉;4—螺纹孔

② 剖分式径向滑动轴承

如图 5-43 所示为剖分式径向滑动轴承的典型结构,它由轴承座 1、轴承盖 5、轴瓦 2、3 及连接螺栓 4 等组成。在轴承盖顶部设有注油孔。轴承盖与轴承座的剖分面做成阶梯形,以利于安装时对中和防止工作时错动。当轴瓦磨损后,可利用减薄上、下轴瓦间的调整垫片厚度的方法来调整轴颈和轴瓦间的间隙。这类轴承因其装拆方便,轴瓦磨损后易于调整,故应用广泛。

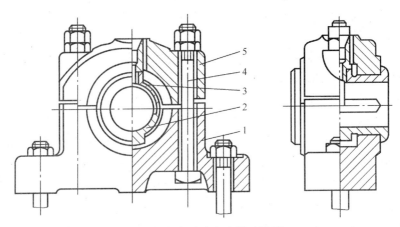

图 5-43 部分式径向滑动轴承
1—轴承座；2、3—轴瓦；4—连接螺栓；5—轴承盖

③调心式滑动轴承

当轴承的宽径比大于 1.5 时，为改善因轴的挠曲变形而引起轴颈与轴承两端的局部接触，如图 5-44 所示，避免轴瓦两端过早地磨损，常采用调心轴承，如图 5-45 所示。这种轴承的轴瓦与轴承座呈球面接触，当轴颈倾斜时，轴瓦可自动调心。

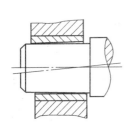

图 5-44 轴承端部的局部接触

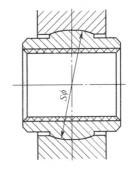

图 5-45 自位式滑动轴承

3）推力滑动轴承的结构

推力滑动轴承主要承受轴向载荷，当与径向轴承联合使用时，可以承受复合载荷。推力轴承由轴承座和推力轴颈组成。图 5-46 所示为几种常见推力滑动轴承轴颈的形式。当载荷较小时采用图 5-46（a）所示的空心端面推力轴颈和图 5-46（b）所示的环形轴颈，载荷较大时采用图 5-46（c）所示的多环止推轴颈。

4）轴瓦

轴瓦是轴承中直接与轴颈接触的部分。合理地选择轴瓦的结构和材料，在很大程度上决定了非液体摩擦滑动轴承的工作能力与使用寿命。

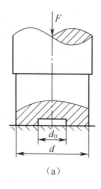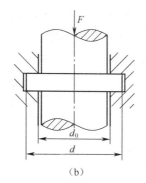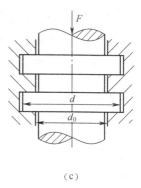

图 5-46 止推滑动轴承轴颈

(1) 轴瓦的结构

轴瓦可以制成整体式和剖分式两种。整体式轴瓦又称轴套，它有光滑轴套和带纵向油槽轴套之分。典型的整体式轴瓦结构如图 5-47 所示。为了改善轴承的摩擦特性，提高轴承的承载能力，有效防止轴瓦的轴向窜动，可在轴瓦两端做出凸肩。

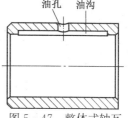

图 5-47 整体式轴瓦

(2) 轴瓦的材料

轴瓦可以用单一的减摩材料制造，但为了节约贵重金属材料，常在轴瓦内表面再浇铸或轧制一层或两层很薄的轴承合金作为轴承衬，这样的轴瓦分别称为双金属轴瓦或三金属轴瓦。为了使润滑油能适当地分布在轴瓦的整个工作表面，常在轴瓦的非承载区上开出油沟和油孔。常见的油沟形式如图 5-48 所示。

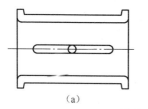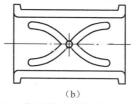

图 5-48 常见的油沟形式

思考与练习

5-1 螺纹连接有哪几种基本形式？各应用在什么场合？

5-2 螺栓连接预紧的目的和作用是什么？

5-3 键连接的主要类型有哪些？各有何特点？

5-4 常用联轴器有哪些类型？各有什么优缺点？在选用联轴器类型时应考虑哪些因素？

5-5 单盘式摩擦离合器与牙嵌式离合器的工作原理有什么不同？各有什么优缺点？

5-6 在以下4种情况下，分别选用何种类型的联轴器比较合适？

①刚性大，对中性好的轴间传动；②两轴倾斜一角度的轴间传动；③工作有轻微振动及启动频繁的轴间传动；④转速高，载荷重，需要经常正反转的轴间传动。

5-7 试分析题图中1、2、3、4、5、6所指各处轴的结构是否合理？为什么？画出改进后的轴的结构图。

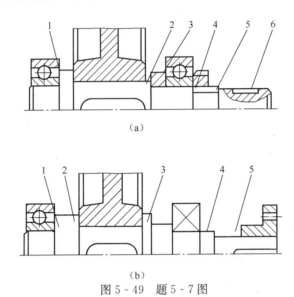

图5-49 题5-7图

5-8 轴承的作用是什么？滚动轴承的主要类型有哪些？各有什么特点？

5-9 查阅手册比较6011、6211、6311、6411轴承的内径 d、外径 D 宽度 B 及内外圈的定位尺寸 D_a、d_a，说明尺寸系列代号及定位尺寸的意义。

5-10 说明下列轴承代号的含义：3200 21303 6314 72234AC。

第 6 章 复杂机械传动系统分析

学习目标
- 了解机床常见传动方式，熟悉机床常见机械传动及变速、换向装置。
- 能正确分析车床的主要组成部件及其功能，能看懂机床装配图、展开图。
- 会分析主轴箱的结构、主轴变速操作机构的工作原理，会操纵和调整离合器与制动器。
- 会分析主轴箱的传动系统，并绘制传动系统图。
- 会计算各种轮系传动比。
- 会计算主轴的转速级数，掌握常用变速方法。
- 能分析主轴的作用和定位方式。

学习建议
- 运用运动副、机构运动简图及自由度计算等相关知识对复杂机械系统进行结构分析。
- 通过课程网站和互联网资源查找相关学习资源。
- 通过观察和思考，发现并分析生活中的机械结构问题。

分析与探究

在前面学习了机械中常用的传动方式和一些通用零部件的结构特点与应用，对简单机械传动系统的组成及结构进行了分析。以此为基础，本章将以 CA6140 卧式车床为例学习复杂机械系统结构的分析方法，以进一步提高应用机械中的基本知识和基本技能分析问题解决问题的能力，为学习专业技术课程和今后在工作中合理使用、维护机械设备，以及进行技术革新打下基础。

6.1 机床常用的机械传动装置

6.1.1 机床的传动形式

为实现加工中所需的运动，机床必须具备三个基本部分：执行件、动力源和传动装置。

（1）执行件

执行件是执行机床运动的部件，如主轴、刀架、工作台等。其作用是带动工件或刀具完成旋转或直线运动，并具备一定的运动速度与精度。

（2）动力源

动力源是为执行件提供运动和动力的装置，如直流电动机、步进电机、交流电动机、交流异步电动机等。

(3) 传动装置

传动装置是传递运动和动力的装置，其作用是将动力源的运动传递给执行件或完成执行件间的运动传递，使执行件获得一定速度和方向的运动，并使之保持确定的运动关系。通过运动传递，传动装置还可实现运动性质、方向和速度的变换，一般以变速为主。

机械传动应用齿轮、皮带、离合器、丝杠螺母等传动件实现运动联系，传动形式结构简单，工作可靠，故障易查，维修方便，目前这些传动件在机床上应用最广泛。

6.1.2 机床常用的机械传动装置

普通机床中的传动机构可分为定比传动机构和换置机构两种。定比传动机构的传动比不变，如带传动、定比齿轮副、丝杠螺母副等；换置机构可根据需要改变传动比大小或传动方向，因此通常将其分为变速机构和换向机构两种，如滑移齿轮变速机构、挂轮机构等。

机械传动件有齿轮、带轮、蜗杆、涡轮等，其在轴上的连接方式有三种：空套连接、滑移连接、固定连接。传动件在轴上的连接方式、简图及其与轴的相对运动情况见表6-1。

表6-1 传动件的连接方式

连接方式		空套连接	滑移连接	固定连接
简图				
相对运动	轴向	不可移动	可以移动	不可移动
	周向	可以转动	不可转动	不可转动

1. 定比传动机构

定比传动机构有齿轮传动、带轮传动、蜗杆传动、齿轮齿条传动和丝杠螺母传动等机构。这些传动的共同特点就是传动比固定不变，其中，齿轮齿条传动副和丝杠螺母传动副可以将旋转运动转变为直线移动。

2. 变速机构

变速机构是指在输入转速不变的情况下，根据需要变换传动比和传动方向，使从动轴（轮）得到不同转速的传动装置。变速机构在各种机械中有着很广泛的应用。

在机械加工中，由于被加工的材料各不相同，就要求机床的主轴有很多种不同的转速来适应加工不同工件、获得不同精度的要求,实现机床运动变换的机构即变速机构。机床变速机构是构成机床传动系统使其实现变速的主要组成部分,普通机床传动系统中有多种基本变速传动机构,常用的如下。

1) 离合器变速机构

离合器是使同轴线的两轴或轴与该轴上空套传动件(如齿轮、皮带轮等)按工作需要随时接通或分离,实现机床启动、变速、换向及过载保护的构件。离合器有很多种,机床传动中常用的有啮合式、摩擦式、超越式离合器和安全离合器。

如图 6-1 所示的离合器变速传动机构由啮合式离合器和齿轮组成,利用离合器的左、右部分结合或分离而获得不同的传动比。齿数为 z_1 和 z_3 的齿轮是固定齿轮,齿数为 z_2 和 z_4 的齿轮是空套齿轮。当运动和动力由轴 I 输入,离合器左部分结合,则通过齿轮 z_1、z_2 及离合器传入轴 II,此时轮 z_4 空转;若拨动手柄向右,离合器右部分结合时,轮 z_2 就空转,运动动力就由齿轮 z_3、z_4 通过离合器传入到轴 II。两条传动路线可得两种不同的传动比,轴 II 因此可获得两种不同的转速。此外,离合器变速机构还可利用摩擦离合器在运动中实现变速,变速方便,易于实现自动化;但这种变速机构的各对齿轮经常处于啮合状态,所以磨损较大、传动效率不高。它主要用于重型机床及自动、半自动机床中。

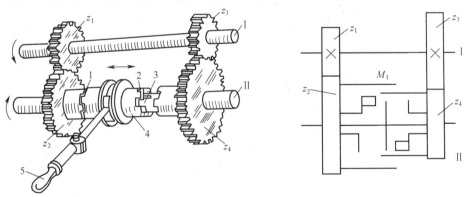

图 6-1 离合器变速传动机构

2) 滑移齿轮变速机构

如图 6-2 所示,齿轮 z_1、z_2 和 z_3 固定在轴 I 上,由齿轮 z_1'、z_2' 和 z_3' 组成的三联滑移齿轮以花键和轴连接,并可移至左、中、右三个位置,使传动比不同的齿轮副 z_1'/z_1、z_2'/z_2、z_3'/z_3 依次啮合。因而,当主动轴转速不变时,从动轴可以得到三种不同的转速。除三联齿轮变速机构外,机床上常用的还有双联滑移齿轮变速机构。滑移齿轮变速机构结构紧凑,传动效率高,变速方便,能传递很大的动力,应用广泛。但不能在运转中变速,多用于机床的主要运动中。

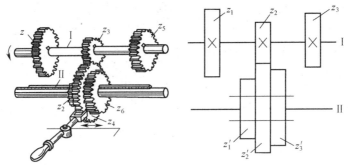

图 6-2 滑移齿轮变速机构

3)交换齿轮变速组

交换齿轮变速组通过传动齿轮对的更换来获得不同的传动比,从而达到变速目的(也称挂轮机构)。机床上常用的挂轮变速组有一对挂轮变速组和两对挂轮变速组。图 6-3 为交换齿轮(挂轮)变速机构。其中,图 6-3(a)为一对交换齿轮变速机构,只要在固定中心距的轴 I 和轴 II 上装上传动比不同,但"齿数和"相同的齿轮副 A 和 B,则可由轴 I 的一种转速,使轴 II 得到不同的转速。其变速级数取决于备有齿轮中能相互啮合且满足中心距要求的齿轮副的对数。图 6-3(b)采用了两对配换齿轮,图中挂轮架可绕轴 II 作调整摆动,中间轴可在挂轮架上作上下调整移动。挂轮 a 和挂轮 d 分别用键与主动轴 I 和从动轴 II 相连,挂轮 b 和 c 空套在中间轴上,调整中间轴的位置使挂轮 c 和 d 正确啮合后,再摆动挂轮架使挂轮 a 和 b 处于正确啮合位置。可见,改变不同齿数的挂轮,可起到变速作用。

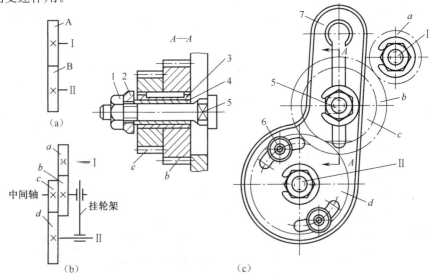

图 6-3 交换齿轮变速机构

交换齿轮变速传动机构结构简单、紧凑。由于用做主、从动轮的齿轮可以颠倒其位置，所以用较少的齿轮可获得较多的变速级数，但变速麻烦，调整齿轮费时费力，故主要用于不需要经常变速的场合。当采用两对挂轮时，由于装在挂轮架上的中间轴刚度差，一般只用于传递扭矩不大的传动链中，或需要严格运动关系的传动链中，也有用三对交换齿轮的变速机构，但使用不普遍。

4）塔轮变速机构

如图6-4所示为机床进给箱的变速机构：在从动轴8上模数相同、齿数不同的固定齿轮组成塔齿轮7，为了将轴主动1的运动传递给轴8，设置了一中间齿轮4，中间齿轮4空套在销轴3上，销轴3固定在摆架5上，摆动架5可随齿轮4、6轴向移动且能绕主轴轴1摆动一角度，以保证中间齿轮4，可与塔齿轮7中任意一个齿轮啮合，从而将主动轴的运动传递给从动轴8。由于塔齿轮由小到大，所以在齿轮箱壳体上就制成了斜形插板10，插销9起定位和锁紧作用，从动轴8转动时，可以通过齿式离合器11传给丝杠12，或通过齿轮13传给光杠14。机构的传动比与塔齿轮的齿数成正比，因此很容易由塔齿轮的齿数实现传动比成等差数列的变速机构。

塔轮变速机构变速方便、结构紧凑。但由于该种变速组中有一摆移架，故刚性较差，多用于转速不高但需要有多种转速的场合，如车床进给箱等。

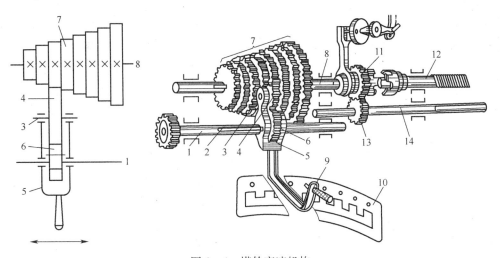

图6-4 塔轮变速机构

1—主动轴；2—键槽；3—销轴；4—中间齿轮；5—摆动架；6—滑移齿轮；7—塔齿轮；8—从动轴；9—插销；10—斜形插板；11—齿式离合器；12—丝杠；13—齿轮；14—光杠

3. 换向机构

机床的运动部件工作时，经常需要改变运动方向，例如，机床在切削加工过程中，需要刀具纵向进给进行切削加工，切削后需要刀具能快速退刀。因此，在机床传动系统中应有换向机构。换向机构的作用就是改变从动轴的旋转方向。机床的换向机构有机械、液压、电气3种。其机械换向的方式一般有如下3种。

1) 滑移齿轮换向机构

滑移齿轮换向机构是通过改变齿轮啮合次数或对数来改变运动方向的。如图6-5所示,轴Ⅰ上装有一齿数相同的双联固定齿轮z_1、z_2,轴Ⅱ上装有一花键连接的单个滑移齿轮z_3,中间轴上装有一空套齿轮z_0,当滑移齿轮z_3处于图示位置时,轴Ⅰ的运动经z_0传给z_3,使轴Ⅱ的转动方向与轴Ⅰ相同;当滑移齿轮z_3向左移至虚线位置时,z_3与轴Ⅰ上的在齿轮z_1直接啮合时,则轴Ⅰ的运动经z_3齿轮传给轴Ⅱ,使轴Ⅱ的转动方向与轴Ⅰ相反,从而实现换向。此变向机构刚性较好。

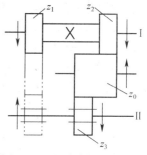

图6-5 滑移齿轮换向机构

2) 三星齿轮换向机构

如图6-6所示为车床走刀丝杠的三星齿轮换向机构,它是由四个齿轮及三角杠杆架组成,轮1、4两齿轮用键装在位置固定的轴上,并可与轴一起转动。轮2和轮3两齿轮空套在三角形杠杆架上,杠杆架通过搬动手柄可绕齿轮4轴心转动。如图6-6 (a) 所示,当齿轮2与齿轮1啮合时,齿轮4逆时针转动,与轮1相反;如图6-6 (b) 所示,扳动手柄使轮3与轮1啮合,由于少了一个中间齿轮2,轮4的旋转方向就改变了,轮4顺时针转动,与轮1相同。

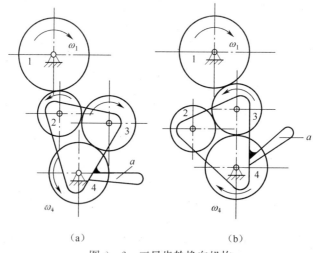

图6-6 三星齿轮换向机构

3) 锥齿轮换向机构

在图6-7 (a) 所示的锥齿轮变向机构中,两个带有爪形齿离合器的锥齿轮2、3空套在水平轴上,而双向爪形离合器和水平轴通过键连接。在垂直方向有一锥齿轮与这两个锥齿轮同时啮合,并作为主动齿轮带动这两个锥齿轮在轴上以相反方向空转。当双向离合器移向左端，则运动由左端锥齿轮传给水平轴。反之，当双向离合器右移，则运动由右端锥齿轮传给水平轴，但方向相反。此换向机构刚性较圆柱齿轮换向机构差些。

图 6-7（b）所示的锥齿轮换向机构是通过水平轴上的双联滑移锥齿轮的向左或向滑动与垂直轴上锥齿轮的啮合来改变水平轴的转动方向的。

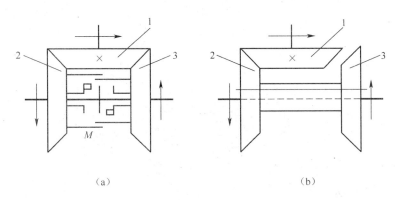

图 6-7 锥齿轮换向机构

电气换向是利用电气线路直接改变电动机的运动方向来实现的；液压换向是利用换向阀切换油缸或马达的油路实现的。这两类换向机构在机床等设备中也经常使用。

6.2 机床传动原理及传动系统分析

6.2.1 CA6140 卧式车床功能及结构组成

车床主要用于车削加工。在车床上可以加工内外圆柱面、圆锥面和成型回转表面；也可以车端面和车环槽，加工各种常用的米制、英制、模数制和径节制螺纹等。在一般的机械制造厂中，车床在金属切削机床中所占的比重最大，占金属切削机床总台数的 20%～35%。由此可见，车床的应用是很广泛的。而在各种类型的车床中，卧式车床总台数占车床类机床的 60% 左右，本章主要介绍卧式车床的构造和传动系统。

CA6140 车床床身上最大回转直径为 400mm，在刀架上最大回转直径为 210mm，最大工件长度达 2000mm，主轴内孔直径为 48mm，主电动机功率为 7.5kW。

CA6140 卧式车床属通用的中型车床，其外形如图 6-8 所示，它主要由床身、主轴箱、进给箱、溜板箱、刀架和尾座等部件构成。床身 4 固定在左右床腿 9 和 5 上，主轴箱 1 固定地安装在床身的左端，其内装有主轴和变速传动机构及其操纵系统，由电动机经变速机构带动旋转，实现主运动，并获得所需转速。主轴箱前端可装卡盘，用以夹持工件。进给箱 10 内装有进给运动的传动及操纵装置，用以改变机动进给的进给量或被加工螺纹的导程，并把运动传递到溜板箱 8。溜板箱 8 安装在刀架部件底部，它可以通过光杠 6 或丝杠 7 承受自进给箱传来的运动，并将运动传给刀架部件，从而使刀架实现纵、横向进给或车螺纹运动。尾座 3 安装于床身尾座导轨上，可沿其导轨纵向调整位置，其上可安装顶尖用来支承较长或较重的工件，也可安装各种刀具，如钻头、铰刀等。这些部件都安装在床身 4 上，以保持各部件间相互位置的精度。

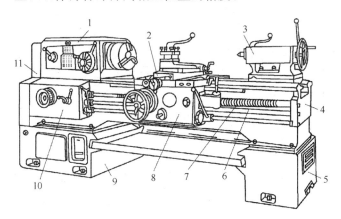

图 6-8 CA6140 卧式车床外形图

1—主轴箱；2—刀架；3—尾座；4—床身；5—右床腿；
6—光杠；7—丝杠；8—溜板箱；9—左床腿；10—进给箱

CA6140 车床传动系统在机床机械传动中具有典型性和代表性，通过对其传动系统和结构进行分析，就能较容易分析理解其他机械设备的传动系统。下面以 CA6140 型普通车床为例，介绍车床的主轴箱的传动系统及典型结构。

6.2.2 传动链及机床传动原理

机床为了得到某一运动，采用一系列的传动零件把电动机与运动件联系起来，这种传动联系所构成的系统称传动系统。机床在加工过程中，机床任意两运动部件之间的传动联系就构成一条传动链。需要多少个运动就相应有多少条传动链。

为了便于研究机床的传动联系，常用一些简明的符号把传动原理和传动路线表示出来，称为传动原理图。图 6-9 所示为传动原理图常用的一些示意符号。

根据传动联系的性质，传动链可以分为两类：外联系传动链和内联系传动链。

外联系传动链联系的是动力源和机床执行件，使执行件得到预定速度的运动，并且传递一定的动力。外联系传动链传动比的变化只影响生产率或表面粗糙度，不影响运动轨迹的准确性。因此，它不要求动力源和执行件间有严格的传动

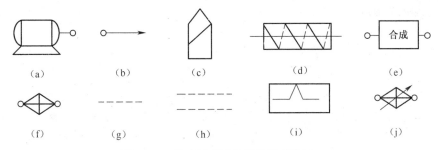

图 6-9 传动原理图常用的示意符号
(a) 电动机；(b) 主轴；(c) 车刀；(d) 滚刀；(e) 合成机构；(f) 换置机构；
(g) 定比传动；(h) 电的联系；(i) 脉冲发生器；(j) 数控系统

比关系，而是仅仅把运动和动力从动力源传到执行件上。

内联系传动链联系的是复合运动中的多个分量，也就是说它所联系的是有严格运动关系的两执行件，以获得准确的加工表面形状及较高的加工精度。由于内联系传动链有严格的速比要求，因此，在结构设计中，内联系传动链不应该有传动比不确定或瞬时传动比有变化的传动机构，如带传动、链传动、摩擦离合器等。

在卧式车床上车削外圆柱面，如图 6-10（a）所示，主轴的旋转和刀具的移动是两个独立的简单运动。这时车床应有两条外联系传动链，其中一条为"电动机—1—2—u_v—3—4—主轴"；另一条为"电动机—1—2—u_v—3—4—5—u_s—6—7—刀架"。可以看出其中"电动机—1—2—u_v—3—4"是两条传动链的公共部分。u_s 为刀架移动速度换置机构，它实际上与车螺纹［图 6-10（b）］的 u_x 是同一变换机构。这样，虽然车削螺纹和车削外圆时运动的数量和性质不同，但可共用一个传动原理图。其差别在于当车削螺纹时，u_x 必须计算和调整精确；车削外圆时，u_s 不需要准确。此外，车削外圆柱面的两条传动链虽也使刀具和工件的运动保持联系，但与车削螺纹时的传动链不同，前者是外联系传动链，后

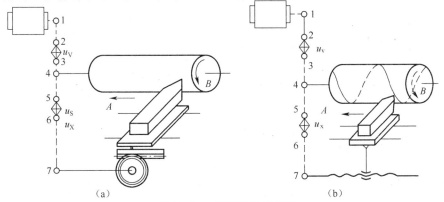

图 6-10 机床传动原理图
(a) 车外圆；(b) 车外螺纹

者是内联系传动链。

6.2.3 机床传动系统分析

1. 机床传动系统

通过机床传动原理图可以分析机床运动传动的路线和传动链之间的联系,但是无法清晰表达传动过程的运动传递及变速和换向等。为了便于了解和分析机床的传动结构及运动传递情况,常采用传动系统图,它是表示实现机床全部运动的一种示意图,每一条传动链的具体传动机构用简单的规定符号表示(GB/T4460—1984,表6-2列出机床常用的机构简图符号),并按照运动传递顺序,以展开图形式绘在一个能反映机床外形及主要部件相互位置的投影面上。对于展开后失去联系的传动副,要用大括号或虚线连接起来以表示它们的传动联系。传动系统图只表示传动关系,不代表各传动元件的实际尺寸和空间位置。

表6-2 金属机床常用机构简图符号

名 称	基本符号	可用符号
齿线符号		
圆柱齿轮	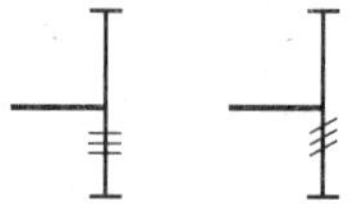	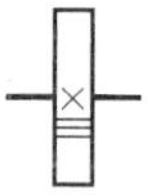
圆锥齿轮	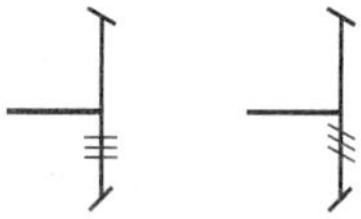	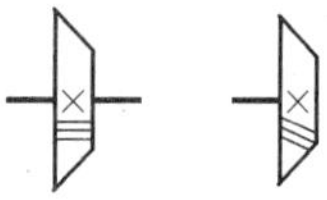
齿轮传动		
(不指明齿线)圆柱齿轮	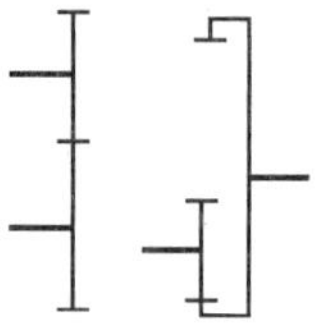	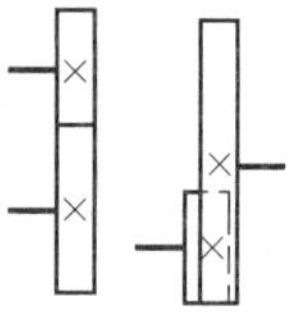
圆锥齿轮	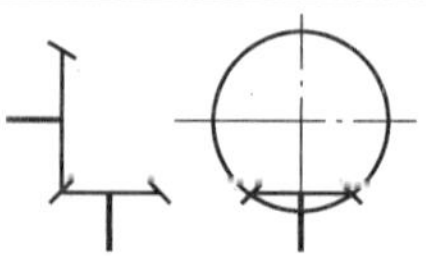	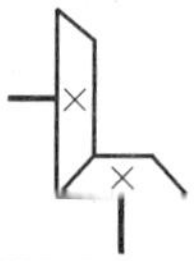
涡轮与圆柱蜗杆	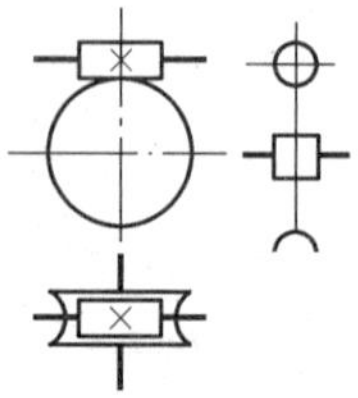	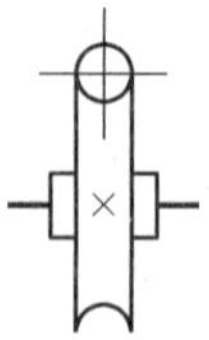

续表

名　　称	基 本 符 号	可 用 符 号
齿轮传动		
齿条传动		
联轴器		
固定联轴器		
可移式联轴器		
弹性联轴器		
离合器		
啮合式离合器	单向式　　双向式	单向式
摩擦离合器	单向式　　双向式	单向式　　双向式
自动离合器		
超越离合器		
安全离合器	带有易损件　　无易损件	

续表

名　称	基本符号	可用符号
离合器		
制动器		
带传动		若需指明皮带类型，可采用下列符号： 三角皮带 圆皮带 同步齿形带 平皮带
链传动		若需指明链条类型，可采用下列符号： 环形链 滚子链 无声链
螺杆传动		
整体螺母		
开合螺母		
轴承		
普通轴承		
滚动轴承		

续表

名　　称	基本符号	可用符号
轴承		
电动机		
装在支架上的电动机		

认识机床传动系统的关键在于传动链的分析。分析传动系统图的一般方法是：根据主运动、进给运动和辅助运动确定有几条传动链；分析各传动链联系的两个端件；按照运动传递或联系顺序，从一个端件向另一个端件依次分析各传动轴之间的传动结构和运动传递关系，以查明该传动链的传动路线，以及变速、换向、接通和断开的工作原理。

图 6-11 所示为 CA6140 卧式车床传动系统的方框图。车削时，车床必须具有两种运动：主运动（工件的旋转）和进给运动（车刀的移动）。其中，主运动是通过电动机驱动 V 带，把运动输入到主轴箱，经过主轴箱内的变速机构变速后，由主轴、卡盘带动工件旋转。进给运动则是将主轴箱的运动经交换齿轮箱，再经过进给箱变速后由丝杠和光杠驱动溜板箱、床鞍、滑板、刀架，以实现车刀的进给运动。

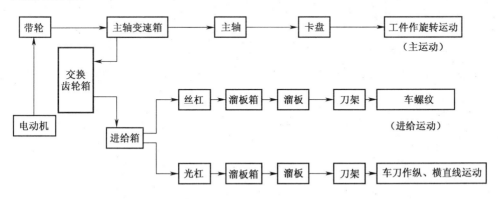

图 6-11　CA6140 卧式车床的传动系统的方框图

图 6-12 所示为 CA6140 卧式车床传动系统图。整个传动系统由主运动传动链、车螺纹传动链、纵向进给传动链、横向进给传动链及快速移动传动链组成。其中，主运动传动链的功能是把动力源的运动及动力传给主轴，并满足卧式车床

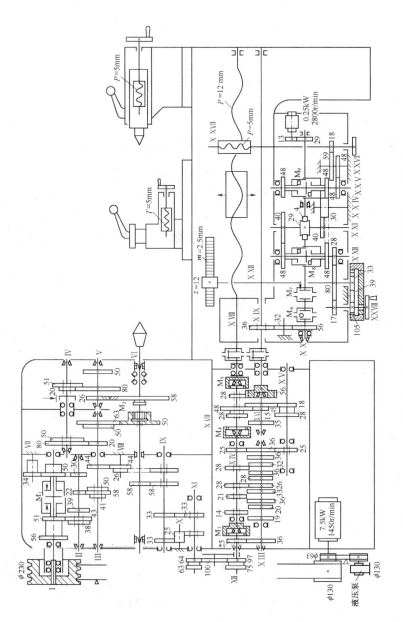

图 6-12 CA6140 卧式车床的传动系统图

主轴变速和换向的要求。而车螺纹传动链、纵向进给传动链、横向进给传动链及快速移动传动链统称为进给运动传动链，它是实现刀架纵向或横向运动的传动链。进给运动的动力来源也是电动机。运动由电动机经主运动传动链、主轴、进给运动传动链至刀架，使刀架实现纵向、横向进给或车螺纹运动。进给运动传动链的两个末端元件分别是主轴和刀架。下面以主运动传动系统为例进行分析。

2. CA6140车床主运动传动系统分析

CA6140车床的主运动传动系统图如图6-13所示。

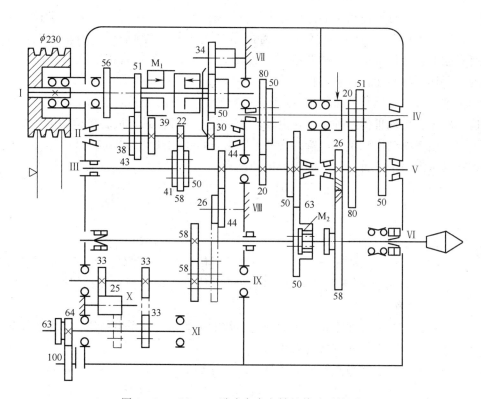

图6-13　CA6140卧式车床主轴的传动系统图

主运动传动链的功能是把动力源（电动机）的运动和动力传给主轴，使主轴带动工件实现回转（主运动），并满足卧式车床主轴变速和换向的要求。机床的主运动由主电动机（7.5kW，1450r/min）经V带传动而输入主轴箱。经多片摩擦离合器、一组双联滑移齿轮和一组三联滑移齿轮传到轴Ⅲ，这时运动可经齿轮副63/50使主轴高速运动，也可经两组双联滑移齿轮传动到主轴，使主轴以低转速运动。如果以主动齿轮（或带轮）的齿轮（或直径）与被动齿轮的齿数比表达一对齿轮副的传动关系，则可写出CA6140卧式车床主运动的传动路线如下：

$$\text{电动机} - \frac{\phi 130}{\phi 230} - \text{I} - \left\{ \begin{array}{l} M_1 - \left\{ \begin{array}{l} \frac{56}{38} \\ \frac{51}{43} \end{array} \right. \\ M_1 \text{ 中间停} \\ M_1 - \frac{50}{34} \times \frac{34}{30} \end{array} \right. - \text{II} - \left\{ \begin{array}{l} \frac{39}{41} \\ \frac{22}{58} \\ \frac{30}{50} \end{array} \right. - \text{III} - \left\{ \begin{array}{l} M_2 - \left\{ \begin{array}{l} \frac{20}{80} \\ \frac{50}{50} \end{array} \right. \\ M_2 - \frac{63}{50} \end{array} \right. - \text{IV} - \left\{ \begin{array}{l} \frac{20}{80} \\ \frac{51}{50} \end{array} \right. - \text{V} - \frac{26}{58} - \text{VI 轴}$$

由传动路线表达式可以进行两方面的计算：一方面是主轴变速级数计算；另一方面是主轴极限转速的计算。

先讨论主轴转速级数的计算，由传动系统图和传动路线表达式，电动机是单一转速，经过 V 带传动定比传动，离合器左结合实现主轴正转，由轴Ⅰ到轴Ⅱ有双联滑移齿轮传动，使轴Ⅱ获得 2 级转速，由轴Ⅱ到轴Ⅲ由三联滑移齿轮传动，获得 3 种转速，可从轴Ⅲ主轴最右端齿轮 63 传动到轴Ⅵ上 50 齿的齿轮，运动传到主轴，当轴Ⅵ的齿轮 50 处于右边位置，并使内齿式离合器 M_2 合上，则运动经齿轮由轴Ⅲ传至轴Ⅳ再，由轴Ⅳ传到轴Ⅴ，并由轴Ⅴ最后将运动传到主轴Ⅵ，适用各滑动齿轮轴向位置的各种不同组合，主轴共可得 $2 \times 3 (1+2^2) = 30$ 种转速，但由于轴Ⅲ－Ⅴ间的 4 种传动比为：

$$u_1 = \frac{50}{50} \times \frac{51}{50} \approx 1, \quad u_2 = \frac{20}{80} \times \frac{51}{50} \approx \frac{1}{4}$$

$$u_3 = \frac{50}{50} \times \frac{20}{80} = \frac{1}{4}, \quad u_4 = \frac{20}{80} \times \frac{20}{80} = \frac{1}{16}$$

其中，$u_2 \approx u_3$，轴Ⅲ－Ⅴ间只有 3 种不同传动比，故主轴实际获得正转转速 $2 \times 3 (1+3) = 24$ 级不同的转速。同理可以算出主轴的反转转速级数为：$3 \times (1+3) = 12$ 级。

通过变速组的变速方式与主轴变速级数的关系，可以得出结论，主轴的变速级数等于各变速组变速方式的乘积。

再讨论一下主轴极限转速的计算。在机械加工中，对于各种不同的材料，各不同的加工阶段应该选择合理的主轴转速，CA6140 车床的运动是电动机单一转速传出，经过各变速机构，最终实现主轴变速的。主运动的两端件是电动机和主轴，它们的运动关系是：

$$\text{电动机 } 1440 \text{ (r/min)} \rightarrow \text{主轴 } n \text{ (r/min)}$$

可用一个数学式表示这种关系，这个表达式叫做运动平衡方程式。

$$n_{\text{主}} = 1450 \text{r/min} \times \frac{130}{230} \times (1-\varepsilon) u_{\text{Ⅱ}-\text{Ⅰ}} u_{\text{Ⅲ}-\text{Ⅱ}} u_{\text{Ⅵ}-\text{Ⅲ}} \tag{5.1}$$

式中 $n_{\text{主}}$——主轴转数（r/min）；

ε——V 带传动的滑动系数，近似取 $\varepsilon = 0.02$；

$u_{\text{Ⅱ}-\text{Ⅰ}}$、$u_{\text{Ⅲ}-\text{Ⅱ}}$、$u_{\text{Ⅵ}-\text{Ⅲ}}$——分别为轴Ⅱ－Ⅰ、Ⅲ－Ⅱ、Ⅵ－Ⅲ间的传动比。

用不同的 u_{II-I}、u_{III-II}、u_{VI-III} 代入运动平衡方程式，即可计算出每一级主轴转速。对于图 6-14 中所示的齿轮啮合位置，主轴的转速为：

$$n_主 = 1450 \text{r/min} \times \frac{130}{230} \times (1-0.02) \times \frac{51}{43} \times \frac{22}{58} \times \frac{63}{50} \approx 450 \text{ (r/min)}$$

6.2.4 机床转速分布图

机床转速分布图表示的是主轴转速如何从电动机传出经各轴传到主轴，传动过程中各变速组的传动比如何组合。图 6-14 为 CA6140 卧式车床的主运动转速分布图。

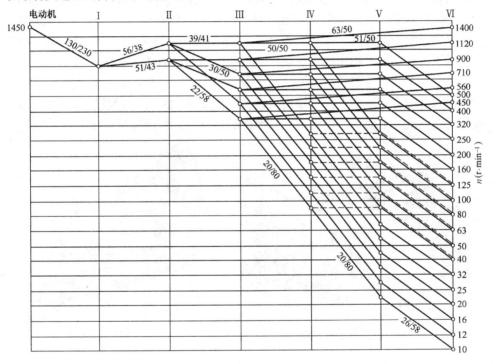

图 6-14 CA6140 型卧式车床主运动转速分布图

图 6-14 中，间距相等的一组竖直线表示各传动轴，各轴的轴号标在各轴的上方，如Ⅰ、Ⅱ、Ⅲ、Ⅳ、Ⅴ和Ⅵ。

间距相等的一组水平线表示各级转速。由于转速数列采用等比数列及对数标尺，所以在图上各级转速的间距是相等的。

两轴之间的转速连线表示两轴之间变速组的各个传动比。例如，轴Ⅱ到轴Ⅲ之间是一个变速组，这个变速组共有三挡传动比，其中水平线表示传动比为 39/41；向下斜 4 格的一条线表示降速，其传动比为 30/50；向下斜八格的一条线表示降速，其传动比为 22/58。从转速图上可以了解到下列情况：

(1) 整个变速系统有 6 根传动轴，4 个变速组。

(2) 从转速图上可以读出各齿轮副的传动比及各传动轴的各级转速。如图

6-14所示,在纵水平线上,绘有一些圆点,它表示该轴有几级转速。如轴Ⅲ上有6个小圆点,表示该轴有6级转速。在轴Ⅵ右边标有主轴的各级转速,共有24级转速。

(3) 可以清楚地看到从电动机到主轴Ⅵ的各级转速的传动情况。

6.3 CA6140卧式车床主轴箱的主要结构

主轴箱的功用是支承主轴和传动其旋转,并使其实现启动、停止、变速和换向等功能。因此,主轴箱中通常包含有主轴部件、传动机构、开停与制动装置、操纵机构及润滑装置等。图6-15为主轴箱外形图,图6-16为主轴箱传动机构。为了便于了解主轴箱内各传动件的传动关系,传动件的结构、形状、装配方式及其支承结构,常采用展开图的形式表示。图6-17为CA6140型卧式车床主轴箱的展开图,它基本上按主轴箱内各传动轴的传动顺序,沿其轴线取剖切面,展开绘制而成。下面对主轴箱内主要部件的结构、工作原理及调整做简单介绍。

图6-15 主轴箱外形图

图6-16 主轴箱传动机构

6.3.1 卸荷式带轮

主电动机通过带传动使轴Ⅰ旋转,为提高轴Ⅰ旋转的平稳性,轴Ⅰ上的带轮采用了卸荷结构。如图6-18所示,带轮1通过螺钉与花键套2连成一体,支承在法兰3内的两个深沟球轴承上。法兰3则用螺钉固定在主轴箱体4上。当带轮1通过花键套2的内花键带动轴Ⅰ旋转时,传动带作用于带轮上的拉力经花键套2通过两个深沟球轴承经法兰3传至箱体4。从而使轴Ⅰ只受转矩,而免受径向力作用,减少轴Ⅰ的弯曲变形,从而提高传动的平稳性及传动件的使用寿命。把这种卸掉作用在轴Ⅰ上由传动带拉力产生的径向载荷的装置称为卸荷装置。

6.3.2 双向式多片摩擦离合器及制动机构

轴Ⅰ上装有双向多片式摩擦离合器M_1,其结构及工作原理如图6-19(a)

第 6 章 复杂机械传动系统分析

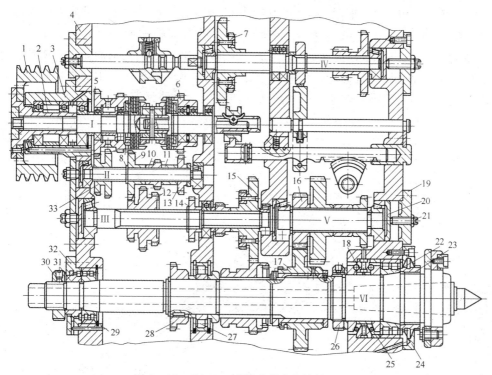

图 6-17 CA6140 型卧式车床主轴箱展开图

所示。摩擦离合器由内摩擦片 3、外摩擦片 2、压块 8 和螺母 9、销子 5、推拉杆 7 等组成,离合器左右两部分的结构是相同的。离合器左部分结合传动主轴正转,用于切削,需传递的扭矩较大,所以摩擦片的片数较多,右离合器传动主轴反转,主要用于退刀,片数较少。图 6-19 (a) 所示是左合器结构,内摩擦片 3 装在轴 Ⅰ 的花键上,随轴 Ⅰ 旋转,外摩擦片 2 的孔是圆孔,其外圆上有 4 个凸起,嵌在空套齿轮 1 套筒的 4 个缺口中,内外摩擦片相间安装。当推拉杆 7 通过销子 5 向左推动压块 8 时,将内外摩擦片压紧。轴 Ⅰ 的转矩由内摩擦片 1 通过内外摩擦片之间的摩擦力传给外摩擦片 2,再由外摩擦片 2 传动齿

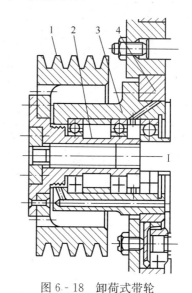

图 6-18 卸荷式带轮
1—带轮;2—花键套;3—法兰;4—主轴箱体

轮 1,使主轴正转。同理,当压块 8 向右压时,主轴反转。压块 8 处于中间位置时,左右内外摩擦片无压力作用,离合器脱开,主轴停转。

如图 6-19（b）所示，离合器由手柄 18 操纵，手柄 18 向上扳绕支撑轴 19 逆时针摆动，杆 20 向外，曲柄 21 带动齿扇 17 作顺时针转动（由上向下观察），齿条 22 向右移动，带动拨叉 23 及滑套 12 右移，滑套 12 右面迫使元宝 6 绕其装在轴Ⅰ上的销轴顺时针摆动，其下端的凸缘向左推动装在轴Ⅰ孔中的推拉杆 7 向左移动，推拉杆 7 通过销子 5 带动压块 8 向左压紧内外摩擦片，实现主轴正转。同理，将手柄 18 扳至下端位置时，右离合器压紧，主轴反转。当手柄 18 处于中间位置时，离合器脱开，主轴停止转动。

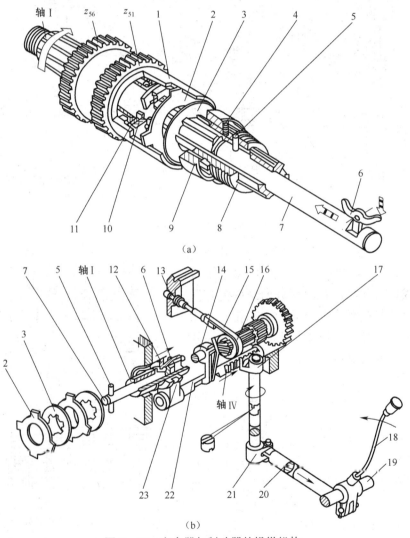

图 6-19 离合器与制动器的操纵机构

1—空套齿轮；2—外摩擦片；3—内摩擦片；4—弹簧销；5—销子；6—元宝；7—推拉杆；8—压块；9—螺母；10、11—止推片；12—滑套；13—调节螺钉；14—杠杆；15—制动带；16—制动盘；17—齿扇；18—手柄；19—支撑轴；20—杆；21—曲柄；22—齿条；23—拨叉

摩擦离合器不但实现了主轴的正反转和停止，并且在接通主运动链时还能起过载保护作用。当机床过载时，摩擦片打滑，避免损坏机床部件。摩擦片传递转矩大小在摩擦片数量一定的情况下取决于摩擦片之间压紧力的大小，其压紧力的大小是根据额定转矩调整的。当摩擦片磨损后，压紧力减小，这时可进行调整，其调整方法是用工具将防松的弹簧销 4 压进压块 8 的孔内，旋转螺母 9，使螺母 9 相对压块 8 转动，螺母 9 相对压块 8 产生轴向左移，直到能可靠压紧摩擦片，松开弹簧销 4，并使其重新卡入螺母 9 的缺口中，防止其松动。

制动器装在轴Ⅳ上，制动装置的作用是使执行机构的运动能够迅速停止，在 CA6140 主轴箱中为了在摩擦离合器松开后，克服惯性作用，使主轴迅速降速或停止，在主轴箱内的轴Ⅳ上装有闸带式制动装置，如图 6-19（b）所示。由通过花键与轴Ⅳ连接的制动盘 16、制动带 15、杠杆 14 及调整装置等组成。制动盘是圆盘，它与轴Ⅳ用花键连接，制动带一端通过调节螺钉 13 与箱体连接，另一端固定在杠杆上端。制动器也通过手柄 18 来操纵。当离合器脱开时，齿条 22 处于中间位置，这时，齿条 22 上的凸起正处于与杠杆 14 下端相接触的位置，使杠杆 14 向逆时针方向摆动，将制动带拉紧，使轴Ⅳ和主轴迅速停止旋转，当齿条 22 移至左端或右端位置时，杠杆与齿条轴凸起的左侧或右侧的凹槽相接触，使制动带放松，这时摩擦离合器接合，使主轴旋转。制动装置的操纵力应该作用在制动带的松边，制动力矩的大小可通过调节螺钉 13 进行调整。

6.3.3 滑移齿轮的操纵机构

主轴箱中共有 7 个滑移齿轮，其中 5 个用于改变主轴的转速，其余 2 个分别用于车削左右螺纹及正常螺距、扩大螺距的变换。在主轴箱中共有三套操纵机构操纵这些滑移齿轮，这里主要介绍轴Ⅱ和轴Ⅲ上的 6 级变速操纵机构。

主轴箱内轴Ⅲ可通过轴Ⅰ—Ⅱ间双联滑移齿轮机构及轴Ⅱ—Ⅲ间三联滑移齿轮机构得到 6 级转速。此操纵机构由装在主轴箱前侧面上的变速手柄操纵。轴Ⅱ采用了一凸轮机构操纵双联滑移齿轮，轴Ⅲ采用了一曲柄滑块机构来操纵三联滑移齿轮。其结构及工作原理如图 6-20 所示。转动手柄 9，通过链轮链条传动轴 7，与轴 7 同时转动的有盘形凸轮 6 及曲柄 5。手柄轴和轴 7 的传动比为 1∶1，所以手柄旋转 1 周，盘形凸轮 6 和曲柄拨销 4 也均转过 1 周。盘形凸轮 6 上的封闭曲线槽由半径不同的两段圆弧和过渡直线组成，杠杆 11 上端有一销子 10 插入盘形凸轮 6 的曲线槽内，下端也有一销子插入拨叉 12 的槽内。当盘形凸轮大半径圆弧槽转至销子 10 处时图 6-20（a）、图 6-20（b）、图 6-20（c），销子向下移动，同时带动杠杆 11 顺时针转动，从而使Ⅱ轴上的双联滑移齿轮在左位；当盘形凸轮小半径圆弧槽转至销子 10 处时图 6-20（d）、图 6-20（e）、图 6-20（f），销子向上移动，杠杆 11 逆时针旋转，Ⅱ轴上的双联滑移齿轮在右位。曲柄 5 上的拨销 4 上装有滚子，并嵌入拨叉 3 的槽内。轴 7 带动曲柄 5 旋转时，拨销4绕轴7转动，并通过拨叉3使Ⅲ轴上的三联滑移2有左、中、右三个不同位置。每次转动手柄60°，就可通过双联滑移齿轮两个位置与三联滑移齿轮的三个位置的组合，得到轴Ⅲ的6级转速。

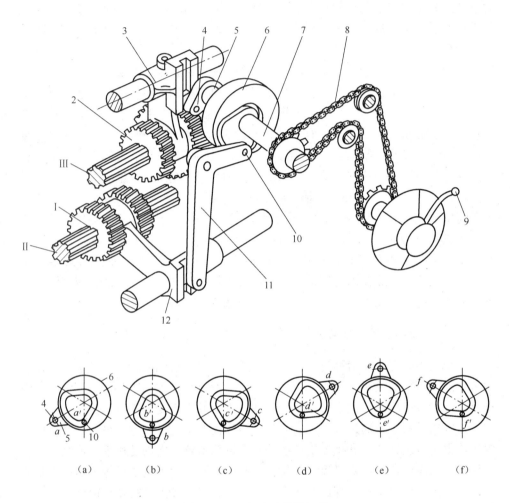

图6-20 6级变速操纵机构

6.3.4 主轴部件的结构及轴承的调整

CA6140型车床的主轴是空心的阶梯轴，CA6140型卧式车床的主轴为空心阶梯结构，主轴的内孔（φ48mm）可穿过（φ40mm以下的）棒料和拆卸顶尖，也可用于通过气动、电动或液压夹紧装置的机构。主轴前端为莫式6号锥孔，也可以安装顶尖或心轴。主轴轴端为短锥法兰型结构，用于安装卡盘或夹具。主轴后端的锥孔为工艺孔。主轴采用前后双支承，后端定位的结构。

CA6140型车床的主轴组件采用了三支承结构,如图6-21所示,以提高其静刚度和抗振性。其前后支承处装有一个D3182121和E3182115双列圆柱滚子轴承,由于双列圆柱滚子轴承的刚度和承载能力大,旋转精度高,且内圈较薄,内孔是锥度为1∶12的锥孔,可通过相对主轴轴颈轴向移动来调整轴承间隙,因而,可保证主轴有较高的旋转精度和刚度。前支承处还装有一个60°角接触的双向推力角接触球轴承3,用于承受左右两个方向的轴向力。

中间支承处则装有E级精度的32216型圆柱滚子轴承,它用做辅助支承,其配合较松,且间隙不能调整。

轴承的间隙直接影响主轴的旋转精度和刚度。因此,使用中如发现因轴承磨损使间隙增大时,需及时进行调整。双列圆柱滚子轴承4可用螺母5和2调整。调整时先拧松螺母5,然后拧紧带锁紧螺钉的螺母2,使双列圆柱滚子轴承4的内圈相对主轴锥形轴颈向右移动,由于锥面的作用,薄壁的轴承内圈产生径向弹性变形,将滚子与内、外圈滚道之间的间隙消除。调整妥当后,再将螺母5拧紧。后轴承1的间隙可用螺母11调整,调整原理同前轴承。一般情况下,只调整前轴承即可,只有当调整前轴承后仍不能达到要求的旋转精度时,才需要调整后轴承。

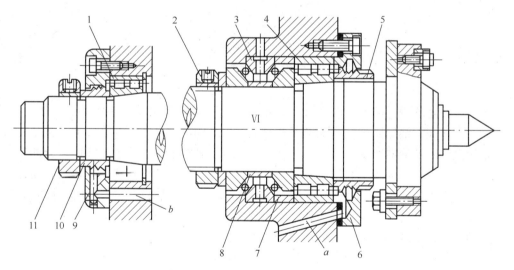

图6-21 CA6140型车床主轴剖面图

1,4—双列圆柱滚子轴承;2,5,11—螺母;3—双向推力角接触球轴承;6,9—轴承端盖;
7—隔套;8—调整垫圈;10—套筒

6.3.5 主轴箱中各传动件的润滑

为保证机床正常工作和减少零件磨损,CA6140车床采用油泵供油循环润滑的方式,对主轴箱中的轴承、齿轮、离合器等零件和部件必须进行良好的润滑。

图 6-22 为 CA6140 主轴箱的润滑系统。

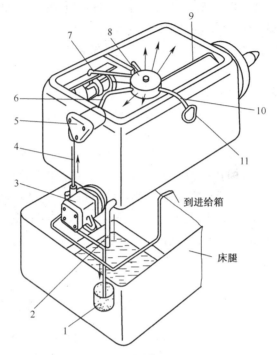

图 6-22 主轴箱润滑系统
1—网式滤油器；2—回油管；3—油泵；4，6，7，9，10—油管；
5—滤油器；8—分油器；11—油标

装在左床腿上的润滑油油泵 3 是由电动机经 V 带带动其旋转的。当工作时，装在左床腿（油箱）内润滑油经网式滤油器 1 及润滑油泵，由油管 4 流到装在主轴箱左端的滤油器 5 中，然后再经油管 6 流到主轴箱上部的分油器 8 内。分油器又向三路送油，油管 9 和 7 分别对主轴前轴承及轴 I 上的摩擦离合器供油；油管 10 通向油标 11，以观察润滑系统工作情况。分油器还从许多径向小孔向外喷油，以便被高速旋转的齿轮溅往各处，对其他传动件和操纵机构进行润滑。各处流回的油集中在主轴箱底部，经回油管 2 流入油池。

CA6140 型车床主轴箱润滑的特点是箱体外循环。油液将主轴箱中摩擦所产生的热量带至左床腿中，待油液冷却后再流入箱体，因此，就可减少主轴箱的热变形（使主轴的位置变化小），以提高机床的加工精度。

思考与练习

6-1 为什么卧式车床主轴箱的运动输入轴（I 轴）常采用卸荷式带轮结构？如何实现卸荷？对照传动系统图说明扭矩是如何传递到轴 I 的。

6-2 试分析 CA6140 车床的主轴组件在主轴箱内如何定位。

6-3 CA6140 车床主传动链中，能否用双向牙嵌式离合器或双向齿轮式离合器代替双向多片式摩擦离合器实现主轴的开停及换向。

6-4 举例说明什么是外联系传动链。什么是内联系传动链？其本质区别是什么？对这两种传动链有何不同要求。

6-5 列出CA6140卧式车床主运动传动链最高及最低转速（正转）的运动平衡方程式，并计算其转速值。

6-6 根据图所示的传动系统，完成下列各题。（注：M1为齿轮式离合器）列出传动路线表达式；

（1）分析主轴的转速级数；

（2）计算主轴的最高、最低转速。

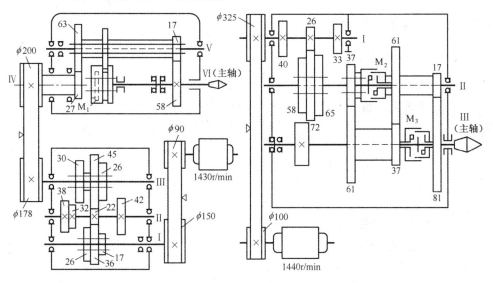

图 6 - 23 题 6 - 6 图

实践项目 1 渐开线直齿圆柱齿轮的参数测定

一、实践目的

1. 掌握用常用量具测定渐开线直齿圆柱齿轮基本参数的方法。
2. 通过测量和计算,加深理解齿轮各参数之间的相互关系。

二、实践项目内容

1. 掌握齿轮参数测量的基本方法。
2. 掌握通过测量所得数据计算相关齿轮参数的方法。

三、设备和工具

1. 被测齿轮两个(偶、奇数齿各一个)。
2. 游标卡尺(0~150mm)、公法线千分尺(25~50mm)各一把。

四、步骤

1. 熟悉量具的使用和正确读数方法。
2. 数出被测齿轮的齿数并做好记录。
3. 测量各齿轮的 d_a、d_f、w_{k+1} 和 w_k 等。
4. 通过测量和计算等确定各被测齿轮的基本参数:z、m、α、h_a^*、c^*。

实践项目 2　减速器拆装

一、实践目的

1. 要求了解减速器铸造箱体的结构,以及轴和齿轮的结构。
2. 通过齿轮轴上零件的拆装,掌握阶梯轴设计,以及轴上零件的定位和固定的一般原则。
3. 理解齿轮和轴承的润滑、密封及减速器附属零件的作用、构造和安装位置。
4. 能按要求正确拆装减速器,能绘制轴系结构图。
5. 通过对各种类型减速器的分析比较,加深对机械零、部件结构设计的感性认识,为设计打下基础。

二、实践项目内容

1. 了解铸造箱体的结构。
2. 观察了解减速器外形、附属零件的用途、结构和安装位置的要求。
3. 测量减速器的轴的中心距,箱座上、下凸缘的宽度,齿轮端面与箱体内壁的距离,大齿轮顶圆与箱内壁之间的距离,轴承内端面至箱内壁之间的距离。
4. 了解轴承的润滑方式和密封装置。
5. 观察阶梯轴的结构,了解轴上零件的定位方式,掌握轴系结构设计的一般原则。
6. 取出轴系部件,拆零件并观察分析各零件的作用、结构、周向定位、轴向定位、间隙调整、润滑、密封等。
7. 任选一轴系,测量轴上零件,如轴、齿轮、轴套、键、挡油环、端盖、调整垫片等的有关尺寸,观察分析轴系与箱体的定位方式、密封方式。着重对轴上零件的结构进行分析,画出轴系结构图,并标注所测得尺寸。

三、设备和工具

1. 一级、二级、三级齿轮减速器。
2. 扳手、游标卡尺、内外卡钳、钢尺、棉纱等。

四、步骤和方法

1. 拆卸

（1）仔细观察减速器外面各部分的结构，考虑合理的拆装顺序。要注意减速器外形、附属零件的用途、结构和安装位置。拆卸减速器，拆下的零件，用油清洗，并应妥善地按一定顺序放好，以免丢失、损坏，以便于装配。

（2）测量尺寸。

（3）测绘高（低）速轴及其轴上零件装配图。

2. 装配

按合理顺序将减速器装配成原样。

实践项目 3　车床主轴箱传动系统分析

一、实践目的

1. 通过对车床主轴箱的拆装，会分析车床主运动的传动系统与传动路线，绘制传动系统图，会计算车床主轴各级转速。
2. 会分析车床主轴箱各主要零部件的结构及工作原理，包括卸荷带轮装置、多片式摩擦离合器、制动器、主轴变速机构和主轴部件等。
3. 了解车床主轴箱的润滑系统的结构与特点。
4. 了解车床主轴的支承结构及主轴轴承的间隙调整与预紧的方法。
5. 了解主轴箱中各零部件如何满足功能、强度刚度、工艺性、定位、润滑密封等要求。

二、实践项目内容

1. 观察车床总体布局，明确主轴箱各手柄的作用。
2. 分析了解主轴各级转速如何变换，传动系统的传动顺序并绘制出传动系统图。
3. 结合主轴箱展开图研究主轴及主轴前后轴承的构造，了解主轴轴承的作用及间隙调整方法。
4. 看清花键轴、轴上轴承和固定齿轮、滑移齿轮、空套齿轮的构造，看清操纵滑移的机构及其方法。
5. 了解主轴箱内结构，观察轴Ⅰ上摩擦离合器结构及工作情况。
6. 了解主轴箱里各传动件的润滑油流经的路径是如何安排的。

三、设备及工具

1. 某车床主轴箱。
2. 装拆用工具。
（1）扳手类：呆扳手、活扳手、钩形扳手、内六角扳手、梅花扳手、套筒扳手。
（2）旋具类：一字、十字形。
（3）轴承拆卸工具和拔销器。
（4）锤子：铁锤、铜锤、木锤。
（5）轴用和孔用弹簧锁圈钳。

（6）铜棒、衬垫铁、顶套、铁棒。

（7）零件存放盘、清洗池、少量煤油。

3. 检测工具：游标卡尺、钢直尺、千分尺、百分表及表架。

四、步骤和方法

1. 实验指导人员结合现场介绍机床的用途、布局，各个手柄的作用及操作方法。

一般的拆卸顺序为：从外到内，从上到下，从部件到组件，从组件到零件。

2. 拆卸各轴部件，对照实践项目要求，详细了解各个环节。

在拆卸过程中要求如下：

（1）绘出该车床主轴的主运动的传动系统图，计算主轴转速级数及转速。

（2）观察分析轴的结构，并就各零件的作用、结构、轴向定位、周向定位、轴承间隙调整、润滑和密封等问题进行讨论并记录。

（3）由教师指定一轴系，将已经拆下的零件进行测量，绘制轴系部件机构草图。

项目3　传动装置及零部件设计

第7章　构件受力分析

学习目标

- 初步具有从简单的实际问题中提出静力学问题，从而抽象出静力学模型的能力。
- 掌握简单物体的受力分析方法，能正确画出研究对象的受力图。
- 理解力、平衡、刚体和约束等基本概念，掌握静力学4个公理概括的力的基本性质，能熟练地计算力对点之矩。
- 能正确地应用平衡条件求解简单的静力学平衡问题。

学习建议

- 课堂上学习力、平衡、刚体和约束等基本概念。
- 通过实例引导理解知识，学会基本计算。

分析与探究

机器是在力的作用下运行的，构件的受力情况直接影响机器的工作能力，因此，在设计和使用机器时都需要对构件进行受力分析。机器平稳工作时，许多构件处于相对地面静止或匀速直线运动状态，即平衡状态，如厂房、静止的物体和作匀速直线运动的汽车等均处于平衡状态。静力学研究物体在力系作用下处于平衡状态时所受各力之间的关系。其主要任务是：对单个物体和物系进行受力分析；将作用在物体上的复杂力系进行简化；讨论和建立各种力系处于平衡状态时的平衡条件。

7.1　静力学基本概念和公理

7.1.1　力的概念

力的概念是人们在长期的生活和生产实践中逐渐形成的，如推车、踢球、拧螺母等，都要用力。力是物体之间相互的机械作用，这种作用的结果是使物体的机械运动状态发生改变，或使物体产生变形。

力使物体运动状态发生改变的效应称为力的外效应，而力使物体产生变形的效应称为内效应。静力学研究力的外效应，而材料力学研究力的内效应。

在静力学中,要用到刚体的概念。刚体是指无论在多大的外力作用下形状和尺寸都不发生改变的物体,它是一种抽象的力学模型,在实际中并不存在,但如果物体的尺寸和运动范围都远大于其变形量,则可不考虑变形的影响,将它视为刚体。

由实践可知,力对物体的作用效应取决于力的大小、方向和作用点,通常称为力的三要素。力是矢量,通常以一个带有箭头的有向线段(矢线)示于物体作用点上,如图 7-1 所示。有向线段的方位和箭头指向表示力的方向,线段的长度(按一定的比例尺)表示力的大小。在静力学中,用黑体字母 $\boldsymbol{F}$ 表示力矢量,而普通字母 F 表示力的大小。

在国际单位制中,力的单位为牛顿(N)或千牛顿(kN)。

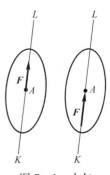

图 7-1 力矢

力系指作用于物体上的一群力,若一个力系作用于物体而不改变物体原有的运动状态,则称此力系为平衡力系。如两个力系对物体的作用效应完全相同,则称这两个力系互为等效力系。当一个力系与一个力的作用效应完全相同时,把这一个力称为该力系的合力,而该力系中的每一个力称为合力的分力。刚体平衡时,作用在刚体上的力应满足的条件称为平衡条件。

7.1.2 静力学基本公理

所谓公理,就是人们在生产和生活中长期积累的经验总结,又经过实践的反复检验,证明符合客观实际的普遍规律,为人们所公认。而静力学公理是对力的基本性质的概括和总结,静力学的全部理论,都是建立在下面的 4 个静力学公理基础之上。

公理 1:二力平衡公理

一个刚体受两个力作用而处于平衡状态的必要和充分的条件是:这两个力的大小相等,方向相反,且作用在同一条直线上。

二力平衡公理对刚体来说既必要又充分;对于变形体,却是不充分的。比如绳索受两个等值反向的拉力作用可以平衡,而受到两个等值反向的压力作用就不平衡。在后面对物体进行受力分析时,常遇到只受两个力作用而平衡的构件,工程上称为二力构件或二力杆,如图 7-2 所示。二力构件受力特点是该两力必沿作用点的连线,且等值、反向。

公理 2:力的平行四边形公理

作用在物体上同一点的两个力,可以合成为一个合力。合力作用点仍在该点,合力的大小和方向用这两个力为邻边构成的平行四边形的对角线确定。

力的平行四边形公理是求两个共点力合力的基本运算法则(图 7-3),其数

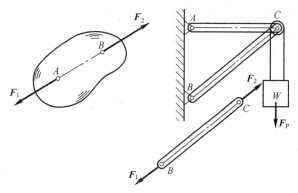

图 7-2 二力平衡及二力构件

学表达式为 $F_R = F_1 + F_2$。

已知合力求分力的过程，叫力的分解。应用平行四边形公理，也可将一个力按已知方向分解为交于一点的两个分力。在工程上常将一个力分解为相互垂直的两个分力。如图 7-4 中啮合齿轮所受的力为 F，为方便计算，将力 F 分解为两个相互垂直的分力 F_t 和 F_r，其大小分别为 $F_t = F\cos\theta$，$F_r = F\sin\theta$。

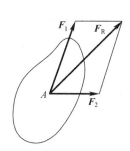

图 7-3 力的平行四边形法则

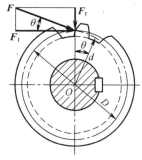

图 7-4 力的分解

公理 3：加减平衡力系公理

在刚体的原有力系上加上或减去任意的平衡力系，并不改变原力系对刚体的作用效应。

这一公理对研究力系的简化有重要的意义。依据该公理，还可以导出以下推理：

推理 1　力的可传性原理

作用于刚体上某点的力可以沿其作用线移至刚体上任一点，而不改变该力对刚体的作用效果。

证明：设有力 F 作用于刚体上 A 点，如图 7-5（a）所示，在该力作用线上任取一点 B，根据加减平衡力系公理，可在 B 点加上一对平衡力 F_1 和 F_2，且使 $F_1 = F_2 = F$，其作用效果与原力系等效，如图 7-5（b）所示。由于 F_1 和 F 也是一平衡力系,再根据该公理,可将它们从力系中除去,不改变刚体的运动状态,如图 7-5 (c) 所示,于是刚体只剩一个力 F_2,它的大小和方向与 F 相同,只是作用点移至了 B 点。

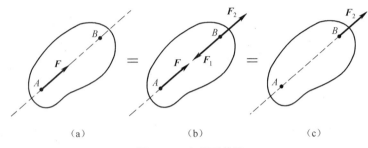

图 7-5 力的可传性

必须注意,该推理不适用于变形体,当作用在变形体的力沿作用线移动时,力对物体的变形效应将不同。

推理 2 三力平衡汇交定理

刚体受到三个共面但不平行的力作用而处于平衡状态时,此三个力的作用线必然汇交于一点。

如图 7-6 所示,读者可利用以上叙述的公理和推理自行证明。

公理 4:作用力与反作用力公理

两个物体间的作用力和反作用力总是成对出现,且大小相等、方向相反,沿着同一直线,分别作用在这两个物体上。

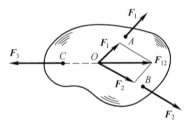

图 7-6 三力平衡汇交定理

该公理说明力永远是成对出现的,它们同时产生,同时消失。应当注意,作用力和反作用力公理中的一对力,和二力平衡条件中的一对力是有区别的。作用力和反作用力分别作用在不同的物体上,而二力平衡条件中的两个力则作用在同一物体上。

7.2 约束和约束反力

在机械中,许多构件的运动都受到周围其他构件的限制,例如,机床刀架受到床身导轨的限制,使刀架只能沿床身导轨做平移运动;用钢索悬吊的重物受到钢索限制而不能下落等。凡因受到周围其他物体限制而不能做任意运动的物体,称为非自由体,如前述刀架和重物,而周围物体的这种限制称为约束,周围物体称为约束体,如机床导轨和钢索。

在分析物体的受力情况时,应分清物体受力的类型。具体地讲,物体受力分为两类：一类是使物体产生某种形式的运动或运动趋势的作用力，称为主动力；另一类为约束对物体的作用力，称为约束反力。因此，判断作用力是主动力还是约束反力，应从使物体产生运动还是限制物体运动这两个角度来分析。

约束反力阻止物体运动的作用是通过约束体与物体间相互接触来实现的，所以它的作用点应在相互接触处，它的方向总是与约束体所能阻止的运动方向相反。约束反力的大小，在静力学中利用平衡条件求出。

下面介绍几种工程上常见的约束，并说明约束反力的方向和约束简图的画法。

7.2.1 柔索约束

由绳索、胶带、链条等形成的约束称为柔索约束。这类物体的特点是只能承受拉伸，不能承受压缩和弯曲（图 7-7）。柔索约束的约束特点是限制物体沿柔索伸长方向的运动，相应的约束反力则是沿柔索背离物体，作用在连接点或假想截割处，常用符号 F_T 或 T 表示。

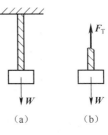

图 7-7 柔索约束

7.2.2 光滑接触面约束

光滑接触面是指物体与约束体之间的接触面是理想光滑可忽略摩擦的，如图 7-8 所示。这类约束的特点是物体不能沿接触点公法线压入约束体，但可以离开约束体。所以，光滑接触面的约束反力必定在接触点沿着接触面的公法线指向受力物体，作用在接触点处，一般用字母 N 表示。

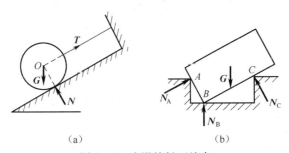

图 7-8 光滑接触面约束

7.2.3 光滑圆柱铰链约束

在机械中，构件与构件或构件与基础之间，常用圆柱销钉插入两被连接构件的圆孔中进行连接，假定接触面绝对光滑，即构成光滑圆柱铰链约束。

1. 中间铰链约束

如图 7-9（a）所示，由销钉连接的两构件 A、B 均可绕销钉轴线相对转动，把销钉与其中任一构件（如构件 B）作为约束，则被约束的另一构件（构件 A）

只能绕销钉轴线相对转动，不能沿圆孔径向方向移动，这样的约束称为中间铰链约束。其简图如图7-9（b）所示。由于销钉与物体的圆孔表面都是光滑的，两者之间存在间隙，被约束的物体受主动力后与销钉在某点 C 接触，根据光滑接触面约束反力的性质，销钉对物体的反力应当沿接触面的公法线方向，即通过物体圆孔中心，如图7-9（c）所示。但因为主动力的方向不能预先确定，所以约束反力的方向也不能预先确定。为便于计算，通常以两个正交分力 F_x 和 F_y 表示，如图7-9（d）所示。

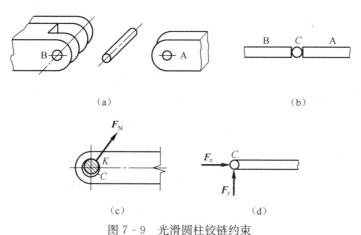

图7-9　光滑圆柱铰链约束

2. 固定铰链支座

用圆柱形销钉连接两构件时，若其中一构件固定于基础（或机架）上，则构成固定铰支座，如图7-10（a）所示。此时把支座看为约束，其约束性质与中间铰链相同，其结构简图如图7-10（b）、图7-10（c）所示，约束反力也表示为两个正交分解的力，如图7-10（d）所示。

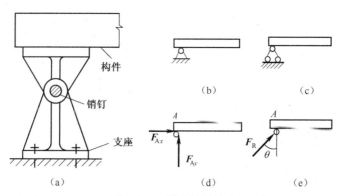

图7-10　固定铰链约束

3. 活动铰链支座

在固定铰链支座下面，装上一排滚子或类似滚子的物体，就构成了活动铰链支座，如图 7-11（a）所示，其结构简图如图 7-11（b）所示。活动铰链支座约束性质和光滑面约束性质相同，约束反力通过铰链中心且垂直于固定支承面，如图 7-11（c）所示。在桥梁和屋架等结构中，其中一端常采用活动铰链支座，以适应结构的热胀冷缩现象。

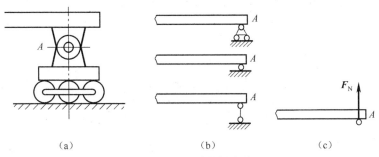

图 7-11 活动铰链支座

工程上常用的向心（径向）轴承对轴的约束可以看成是固定铰链或活动铰链。主要根据轴承的特点来定，一般把固定的一端简化为固定铰支座，把可以轴向移动的一端简化为活动铰支座。

7.3 物体的受力分析和受力图

所谓受力分析，就是分析物体上作用有哪些外力，以及它们的位置和方向。受力分析从两个方面入手：一是明确物体所受的主动力；二是找出周围物体对它的约束，并确定其约束类型。将研究对象单独地从周围约束中分离出来，称为分离体。在分离体图形上，画上该物体所受的所有主动力，再画上约束反力代替相应的约束，这就是受力图。

1. 画受力图的一般步骤

（1）根据题意，确定研究对象。

（2）取分离体，将研究对象从周围的约束中分离出来。分离体可以是单个物体，也可以是几个物体的组合，或是整个物体系。

（3）在分离体上画出所有的主动力。

（4）分析分离体上的所有外部约束，依据约束基本类型，在分离体上画出相应的约束反力。

例 7-1 简支梁 AB 两端用固定铰链支座和活动铰链支座支撑，如图 7-12（a）所示，在梁的 C 处受集中力 P，梁的自重不计，画出梁 AB 的受力图。

解：

取 AB 为研究对象，作用在梁上的主动力有集中力 P，A 端约束为固定铰链支座，用正交反力 N_{Ax}、N_{Ay} 表示。B 端约束是活动铰链支座，约束反力为垂直

于支承面的一个力 N_B，受力图如图 7-12（b）所示。

另外，因为梁 AB 只受三个外力作用而能处于平衡状态，可以根据三力平衡汇交定理来确定固定铰链支座 A 的约束反力。如图 7-12（c）所示，N_B 和 P 的方向线可以确定，A 处约束反力的作用线必定通过 N_B 和 P 作用线的交点。力 N_A 的指向暂定如图，以后由平衡条件确定。

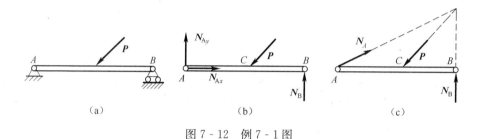

图 7-12 例 7-1 图

例 7-2 如图 7-13（a）所示的三铰拱桥，由左、右两拱铰接而成。设各拱自重不计，在拱 AC 上作用有载荷 F_P。试分别画出拱 AC 和拱 BC 的受力图。

解：

先分析拱 BC 的受力。由于拱 BC 自重不计，且只在 B、C 两处受到铰链约束，因此，拱 BC 为二力构件。在铰链中心 B、C 处分别受 F_B、F_C 两力的作用，且 $F_B = -F_C$，BC 拱的受力如图 7-13（b）所示。

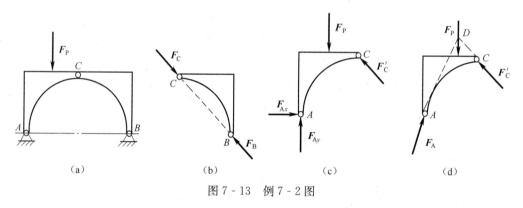

图 7-13 例 7-2 图

再取拱 AC 为研究对象。由于自重不计，因此，主动力只有载荷 F_P。拱在铰链 C 受到拱 BC 给它的约束反力 F'_C 的作用，根据作用力与反作用力定律，$F_C = -F'_C$。拱在 A 处受有固定铰链支座给它的约束反力 F_A 的作用，由于方向未定，可用两个大小未知的正交分力 F_{Ax}、F_{Ay} 表示，如图 7-13（c）所示。

再进一步分析可知，由于拱 AC 在 F_P、F'_C 和 F_A 三个力作用下平衡，故可根据三力平衡汇交定理，确定铰链 A 处约束反力 F_A 的方位。点 D 为力 F_P 和 F'_C 作用线的交点，当拱 AC 平衡时，约束反力 F_A 的作用线必通过点 D，图

7—13(d)所示；至于 F_A 的指向，暂假定如图，以后由平衡条件确定。

例 7-3 铰链四杆机构 ABCD 的 A、D 端固定，各角度如图 7—14（a）所示，在铰链 C 上作用有水平力 F_1，铰链 B 上作用向上的力 F_2，机构处于平衡状态，杆的自重不计，试作出各杆、铰链 B、铰链 C 及整个机构的受力图。

解：

先画杆 AB、BC、CD 的受力图。如图 7—14（b）所示，杆 AB、BC、CD 只在两点受两个力作用而保持平衡，均为二力构件，画其分离体，并先假设杆 AB、CD 受拉，杆 BC 受压（其真正指向要等计算后确定）。

再以铰链 B、C 为研究对象，对铰链 B，先画出主动力 F_2，根据作用力与反作用力定律，画出杆 AB、BC 对铰链 B 的约束反力 R'_{B1}、R'_{B2}；对铰链 C，先画出主动力 F_1 和 F_2，同样根据作用力与反作用力定律，画出杆 BC、CD 对铰链 C 的约束反力 R'_{C1}、R'_{C2}，如图 7—14（c）所示。

最后以整个机构为研究对象，画主动力 F_1 和 F_2，对整体而言，与外界的约束只有 A、D 处的铰链，其约束反力为 R_A、R_D，结果如图 7—14（d）所示。

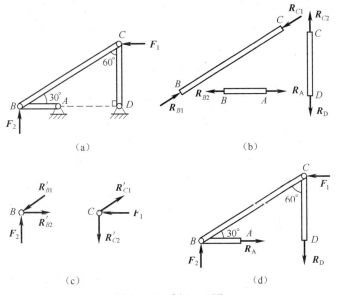

图 7—14 例 7—3 图

2. 画受力图时的注意事项

（1）根据已知条件和题意明确研究对象，单独画出分离体图，以免混乱。一般情况下，不要在系统的简图上画某一物体或子系统的受力图。

（2）画一个力应有依据，不能多画，也不能少画。画物体系统的受力图时，系统内部物体之间的相互作用力是系统内力，系统内力不必画出。而当两个相互连接的物体被拆开时，其连接处的约束反力是一对作用力与反作用力。这时整体系统所受的约束实际上已被解除。

（3）注意作用力、反作用力的画法（要等值、反向、共线地分别画在两个物体上）。

（4）若机构中有二力构件，应先分析二力构件的受力，然后再分析其他作用力。

画受力图可概括为：据要求取构件，主动力画上面；连接处解约束，先分析二力件。

7.4　力的投影、力矩及力偶

7.4.1　力在平面直角坐标轴上的投影

设力 F 作用于刚体上的 A 点（图7-15）。在力 F 平面内取 xOy 坐标，过力的起点 A 和终点 B 向 x 轴作垂线，其垂足分别为 a 和 b。线段的长度 ab 加上正负号，称为力 F 在 x 轴上的投影，用 X 表示。同理，过力的起点 A 和终点 B 向 y 轴作垂线，其垂足分别为 a' 和 b'。可以得出力 F 在 y 轴的投影 Y。投影的符号规定如下：若从 a（a'）到 b（b'）的指向与 x（y）轴的正向一致，则投影为正值，反之为负值。

设力 F 与 x 轴所夹的锐角为 α，与 y 轴所夹的锐角为 β，则有

$$X = \pm F\cos\alpha = \pm F\sin\beta, \quad Y = \pm F\sin\alpha = \pm F\cos\beta \tag{7.1}$$

若已知力的投影 X 和 Y，则力 F 的大小和方向可由下式求出

$$F = \sqrt{X^2 + Y^2}, \quad \tan\alpha = \left|\frac{Y}{X}\right| \tag{7.2}$$

应当指出，仅就角 α 的大小并不能完全确定力 F 的方向，还必须结合投影 X 和 Y 的正负号，判断力从原点 O 画出位于第几象限，力 F 的方向才能完全确定。

例7-4　已知如图7-16所示各力均为50N，求各力在 x、y 轴上的投影。

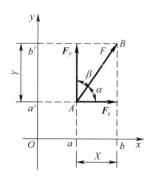

图7-15　力在直角坐标轴上的投影

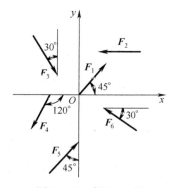

图7-16　例7-4图

解：

由式（7.1）知

$X_1 = F_1 \cos 45° = 35.4\text{N}$，$Y_1 = F_1 \sin 45° = 35.4\text{N}$

$X_2 = -F_2 \cos 0° = -50\text{N}$，$Y_2 = F_2 \sin 0° = 0$

$X_3 = -F_3 \sin 30° = 25\text{N}$，$Y_3 = -F_3 \cos 30° = -43.3\text{N}$

$X_4 = -F_4 \cos 60° = -25\text{N}$，$Y_4 = -F_4 \sin 60° = -43.3\text{N}$

$X_5 = F_5 \cos 45° = 35.4\text{N}$，$Y_5 = F_5 \sin 45° = 35.4\text{N}$

$X_6 = -F_6 \cos 30° = -43.3\text{N}$，$Y_6 = F_6 \sin 30° = 25\text{N}$

7.4.2 力矩及合力矩定理

1. 平面力对点之矩

通常，力对物体作用的外效应体现在使物体移动和转动，力的移动效应取决于力的大小和方向，力的转动效应则是用力矩来度量的。以扳手拧转螺母（图7-17）为例，力 F 使扳手带动螺母绕 O 点（即绕通过 O 点垂直于图面的轴）转动。经验告诉我们，力 F 的值越

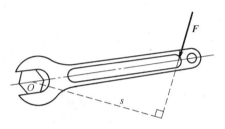

图 7-17 力对点之矩

大，螺母拧得越紧（或越容易拧松）；另一方面，力 F 的作用线到 O 点（转动中心）的垂直距离越大，就越省力。由此，可得出这样的结论：平面内力 F 使物体绕 O 点转动的效应，与力的大小 F 和力作用线到 O 点的垂直距离 s 有关。用乘积 Fs 加上正负号来度量力 F 使物体绕 O 点转动的效应，称为力对点之矩，用符号 $M_O(\boldsymbol{F})$ 表示，即

$$M_O(\boldsymbol{F}) = \pm Fs \tag{7.3}$$

式中，点 O 称为力矩中心，简称为矩心，s 称为力 F 的力臂，正负号表示力使物体转动的转向。通常规定转向为逆时针时取正值，顺时针取负值。因此，在平面问题中力矩可看做代数量，力矩的单位是牛顿·米（N·m）或千牛顿·米（kN·m）。

显然，当力等于零或力作用线通过矩心，即力臂为零时，力矩等于零。

2. 合力矩定理

合力对过作用线平面内任一点的力矩等于该面内各分力对同一点力矩的代数和，即

$$M_O(\boldsymbol{R}) = M_O(\boldsymbol{F}_1) + M_O(\boldsymbol{F}_2) + \cdots + M_O(\boldsymbol{F}_n) = \sum M_O(\boldsymbol{F}_i) \tag{7.4}$$

这就是合力矩定理。需要说明的是，该定理对任意力系都是成立的。

求力对点之矩可以用力矩定义式进行计算，也可以用合力矩定理，下面举例说明。

例 7-5 作用于齿轮的啮合力 $P_n=1000\text{N}$,节圆直径 $D=160\text{mm}$,压力角 $\alpha=20°$(图 7-18(a))。求啮合力 $\boldsymbol{P}_n$ 对于轮心 O 的力矩。

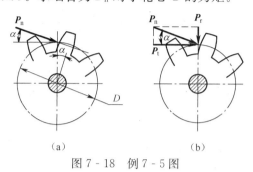

图 7-18 例 7-5 图

解:

(1) 应用力矩计算公式计算

由图中几何关系可知,$\boldsymbol{P}_n$ 对 O 点的力臂为 $h=D\cos\alpha/2$,则有

$$M_O(\boldsymbol{P}_n)=-P_n h=-1000\times\frac{0.16}{2}\cos 20°\text{N}\cdot\text{m}$$

$$=-75.2\text{N}\cdot\text{m}$$

(2) 应用合力矩定理计算

将啮合力沿齿轮节圆切向和径向分解得圆周力 $\boldsymbol{P}_t$ 和径向力 $\boldsymbol{P}_r$ [图 7-18 (b)],则有

$$M_O(\boldsymbol{P}_n)=M_O(\boldsymbol{P}_t)+M_O(\boldsymbol{P}_r)$$

$$=-\boldsymbol{P}_t D/2+\boldsymbol{P}_r\times 0$$

$$=-1000\cos 20°\times\frac{0.16}{2}+0\;(\text{N}\cdot\text{m})$$

$$=-75.2\text{N}\cdot\text{m}$$

3. 力偶及其性质

(1) 力偶及其力偶矩。

力学上把一对大小相等、方向相反、作用线相互平行且不共线的两个力称为力偶,用符号 $(\boldsymbol{F},\boldsymbol{F}')$ 来表示。在力偶中,两力作用线所决定的平面称为力偶面,作用线之间的垂直距离 d 称为力偶臂。力偶在生产和生活中常常遇到,例如,司机操纵方向盘 [图 7-19 (a)],钳工用丝锥攻螺纹 [图 7-19 (b)] 等。

力偶是力学中的一个基本物理量,它对物体只产生转动效应,其转动效应用力偶矩度量。在平面问题中,力偶中任一力的大小与力偶臂的乘积,并加上正负号,则称为力偶矩,

力偶是力学中的一个基本物理量,它对物体只产生转动效应,其转动效应用力偶矩度量。在平面问题中,力偶中任一力的大小与力偶臂的乘积,并加上正负号,则称为力偶矩,即

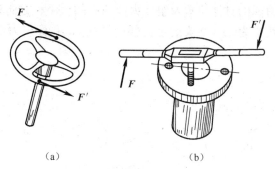

图 7 - 19　力偶

$$M(F, F') = M = \pm Fd \tag{7.5}$$

习惯上规定：使物体逆时针转动的力偶矩为正，反之为负。

在国际单位制中，力偶矩常采用的单位为牛顿·米（N·m）或千牛·米（kN·m）。

(2) 力偶的性质。

根据力偶的定义，可以证明力偶具有如下性质：

力偶在任意轴上的投影恒等于零，故力偶无合力，不能与一个力等效，也不能与一个力平衡。力偶和力是组成力系的两个基本物理量。

力偶矩的大小与矩心位置无关，即力偶中的两个力，对力偶作用面内任意一点的力矩的代数和不变，均等于该力偶矩的大小。

(3) 力偶可在其作用面内任意移转，而不影响它对刚体的效应，如图 7 - 20 (a)、和图 7 - 20 (b) 所示。

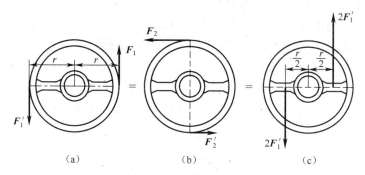

图 7 - 20　力偶的性质

(4) 在保持力偶矩大小和力偶转向不变的条件下，可以同时改变力偶中力的大小和力偶臂的长短，力偶的效应不变。

例如，图 7 - 20 (c) 所示的方向盘，所施加的力偶由 (F_1, F_1') 变为 ($2F_1$, $2F_1'$) 时，只要将力偶臂同时减半，使方向盘转动的效果就不会改变。

由于力偶对物体的转动效应完全取决于力偶的大小和转向，因此，在表示力偶时，不必指明力偶的具体位置及组成力偶的力的大小、方向和力臂的值，只用一个带箭头的弧线来表示（箭头表示力偶的转向），并标出力偶矩的值即可，如图 7 - 21 所示。

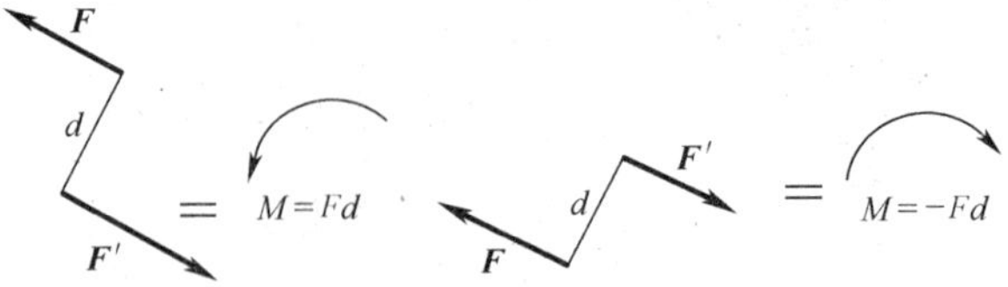

图 7 - 21　力偶的表示方法

7.5　平面一般力系的简化与平衡方程

静力学中的力系，按力系中各力作用线的位置，可分为平面力系和空间力系两类。平面力系是指作用于物体各力的作用线均在同一平面内。若各力作用线不在同一平面内的力系称为空间力系。由于平面力系在工程中极为常见，并且在研究平衡问题时，很多情况都要用到平面力系的理论，所以在静力学中占有重要的地位。本节主要研究平面力系的简化和平衡条件，包括考虑摩擦力的平衡问题。

7.5.1　平面任意力系向一点简化——主矢和主矩

平面任意力系的简化，通常是利用力的平移定理，将力系向一点简化。

1、力的平移定理

欲将作用于刚体上 A 点的力 F 平移至任一指定点 O ［图 7 - 22 (a)］，而不改变原来的力对刚体的作用效果，可在 O 点加上一对平衡力 F'、F'' ［图 7 - 22 (b)］，并使其大小 $F'=F''=F$，且作用线与力 F 平行。显然力 F 与 F'' 组成一力偶，称为附加力偶，其力偶臂为 d。于是作用在 A 点的力 F 可以用作用于 O 点的力 F' 和附加力偶（F，F''）来代替（图 7 - 22 (c)），附加力偶的力偶矩为 $M=F_d=M_O(F)$。显然，力 F' 和力偶（F，F''）与原力的作用效果相同。

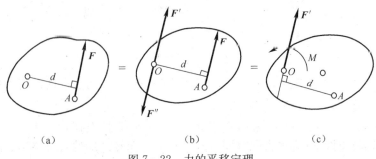

图 7 - 22　力的平移定理

由此，得到如下定理：作用在刚体上的力可以平移到刚体内任一指定点，但必须同时附加上一个力偶，此附加力偶的力偶矩等于原力对指定点的矩。该定理称为力的平移定理。

力的平移定理是力系简化的依据，也是分析力的作用效应的一个重要方法，能解释很多工程和生活中的现象。例如，用丝锥攻螺纹图[7-23（a）]时，若作用于扳手上的力 F 和 F' 大小相等、方向相反，即可保证丝锥扳手和丝锥只受力偶（F，F'）的作用而转动。如仅在扳手的一端加上力 F［图7-23（b）］，根据力的平移定理，作用在扳手上的力 F 可以由力 F'（$F' = F$）和力偶（F，F''）等效替换。力偶（F，F''）使丝锥转动，力 F' 只能使丝锥弯折，对攻丝不利，且易引起丝锥的破坏。此外，打乒乓球时，搓球能使乒乓球旋转也可以用力的平移定理来解释。

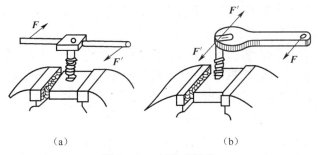

(a)　　　　　　　　　　(b)

图 7-23　丝锥攻螺纹

2. 平面任意力系向一点简化

设作用于刚体的平面任意力系 F_1、F_2、…、F_n，且作用点分别为 A_1、A_2、…、A_n［图7-24（a）］。今在力系所在的平面内任选一点 O，该点称为简化中心，根据力的平移定理，将力系中的各力分别移至 O 点，则得到作用于刚体的平面汇交力系 F_1'、F_2'、…、F_n' 及附加力偶系 M_{O1}、M_{O2}、…、M_{On}［图7-24（b）］。

应用力的合成法则可将平面汇交力系合成作用于简化中心 O 点的一个力 F_R'，即

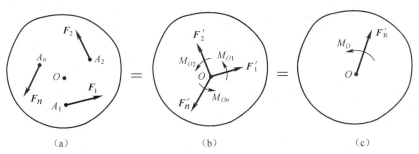

(a)　　　　　　　　　(b)　　　　　　　　(c)

图 7-24　平面任意力系的简化

$$F'_R = F'_1 + F'_2 + \cdots + F'_n = \sum F'_i \tag{7.6}$$

F'_R 称为原力系的主矢，它等于原力系中各分力的矢量和。显然主矢的大小和方向与简化中心的位置无关。

附加力偶系可以合成同一平面内的合力偶，其矩为 M_O，称为原力系对简化中心 O 点的主矩 [图 7 - 24（c）]，其大小等于各附加力偶矩的代数和，即原力系中各力对简化中心 O 点力矩的代数和，即

$$M_O = M_{O1} + M_{O2} + \cdots + M_{On} = \sum M_O(F_i) \tag{7.7}$$

综上分析可得到结论如下：平面任意力系向平面内任意一点简化，一般来说可得到一个力和一个力偶。这个力通过简化中心，其力矢等于原力系各力的矢量和，称为原力系的主矢；这个力偶的矩等于原力系中各力对简化中心力矩的代数和，称为原力系对简化中心的主矩。力系主矢 F'_R 的大小和方向与简化中心的位置无关；而力系的主矩 M_O 则与简化中心的位置有关。因此，在计算力系的主矩时，必须指出简化中心的位置。

作为力系简化理论的应用，下面分析工程实际中常见的又一种约束：固定端约束。如插入地面的电线杆、车床刀架上的车刀、房屋阳台的雨棚等，如图 7 - 25 所示。这些物体所受约束具有同样的特点：物体插入并固嵌于另一物体内，既不能向任何方向移动，也不能转动。

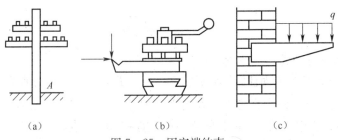

图 7 - 25　固定端约束

图 7 - 26（a）是固定端约束的简图。物体与约束之间在接触处的力的分布是很复杂的，如图 7 - 26（b）所示，当主动力为平面任意力系时，这些约束反力也为平面力系，按照力系简化理论，将它们向固定端点 A 简化，可得到一个约束反力和约束反力偶，约束反力的方向未知，可用一对正交分力来代替。因此，固定端的约束反力应是一对正交反力 X_A、Y_A 和一个约束反力偶 M_A，如图 7 - 26（c）所示。

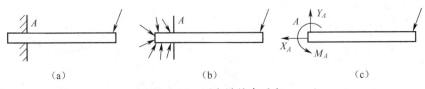

图 7 - 26　固定端约束反力

7.5.2 平面任意力系的平衡条件和平衡方程

由前面讨论可知，若平面任意力系向一点简化所得的力或力偶中只要有一个不为零，则该力系就不会为零。因此，平面任意力系平衡的充分和必要条件为：该力系向任一点简化所得的主矢和主矩必须等于零，即

$$F'_R = 0, \quad M_O = 0$$

该平衡条件可用解析式表示，即

$$\sum X = 0, \quad \sum Y = 0, \quad \sum M_O(F_i) = 0 \quad (7.8)$$

上式说明平面任意力系平衡的解析条件为：力系中各力在作用面内任意两直角坐标轴上投影的代数和均等于零，各力对任一点之矩的代数和也等于零。这是三个独立的方程，可以求解三个未知量。

用解析法求解平衡问题的主要步骤如下：

（1）根据题意的要求，选取适当的物体为研究对象。研究物系平衡时，往往要讨论几个不同的研究对象。

（2）逐一分析研究对象所受各力，在简图上画出所受的全部主动力和约束反力。

（3）建立坐标轴及选取矩心。为简化计算，建立的坐标轴应与较多的未知力垂直或与多数力平行；而所选的矩心应尽量在两未知力的汇交点上或在一未知力的作用线上。

（4）列平衡方程，求解未知量。

例 7-6 起重机重 $F_1 = 10$kN，可绕铅直轴 AB 转动；起重机的挂钩上挂一重为 $F_2 = 40$kN 的重物，如图 7-27 所示。起重机的重心 C 到转动轴的距离为 1.5m，其他尺寸如图所示。求在止推轴承 A 和径向轴承 B 处的约束反力。

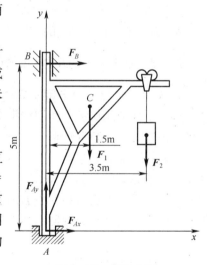

图 7-27 例 7.6 图

解：

取起重机为研究对象，它们受的主动力有 F_1 和 F_2。由于起重机的对称性，认为约束反力和主动力都位于同一平面内。止推轴承 A 处有两个约束反力 F_{Ax} 和 F_{Ay}，轴承 B 处只受一个与转轴垂直的约束反力 F_B，其受力图如图所示。

建立坐标系如图所示，列平面任意力系的平衡方程有

$$\sum X = 0, \quad F_{Ax} + F_B = 0$$
$$\sum Y = 0, \quad F_{Ay} - F_1 - F_2 = 0$$
$$\sum M_A(F) = 0, \quad -5F_B - 1.5F_1 - 3.5F_2 = 0$$

解得 $\quad F_B = -31$kN, $\quad F_{Ax} = 31$kN, $\quad F_{Ay} = 50$kN

例 7-7 如图 7-28 所示的刚架 ACDB 上作用有集中力 $F=1400\text{N}$，力偶矩 $M=800\text{N}\cdot\text{m}$，均布载荷 $q=600\text{N/m}$。试求铰链支座 A 与 B 的约束反力。

解：

取刚架 ACDB 为研究对象，画出受力图。外载荷有：已知的集中力 F，均布载荷 q 和力偶矩 M；铰链 A、B 两点的未知约束反力 X_A、Y_A 和 Y_B。

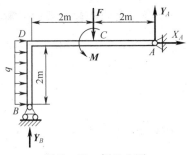

图 7-28 例 7.7 图

由受力图可见，这是一个平面任意力系，其平衡方程为

$$\sum X=0,\quad X_A+2q=0$$
$$\sum Y=0,\quad Y_A-F+Y_B=0$$
$$\sum M_A(F)=0,\quad 2F+M+2q\times 1-4Y_B=0$$

将已知数据 $F=1400\text{N}$，$M=800\text{N}\cdot\text{m}$，$q=600\text{N/m}$ 分别代入上式，解得

$$X_A=-1200\text{N},\quad Y_A=200\text{N},\quad Y_B=1200\text{N}$$

X_A 为负值，说明 X_A 的实际方向与图示相反。

7.5.3 平面力系的几种特殊情况

1. 平面汇交力系的平衡方程

如果平面力系中各力作用线汇交于一点，该力系称为平面汇交力系。这是平面任意力系的一个特殊情形。

现假设平面力系平衡，由平面任意力系平衡的充要条件可知，力系对平面内任意一点的力矩的代数和等于零，因此平面汇交力系对汇交点的力矩的代数和恒等于零，故平面汇交力系对平面内其他点的力矩的代数和也一定等于零。这样，平面汇交力系的平衡方程即为如下两个投影方程：

$$\sum X=0,\quad \sum Y=0 \tag{7.9}$$

2. 平面平行力系的平衡方程

如果平面力系中各力作用线相互平行，则该力系称为平面平行力系，这也是平面任意力系的一个特例。

图 7-29 所示为物体受平面平行力系（F_1，F_2，…，F_n）的作用，若取 x 轴与各力垂直，则 y 轴与各力平行。则不论平面平行力系本身是否平衡，各力在 x 轴上投影的代数和一定等于零，则平面任意力系平衡方程中的 $\sum X=0$ 恒成立。因此，平面平行力系的平衡方程为

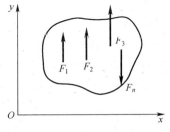

图 7-29 平面平行力系

$$\sum Y=0, \quad \sum M_O(Fi)=0 \tag{7.10}$$

平面平行力系的平衡方程也可以表示成二力矩形式

$$\sum M_A(\boldsymbol{F}_i)=0, \quad \sum M_B(\boldsymbol{F}_i)=0 \tag{7.11}$$

3. 平面力偶系的平衡方程

如果平面力系仅由力偶组成，则称该力系为平面力偶系，它是平面任意力系的又一特例。由力偶的性质可知，平面力偶系没合力，合成结果仍然是一个力偶，也就是说力偶系没有主矢，主矩就是平面力偶系的合力偶矩。由于合力偶在任一坐标上投影恒为零，因此，任意平面力系的平衡方程中的两个投影方程$\sum X=0, \sum Y=0$为恒等式。故平面力偶系的平衡方程为

$$\sum M=0 \tag{7.12}$$

由此可见，平面力偶系平衡的充要条件是：平面力偶系中各分力偶矩的代数和等于零。

例 7-8 图 7-30 为塔式起重机，已知机身重 $G=500$N，其作用线至右轨的距离 $e=1.5$m，起重机最大起重载荷 $P=250$kN，其作用线至右轨的距离 $l=10$m，平衡重 Q 的作用线至左轨的距离 $a=6$m，轨道距离 $b=3$m。①欲使起重机满载时不向右倾倒，空载时不向左倾倒，试确定平衡重 Q 值；②当 $Q=370$kN，而起重机满载时，求轨道对起重机的约束反力 N_A 和 N_B。

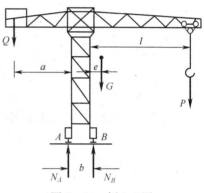

图 7-30 例 7.8 图

解：

取起重机为研究对象，考虑起重机的整体平衡问题。起重机在起吊重物时，作用在它上面的力有机身自重 G、载荷 P、平衡重 Q 以及轨道的约束反力 N_A 和 N_B，整个力系为平面平行力系。

(1) 求起重机不至于翻倒时的平衡重 Q。先考虑满载时（$P=250$kN）的情况。要保证机身满载时平衡而不向右倾倒，则必须满足平衡方程和限制条件：

$$\sum M_B(F)=0, \quad Q(a+b)-N_A b-Ge-Pl=0$$

$$N_A \geqslant 0$$

由此解得

$$Q \geqslant \frac{Pl+Ge}{a+b}=361 \text{kN}$$

再考虑空载时（$P=0$）的情况。要保证机身空载时平衡而不向左倾倒，则必须满足平衡方程和限制条件：

$$\sum M_A(F)=0, \quad Qa+N_B b-G(b+e)=0$$

$$N_B \geqslant 0$$

由此可解得

$$Q \leqslant \frac{G}{a}(b+e) = 375\text{kN}$$

因此，要保证起重机不至于翻倒，重 Q 必须满足下面的条件：

$$361\text{kN} \leqslant Q \leqslant 375\text{kN}$$

(2) 当 $Q=370\text{kN}$，并且起重机满载（$P=250\text{kN}$）时求轨道约束反力 N_A、N_B 的平衡方程如下：

$$\sum M_B(F) = 0, \quad Q(a+b) - N_A b - Ge - Pl = 0$$
$$\sum Y = 0, \quad N_A + N_B - P - G - Q = 0$$

由此求得

$$N_A = \frac{1}{b}[Q(a+b) - Ge - Pl]$$

$$= \frac{1}{3}[370 \times (6+3) - 500 \times 1.5 - 250 \times 10] \text{kN}$$

$$= 26.67\text{kN}$$

$$N_B = P + G + Q - N_A$$

$$= 250 + 500 + 370 - 26.67 \text{ (kN)}$$

$$= 1093.33\text{kN}$$

例 7-9 电动机轴通过联轴器与工作轴相连接，联轴器上四个螺栓 A、B、C、D 的孔心均匀地分布在同一圆周上，如图 7-31 所示，此圆的直径 $AC=BD=150\text{mm}$，电机轴传给联轴器的力偶矩 $m_O=2.5\text{kN}\cdot\text{m}$，试求每个螺栓所受的力。

解：

取联轴器为研究对象。联轴器受力偶 m_O 和四个螺栓的反力作用，螺栓反力的方向如图 7-31 所示。假设四个螺栓的反力大小相等，即 $N_1 = N_2 = N_3 = N_4 = N$，则相对的两个螺栓反力可构成一约束力偶，即有约束力偶 (N_1, N_3) 和 (N_2, N_4)，由此可建立平衡方程

$$\sum M = 0, \quad m_O - M(N_1, N_3) - M(N_2, N_4) = 0$$
$$m_O - N \times AC - N \times BD = 0$$

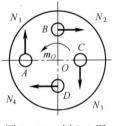

图 7-31 例 7.9 图

解得

$$N = \frac{m_O}{2AC} = \frac{2.5}{2 \times 0.15}\text{kN}$$
$$= 8.33\text{kN}$$

7.5.4 物体系统的平衡问题

由若干个物体通过一定的约束所构成的系统，称为物体系统，简称物系。研究物系的平衡问题，要分析物体系统以外物体对物系的约束，还要分析物系内部

各物体之间的相互作用力,称为系统内力。从平衡意义来说,如果物体系处于平衡状态,则物体系内的各物体也一定处于平衡状态。

解物系平衡问题的方法和注意事项如下:

(1) 灵活地选取研究对象是解决问题的关键。一般应首先从已知力作用的物体开始研究,然后再研究与其相接触的物体,直到解出全部未知力;或者先选整体为研究对象,求出部分未知力后再取物系中某一个物体为研究对象,逐步求出全部未知力。

(2) 对确定的研究对象进行受力分析,强调只画作用在研究对象上的外力(包括主动力和约束反力),不画内力。

(3) 列方程时最好先用代表各量的字符运算,然后代入已知数据,注意使用法定计量单位。解出全部结果后,可列出一平衡方程进行验算。

例 7 - 10 图 7 - 32 所示的压榨机中,杆 AB 和 BC 的长度相等,自重忽略不计。A、B、C 处为铰链连接。已知活塞 D 上受到液压缸内的总压力为 $F=3000\text{N}$,$h=200\text{mm}$,$l=1500\text{mm}$。求压块 C 加于工件的压力。

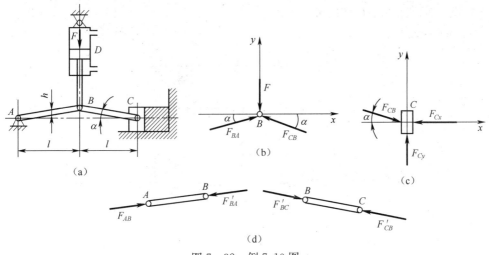

图 7 - 32 例 7.10 图

解:

为求压块 C 加于工件的力,试取压块为研究对象,其受力图如图 7 - 32(c)所示。平面汇交力系有两个平衡方程,现有三个未知数,所以不能求解。考虑到 AB、BC 杆均为二力杆,力 F 可沿活塞杆传递到 B 点,三个力在 B 点形成一个汇交力系,且力 F 已知,所以先取销钉 B 为研究对象,其受力图如 7 - 32(b)所示,有

$$\sum X=0, \quad F_{BA}\cos\alpha - F_{BC}\cos\alpha = 0$$
$$\sum Y=0, \quad F_{BA}\sin\alpha + F_{BC}\sin\alpha - F = 0$$

解得
$$F_{BC}=F_{BA}=\frac{F}{2\sin\alpha}$$

由于解得 F_{BC}、F_{BA} 均为正值,所以 BC、AB 两杆均承受压力,如图 7 - 32 (d) 所示。

此时再取压块 C 为研究对象,列平衡方程有
$$\Sigma X=0,\ F_{BC}\cos\alpha-F_{Cx}=0\ \text{且}\ F_{BC}=F_{CB}$$

解得
$$F_{Cx}=\frac{F}{2}\text{ctg}\alpha=\frac{Fl}{2h}$$

代入已知数值,求得 $F_{Cx}=11.25\text{kN}$。压块对工件的压力就是力 F_{Cx} 的反作用力,其大小也等于 11.25kN,方向与 F_{Cx} 相反。

由上式可知,工件所受压力的大小与主动力 F、几何尺寸 l 及 h 有关,通过改变这些参数的值,可以改变压力的大小。

若要求 F_{Cy},由 $\Sigma Y=0$,可求得 F_{Cy}。

例 7 - 11 多跨静定梁如图 7 - 33 所示,AB 梁和 BC 梁用中间铰链 B 连接,A 端为固定端,C 端为斜面上的活动铰链支座。已知 $P=20\text{kN}$,$q=5\text{kN/m}$,$\alpha=45°$。求支座 A、C 的约束反力。

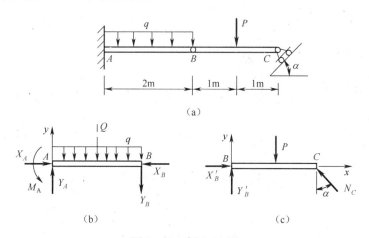

图 7 - 33 例 7.11 图

解:

物体系由 AB 和 BC 梁组成,AB 梁是基本部分,而 BC 梁是附属部分。这种问题通常先研究附属部分,再计算基本部分。

取 AB 梁为研究对象,受力图如 7 - 33 (c) 所示,列平衡方程
$$\Sigma X=0,\ X_B'-N_c\sin45°=0$$
$$\Sigma Y=0,\ Y_B'+N_c\cos45°-P=0$$
$$\Sigma M_B(F)=0,\ N_c\cos45°\times 2-P=0$$

解得

$$N_C = \frac{P}{2\cos 45°} = \frac{20}{2 \times \sqrt{2}/2} \text{kN} = 14.14 \text{kN}$$

$$X'_B = N_c \sin 45° = 14.14 \times \frac{\sqrt{2}}{2} \text{kN} = 10 \text{kN}$$

$$Y'_B = P - N_c \cos 45° = 20 - 14.14 \times \frac{\sqrt{2}}{2} \text{kN} = 10 \text{kN}$$

再取 AB 梁为研究对象，受力图如 7-33（b）所示，列平衡方程

$$\sum X = 0, \quad X_A - X_B = 0$$
$$\sum Y = 0, \quad Y_A - q \times 2 - Y_B = 0$$
$$\sum M_A(F) = 0, \quad M_A - (q \times 2) \times 1 - Y_B \times 2 = 0$$

解得

$$M_A = 2q + 2Y_B = 25 + 2 \times 10 \text{kN} \cdot \text{m} = 30 \text{kN} \cdot \text{m}$$
$$X_A = X_B = 10 \text{kN}$$
$$Y_A = 2q + Y_B = 2 \times 5 + 10 \text{kN} = 20 \text{kN}$$

本题还可选 BC 梁和 ABC 整体为研究对象，先由 BC 建立对 B 点的力矩方程，求出 N_C，再由 ABC 整体建立三个平衡方程，解出 A 端三个反力，这样只需建立 4 个方程便求出所有系统反力。若需要求中间铰链 B 的约束反力，可由 BC 梁的另两个平衡方程求出。读者可自行完成。

7.6 考虑摩擦力时平衡问题的解法

摩擦是一种普遍存在的现象，在前面研究物体平衡时，均将物体接触面的摩擦忽略不计而视为绝对光滑的理想状态来研究。但大多数工程技术问题中，摩擦是不容忽视的重要因素。例如，闸瓦制动、摩擦轮传动、千斤顶的自锁等都要依靠摩擦来工作，而轴承工作中形成的摩擦则会损耗功率降低机械的精度等。所以，有必要讨论工程中的摩擦问题，以达到在实际应用中尽量利用其有利的一面而限制不利方面的目的。

7.6.1 滑动摩擦定律

两个相互接触的物体发生相对滑动或存在相对滑动趋势时，彼此间就有阻碍滑动的力存在，此力称为滑动摩擦力。滑动摩擦力作用于接触处公切面上，其方向始终与物体间滑动方向或滑动趋势方向相反。

只有滑动趋势而无滑动事实的摩擦称为静滑动摩擦，简称静摩擦。若滑动已发生，则称为动滑动摩擦，简称动摩擦。

1. 静滑动摩擦力

从图 7-34 可知，当力 F_T 较小时物体保持平衡，由平衡条件得摩擦力 $F_S =$

F_T，当力 F_T 增加时，摩擦力 F_S 随之增加，当 F_T 增加到某一值后物体即将开始滑动，此时，摩擦力达到最大值，记为 F_{Smax}。所以摩擦力 F_S 的变化范围是：

$$0 \leqslant F_S \leqslant F_{Smax}$$

当物体处于即将滑动的临界状态时的最大静摩擦力称为临界静摩擦力。大量实验证明，临界静摩擦力的大小与物体间的正压力成正比，即

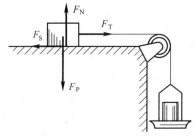

图 7-34 摩擦力实验

$$F_{Smax} = f_s N \tag{7.13}$$

上式称为静滑动摩擦定律。式中，比例常数 f_s 称为静滑动摩擦系数，简称静摩擦系数。其大小与两接触物体的材料及表面情况（粗糙度、干湿度、温度等）有关，与接触面积无关。静摩擦系数 f_s 的数值由实验测定，可从有关手册中查到。需说明的是，由于摩擦理论尚不完善，影响摩擦系数的因素也很复杂，鉴于实际情况的差别，摩擦系数的值可能会有较大的出入，要想得到精确的摩擦系数值，应在特定条件下通过实验测定。另外，该式还说明增大或减少最大静摩擦力的途径。例如，汽车或自行车的后轮为主动轮，因为后轮的正压力比前轮大，可以产生较大的最大静摩擦力，推动车体前进。而在轴承处，为减少摩擦力，加入润滑油，可以减少摩擦系数，以达到减少摩擦力的目的。

2. 动滑动摩擦力

当 $F_T \geqslant F_{Smax}$，物体开始滑动，此时物体所受摩擦力为动摩擦力 F'，动摩擦力为一常量，其大小为

$$F' = f' N \tag{7.14}$$

上式表明，动摩擦力的大小与物体间正压力成正比，这就是动摩擦定律。其中，f' 为动摩擦系数，一般情况下，动摩擦系数略小于静滑动摩擦系数，即 $f' \leqslant f_s$。

综上所述，滑动摩擦力具有如下性质：

(1) 物体所受的滑动摩擦力的方向与其相对滑动或相对滑动趋势相反。

(2) 静摩擦力的大小由平衡条件确定，其数值在零到最大静摩擦力之间变化（$0 \leqslant F_S \leqslant F_{Smax}$）；当物体处于要滑动而未滑动的临界状态时，静摩擦力达到最大值，且有 $F_{Smax} = f_s N$。

(3) 当物体一旦滑动，其滑动摩擦力为常量，且有 $F' = f' N$。

7.6.2 考虑滑动摩擦时的平衡问题

对于需要考虑滑动摩擦的平衡问题，因为是平衡问题，并不需要重新建立力系的平衡条件和平衡方程，其求解步骤与前所述基本相同，但有如下几个新的

特点:

(1) 进行物体受力分析和画受力图时,必须考虑接触处沿切线方向的摩擦力 F_s,这通常增加了未知力的数目。

(2) 要严格区分物体是处于非临界还是临界平衡状态。在非临界平衡状态,摩擦力 F_s 由平衡条件来确定,其应满足方程 $F_s \leqslant f_s N$。在临界平衡状态,摩擦力为最大值,此时可使用方程 $F_S = F_{S\max} = f_s N$。

(3) 由于静摩擦力的值可随主动力而变化($0 \leqslant F_S \leqslant F_{S\max}$),因此在考虑摩擦的平衡问题中,物体所受主动力的大小或平衡位置允许在一定的范围内变化,这类问题的解答往往是一个范围值,而非某一定值。

例 7 - 12 均质梯子长为 l,重 $F_{P1}=100N$,靠在光滑墙壁上并和水平地面成角 $\theta=75°$,如图 7 - 35 所示,梯子与地面间的静滑动摩擦系数 $f_s=0.4$,人重 $F_{P2}=700N$。求地面对梯子的摩擦力,并问人能否爬到梯子的顶端;又若 $f_s=0.2$,问人能否爬到梯子的顶端?

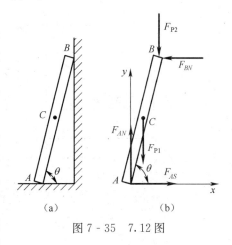

图 7 - 35 7.12 图

解:

取梯子为研究对象,梯子滑动的趋势是确定的,所以摩擦力 F_{AS} 的方向必定水平向右,且设人已爬到梯子顶端,梯子仍处于平衡状态,则受力如图 7 - 35 (b) 所示,由平衡方程

$$\sum X = 0, \quad F_{AS} - F_{BN} = 0$$

$$\sum Y = 0, \quad F_{AN} - F_{P1-P2} = 0$$

$$\sum M_A(F) = 0, \quad F_{BN} l \sin\theta - F_{P2} l \cos\theta - F_{P1} \cos\theta = 0$$

由平衡方程可求得 $F_{BN}=201N$,$F_{AN}=800N$,$F_{AS}=201N$。

即地面对梯子的摩擦力为 201N,而并非 $F_{S\max} = f_s F_{AN} = 320N$,由于 $F_{AS} < F_{S\max}$。所以人能爬到梯子的顶端。

若 $f_s = 0.2$,则 $F_{S\max} = f_s F_{AN} = 160N$,$F_{AS} > F_{S\max}$,人不能爬到梯子的顶端。

7.7 空间力系

各力的作用线不在同平面而呈现空间分布的力系,称为空间力系。与平面力系一样,空间力系可分为空间汇交力系、空间平行力系及空间一般力系。

7.7.1 力在空间直角坐标轴上的投影

1. 直接投影法

如已知力 F 与 x、y、z 轴的正向间夹角分别为 α、β、γ，如图 7-36（a）所示，则力 F 可直接投影，即

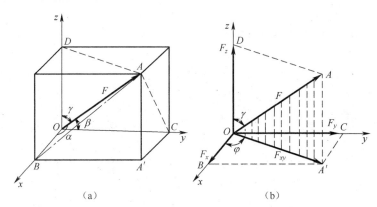

图 7-36　力在空间坐标轴上的投影

$$F_x = F\cos\alpha, \quad F_y = F\cos\beta, \quad F_z = F\cos\gamma \tag{7.15}$$

2. 二次投影法

若力 F 与 z 轴的夹角 γ 为已知，同时 F 和 z 轴所在平面与坐标平面 Oxz 的夹角 φ 已知，则可将 F 直接投影到 z 轴和 Oxy 平面上，得到 F_z 及 F_{xy}，且有 $F_{xy} = F\sin\gamma$。再将 F_{xy} 投影到 x、y 轴上得 F_x、F_y（如图 7-36b），即得

$$F_z = F\cos\gamma, \quad F_x = F_{xy}\cos\varphi = F\sin\gamma\cos\varphi, \quad F_y = F\sin\varphi = F\sin\gamma\sin\varphi \tag{7.16}$$

7.7.2 空间力对轴之矩

在工程中常遇到刚体绕定轴转动的情形，为度量力对转动刚体的作用效应，引入力对轴之矩的概念。

现以推门为例。如图 7-37（a）所示的门边上 A 点作用一力 F，为度量此力使门绕 z 轴的转动效应，现将力分解为相互垂直的两个分力：一个与轴平行的分力 F_z，另一个是在与轴垂直平面上的分力 F_{xy}。由经验可知，F_z 不能使门绕 z 轴转动，只有分力 F_{xy} 对门绕 z 轴有转动效应。若以 d 表示 z 轴与 Oxy 平面的交点 O 到 F_{xy} 作用线间距离，则 F_{xy} 对门绕 z 轴转动效应可用 F_{xy} 对 O 点之矩来表示，记作

$$M_z(\boldsymbol{F}) = M_O(\boldsymbol{F}_{xy}) = \pm \boldsymbol{F}_{xy} d \tag{7.17}$$

上式表明：力对于某轴之矩，等于此力在垂直于该轴平面上的分力对这个平面与轴的交点 O 之矩。式中的正负号表示力矩的转向，规定：从 z 轴正端看向负端，如图 7-37（b）所示，若力 F 使刚体绕 z 轴逆时针转动为正，反之为负。

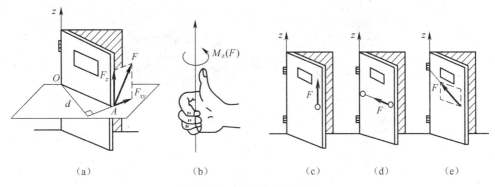

图 7-37 空间力对轴之矩

由空间力对轴之矩的定义知：当力的作用线与轴平行或相交时，力对该轴之矩等于零，如图 7-37（c）、图 7-37（d）和图 7-37（e）所示。

另外，由力对点的合力矩定理可推广到力对轴的合力矩定理为：合力对某轴之矩等于各分力对该轴之矩的代数和。

7.7.3 空间任意力系的平衡条件和平衡方程

与平面任意力系相同，可依据力的平移定理，将空间任意力系简化，找到与其等效的主矢和主矩，当二者同时为零时力系平衡。此时所对应的平衡条件为

$$\sum X=0, \sum Y=0, \sum Z=0,$$
$$\sum M_x(F)=0, \sum M_y(F)=0, \sum M_z(F)=0 \qquad (7.18)$$

式（7.18）表明空间任意力系平衡的充要条件是：各力在三个坐标轴上的投影的代数和及各力对此三轴之矩的代数和都等于零。式（7.18）有 6 个独立的平衡方程，可以解 6 个未知量。

为避免求解联立方程，可灵活地选取投影轴的方向和选取矩轴的位置，尽可能地使一个方程中只含一个未知量，使解题过程得到简化。

计算空间力系的平衡问题时，也可将力系向三个坐标平面投影，通过三个平面力系来进行计算，即把空间力系问题转化为平面力系问题的形式来处理。此法称为空间力系问题的平面解法，特别适合解决轴类零件的空间受力平衡问题。

例 7-13 一车床的主轴如图 7-38 所示，齿轮 C 直径为 200mm，卡盘 D 夹住一直径为 100mm 的工件，A 为向心推力轴承，B 为向心轴承。切削时工件匀速转动，车刀给工件的切削力 $F_x=466$N，$F_y=352$N，$F_z=1400$N，齿轮 C 在啮合处受力为 F，作用在齿轮的最低点如图 7-38（b）所示。不考虑主轴及其附件的重量与摩擦，试求力 F 的大小及 A，B 处的约束力。

解：选取主轴及工件为研究对象。对于向心轴承，轴承约束反力为两个正交的径向反力；对于向心推力轴承，轴承约束反力应包括两个正交的径向反力和一个轴向反力。因此，向心轴承 B 的约束反力为 X_B 和 Z_B，向心推力轴承 A 处约

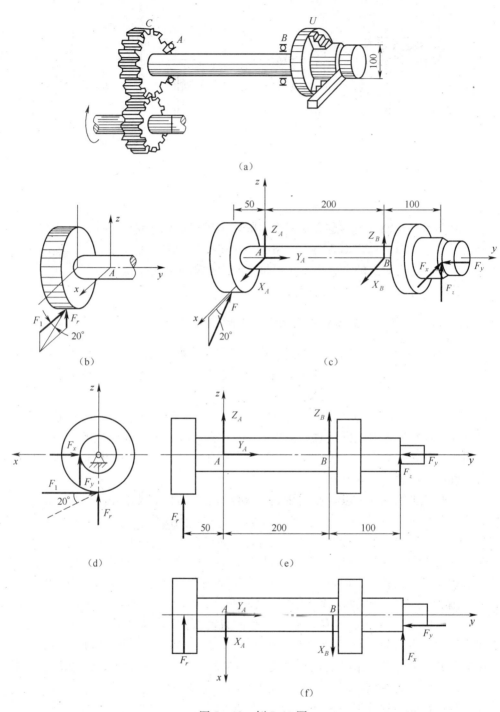

图 7-38 例 7.13 图

束反力为 X_A,Y_A 和 Z_A。主轴及工件共受 9 个力作用,为空间任意力系。

过 A 点取空间直角坐标系，画受力图，如图 7-38（c）所示。下面分别用两种方法来求解。

方法一：由式（7.18）可得
$\sum X=0$，$X_A+X_B-F_x-F\cos20°=0$
$\sum Y=0$，$Y_A-F_y=0$
$\sum Z=0$，$Z_A+Z_B+F_z+F\sin20°=0$
$\sum M_x(F)=0$，$Z_B\times0.2+F_z\times0.3-F\sin20°\times0.05=0$
$\sum M_x(F)=0$，$-F_x\times0.05+F\sin20°\times0.1=0$
$\sum M_z(F)=0$，$-F\cos20°\times0.05-X_B\times0.2+F_x\times0.3-F_y\times0.05=0$
解得　　　　$X_A=730\text{N}$，$Y_A=352\text{N}$，$Z_A=381\text{N}$
　　　　　　$X_B=436\text{N}$，$Z_B=-2036\text{N}$，$F=745\text{N}$

方法二：将图 7-38（c）中的空间力系分别投影到三个坐标平面内，如图 7-38（d）、图 7-38（e）和 7-38（f）所示，分别写出各投影平面上的力系相应的平衡方程式，再联立解出未知量。步骤如下：

（1）在 xAz 平面内，如图 7-38（d）所示。有
$$\sum M_A(F)=0, \quad F_t\times0.1-F_z\times0.05=0$$
将 $F_t=F\cos20°$ 代入得
$$F=745\text{N}$$

（2）如图 7-38（e）所示，在 yAz 平面内，有
由 $\sum M_A(F)=0$，$-F_r\times0.05+Z_B\times0.2+F_z\times0.3=0$
将 $F_r=F\sin20°$ 代入得
$$Z_B=-2036\text{N}$$
由 $\sum F_z=0$，$Z_A+Z_B+F_z+F\sin20°=0$
得　$Z_A=381\text{N}$
由 $\sum F_y=0$，$Y_A-F_y=0$
得 $Y_A=352\text{N}$

（3）如图 7-38（f）所示，在 xAy 平面内，有
由 $\sum M_A(F)=0$，$-F_t\times0.05-X_B\times0.2+F_x\times0.3-F_y\times0.05=0$
得 $X_B=436\text{N}$
由 $\sum F_x=0$，$X_A+X_B-F_x-F\sin20°=0$
得 $X_A=730\text{N}$
解得 $X_A=730\text{N}$，$Y_A=352\text{N}$，$Z_A=381\text{N}$
　　　$X_B=436\text{N}$，$Z_B=-2036\text{N}$，$F=745\text{N}$

思考与练习

7-1　画出图中指定物体的受力图。未画重力的物体重量不计，所有接触处均为光滑接触。

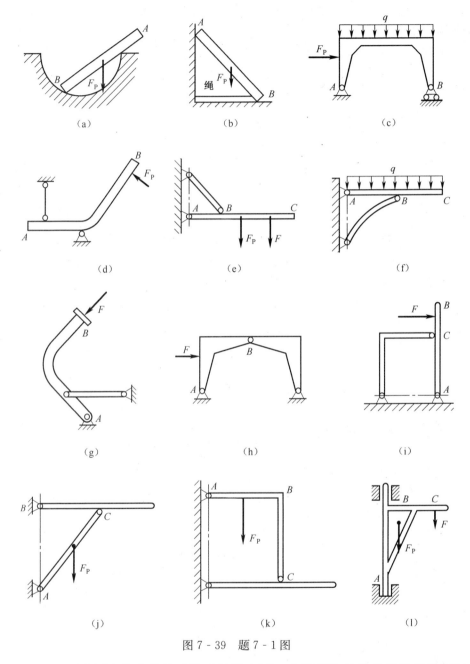

图 7-39 题 7-1 图

7-2 画出图中指定物体或物系的受力图。未画重力的物体的重量均不计，所有接触处均为光滑接触。(a) 球 C，杆 AB；(b) 平板 BC；(c) 杆 AC，杆 CB，杆 ACB；(d) 杆 AC，杆 BC，整体；(e) 杆 AB，轮 C；(f) 杆 AB，杆 DH，杆 AC；(g) 杆 AK，杆 CD，球 D，整体；(h) 轮 A，杆 BC，滑块 C。

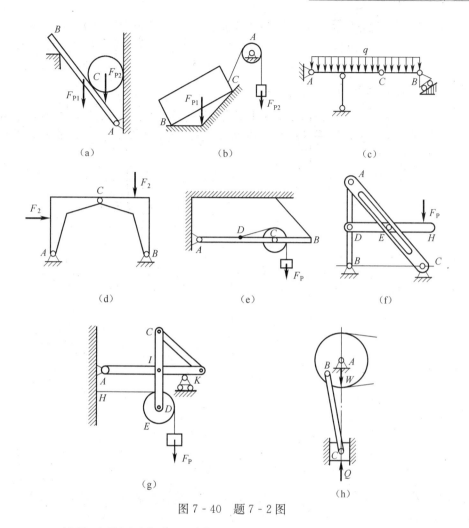

图 7-40 题 7-2 图

7-3 计算下列各图中力 F 对点 O 的矩。

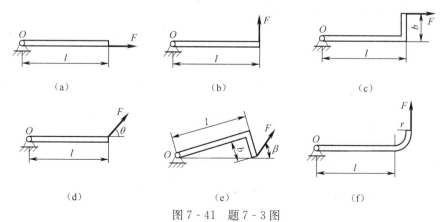

图 7-41 题 7-3 图

7-4 长方体的顶角 A 和 B 处分别有 F_1 和 F_2 作用,$F_1=500\mathrm{N}$,$F_2=700\mathrm{N}$,如图所示。试分别计算两力在 x、y、z 轴的投影和对 x、y、z 轴之矩。

7-5 图示铆接钢板在 ABC 处受三个力作用,已知 $F_1=100\mathrm{N}$,$F_2=50\mathrm{N}$,$F_3=50\mathrm{N}$,求此力系的合力。

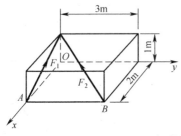
图 7-42 题 7-4 图

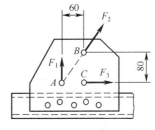
图 7-43 题 7-5 图

7-6 已知:$F_1=300\mathrm{N}$,$F_2=150\mathrm{N}$,$F_3=200\mathrm{N}$,$F_4=400\mathrm{N}$,各力的方向如图所示,试分别求各力在 x 轴和 y 轴上的投影。

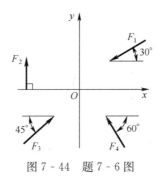
图 7-44 题 7-6 图

7-7 已知 q、a 且 $F=qa$,$M=qa^2$,求图所示各梁 A、B 支座的约束反力。

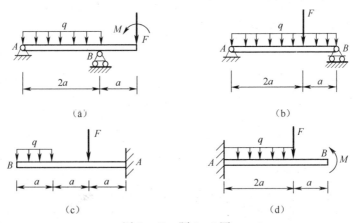
图 7-45 题 7-7 图

7-8 如图所示物体重 $F_P=20\text{kN}$，用绳子挂在支架的滑轮 B 上，绳子的另一端接在绞车 D 上。转动绞车，物体便能升起。设滑轮的大小及其中的摩擦不计，A、B、C 三处均为铰链连接。当物体处于平衡状态时，求拉杆 AB 和支杆 CB 所受的力。杆件自重不计。

7-9 炼钢车间的送料机由小车 A 和大车 B 组合而成。小车可沿大车上的轨道行走。两轮的间距为 2m，斗柄 OC 长为 5m，料斗 C 装载的料重 $G_1=10\text{kN}$，设小车 A、桁架 D 及附件总重为 G_2，作用于小车中心线上。问 G_2 至少为多大，料斗满载时小车不致翻倒？

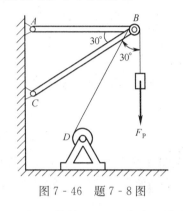 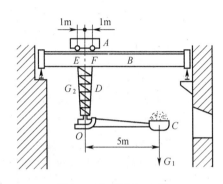

图 7-46 题 7-8 图　　　　　　　　图 7-47 题 7-9 图

7-10 物块 A、B 重叠地放在水平固定面上，A 由绳子系住。已知物块 A 重 $G_A=200\text{N}$，物块 B 重 $G_B=500\text{N}$。若 A、B 间的摩擦系数为 $f_{s1}=0.25$，B 与水平固定面间的摩擦系数为 $f_{s2}=0.20$。试求抽动物块 B 所需的最小拉力 F。

7-11 制动器的结构如图所示，已知制动轮的半径 $R=600\text{mm}$，鼓轮半径 $r=400\text{mm}$，制动块与制动轮之间的摩擦系数 $f_s=0.48$，手柄长 $a=3.2\text{m}$，$b=400\text{mm}$，$c=100\text{mm}$，提升重量 $G=8\text{kN}$，不计手柄和制动轮的重量，求能够制动所需力 F 的最小值。

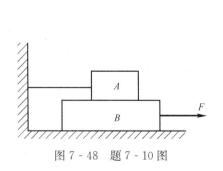 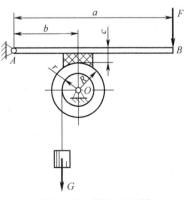

图 7-48 题 7-10 图　　　　　　　　图 7-49 题 7-11 图

第8章 构件基本变形和强度分析

学习目标
- 掌握拉伸（压缩）、剪切、扭转和弯曲4种基本变形的受力分析；明确各种变形形式的受力特点和变形特点；掌握用截面法求内力的基本方法。
- 掌握内力与变形，从而分析应力分布规律及计算公式；掌握4种基本变形的强度条件及在工程中的应用。

学习建议
- 以拉压变形及强度计算作为学习的切入点，在学习剪切、扭转和弯曲变形及强度计算时，注意总结归纳，找出规律。
- 通过实例引导理解知识，学会基本计算。

分析与探究

在第7章研究物体的静力平衡条件时，把物体抽象为刚体。本章要研究构件受力与变形的规律，就不能把物体视为刚体，而是要考虑物体的变形，称为变形体。

构件变形过大时，会降低工作精度，缩短使用寿命，甚至发生破坏。为了保证零件安全可靠地工作，就要求构件在工作载荷下具有足够的抵抗破坏的能力，即具有足够的强度；同时，在外力作用下，构件所产生的变形必须限制在正常工作允许的范围内，所以构件应具备足够的抵抗变形的能力，即所谓的刚度。另外，对于细长压杆类的构件，还要求其具有保持原有几何平衡形式的能力，即足够的稳定性。强度、刚度和稳定性决定了构件的工作能力，它们是材料力学研究的主要内容。

8.1 承载能力分析基本知识

8.1.1 变形体基本假设

由于制造零件所用的材料种类很多，其具体组成和微观结构又非常复杂，为便于研究，需要根据工程材料的主要性质，对所研究的变形固体做出如下假设：

1. 连续性假设

认为制造构件的物质毫无空隙地充满构件所占有的整个空间，是理想的连续介质。据此假设，即可认为构件内部的各物理量是连续的，因而可用坐标的连续函数表述它们的变化规律。实际上，从物质结构来说，组成固体的粒子之间并不连续。但它们之间的空隙与构件尺寸相比是极其微小的，可以忽略不计。

2. 均匀性假设

认为在构件内部各处材料的力学性质完全一样,即在同一构件内各部分材料的力学性质不随位置的变化而改变。据此假设,可以任意选取微小部分(微元体)来研究材料的力学性质,并可将其结果应用于整个构件。实际上,材料的基本组成部分的性质并不完全相同,如常用的金属材料,多是由两种或两种以上元素的晶粒组成,不同元素晶粒的机械性质并不完全相同,但固体构件的尺寸远远大于晶粒尺寸。它所包含的晶粒为数极多,而且是无规则地排列,其机械性质是所有晶粒机械性质的统计平均值。

3. 各向同性假设

认为在构件内部材料的力学性质在各个方向都相同,即假设材料的力学性质和材料的方向无关,如玻璃。当然,有些材料,如纤维织品、木材等需按各向异性材料来考虑。

实验结果表明,根据这些假设得到的理论,都基本符合工程实际。而本课程只限于分析构件的小变形,所谓小变形是指构件的变形量远小于其原始尺寸。因此,在确定构件的平衡和运动时,可不计其变形量,仍按原始尺寸进行计算,从而简化计算过程。

8.1.2 内力与应力

1. 内力

构件工作中受到的其他物体对它的作用力称为外力,包括主动力和约束反力。外力的作用会引起物体内部各质点之间的相对位置及相互作用力发生改变,表现出来就是构件发生了变形。构件内部质点之间相互作用力(固有内力)的改变量即由外力作用而引起"附加内力"简称内力。内力随外力大小的不同而变化,当其达到某一限度时,将会引起构件的破坏。因此,构件的内力大小及分布方式与其承载能力之间有密切的关系,研究和分析内力是解决强度、刚度和稳定性等问题的基础。

内力可通过截面法求得。假想地沿某截面把杆件截成两段,用内力来代替两段在该截面处的相互作用。然后任取一段进行研究,应用平衡条件列出方程,求出内力。

现以两端受轴向拉力 p 作用的直杆为例说明求内力的方法。

欲求横截面 $m-m$ 上的内力,必须先将其内力显露出来。为此,假想把杆件沿横截面 $m-m$ 分成两部分,如图 8-1(a)所示。任取一部分,例如,取杆件左部为研究对象。根据连续性假设,右部作用于左部的内力,应沿横截面连续分布。为了维护保留部分的平衡,分布内力的合力应为沿杆轴线作用的力 N,称内力 N 为轴力。根据作用力与反作用力定律知道,杆件左部对右部作用的内力,必然大小相等、方向相反,如图 8-1(b)和图 8-1(c)所示,然后可任选一部分（如左部）的平衡条件求轴力 N 的大小，即 $N=p$。

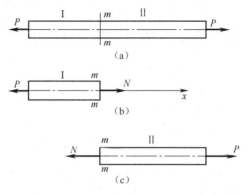

图 8-1 截面法

截面法求解内力的一般步骤：

（1）求某一截面上的内力时，就沿该截面假想地把构件分为两部分，弃去任一部分，保留另一部分作为研究对象。

（2）用作用在截面上的内力，代替弃去部分对保留部分的作用，一般假设内力为正。

（3）建立保留部分的平衡条件，确定未知内力。

2. 应力

由经验可知，用相同的力拉材料相同、截面积不同的杆，当拉力增加时，虽然两杆的内力相同，但截面积小的杆先被拉断。这表明，在材料相同的情况下，判断杆件破坏的依据不是内力的大小，而是内力在截面上分布的密集程度——内力集度。

如图 8-2 所示，在截面上任一点 C 处附近取微小面积 ΔA，ΔA 上的内力合力为 ΔF，定义 ΔA 上内力的平均集度为

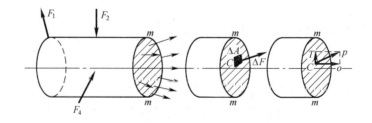

图 8-2 应力

$$p_m = \frac{\Delta F}{\Delta A} \tag{8.1}$$

称 p_m 为 ΔA 上的平均应力。一般来说，内力并不是均匀分布的，它将随着 ΔA

的缩小趋向均匀分布。当 ΔA 趋于零时,其极限值为

$$P = \lim_{\Delta A \to 0} \frac{\Delta F}{\Delta A} = \frac{dF}{dA} \tag{8.2}$$

称 P 为 C 点的应力。P 是个矢量,一般可将其分解成与截面垂直、相切的两个分量 σ 和 τ。垂直截面的分量 σ 称为正应力,与截面相切的应力分量 τ 称为切应力。

在国际单位制中,应力的基本单位是牛/米² (N/m²),称为帕斯卡,简称帕 (Pa)。工程中常用的单位为 MPa (兆帕)、GPa (吉帕),它们的关系如下:

$$1Pa = 1N/m^2, \quad 1kPa = 10^3 Pa$$
$$1MPa = 10^6 Pa, \quad 1GPa = 10^9 Pa$$

8.1.3 构件的基本变形

由于载荷种类、作用方式及约束类型不同,构件受载后就会发生不同形式的变形。从这些变形中可归纳出 4 种基本变形,即轴向拉伸与压缩 [图 8-3 (a)]、剪切 [图 8-3 (b)]、扭转 [图 8-3 (c)] 和弯曲 [图 8-3 (d)]。实际构件的变形是多种多样的,可能只是某一种基本变形,也可能是这 4 种基本变形中两种或两种以上的组合,称为组合变形。

8.1.4 机械零件的失效

机械零件在使用过程中,由于设计、材料、工艺及装配等各种原因,使其丧失规定的功能,无法继续工作的现象称为失效。

1. 强度失效

工程实际中,要求零部件在正常工作时不应破坏,即在载荷作用下不能发生屈服或断裂,把零部件抵抗破坏的能力称为零部件的强度。零件由于屈服或断裂引起的失效称为强度失效。

2. 刚度失效

零部件在载荷作用下会产生变形,如果变形超过一定限度,就影响零件的正常工作。例如,吊车梁若因载荷过大而发生过度的变形,吊车梁就不能正常工作;齿轮传动轴若变形过大时,轴承、齿轮会加剧磨损,降低寿命,影响齿轮的啮合,使机器不能正常运转。所以,把零件抵抗变形的能力称为零件的刚度。零件由于过大的弹性变形引起的失效称为刚度失效。

3. 稳定性失效

对于受压的细长杆件,如顶起汽车的千斤顶螺杆或液压缸中的活塞杆,当压力超过某一数值时,杆件就会从直线的平衡形式突然变弯。这种突然改变其原有直线平衡状态的现象,称为丧失稳定性(简称失稳)。因此,把压杆能够维持原有直线平衡状态的能力,称为压杆的稳定性。零件由于受压,不能保持原有的

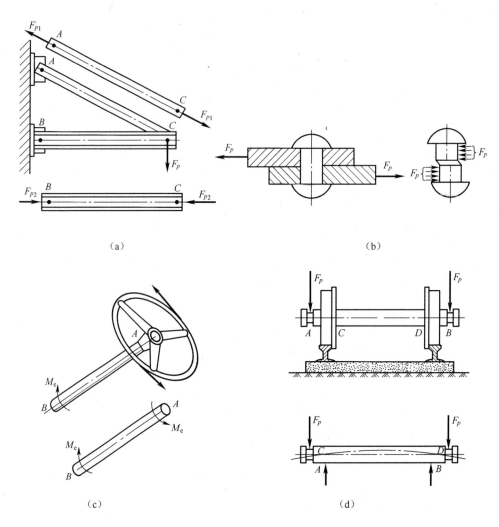

图 8-3 杆件的基本变形实例
(a) 拉伸实例；(b) 剪切实例；(c) 扭转实例；(d) 弯曲实例

平衡状态引起的失效称为稳定性失效。

1. 疲劳失效

疲劳破坏是材料在交变应力作用下，由于裂纹的形成和扩展而造成的低应力破坏。零件由于交变应力作用发生断裂而引起失效称为疲劳失效。

设计机械零件时，保证零件在规定期限内不产生失效所依据的原则，称为设计计算准则，主要有强度准则、刚度准则、寿命准则、振动稳定性准则和可靠性准则等。其中强度准则是设计机械零件首先要满足的一个基本要求。为保证零件工作时有足够的强度，设计计算时应使危险截面或工作表面的工作应力不超过零件的许用应力，即

$$\sigma \leqslant [\sigma] \tag{8.3}$$
$$\tau \leqslant [\tau] \tag{8.4}$$

8.2 轴向拉伸与压缩变形

8.2.1 轴向拉伸与压缩的概念

在工程中，常见到一些承受轴向拉伸或压缩的构件。例如，紧固螺栓 [图 8-4 (a)] 的螺栓杆受拉；简易起重机 [图 8-4 (b)] 的杆 BC 受拉而杆 AB 受压。此外，起重用的钢索，油压千斤顶的活塞杆等，都是承受轴向拉伸或压缩的构件。

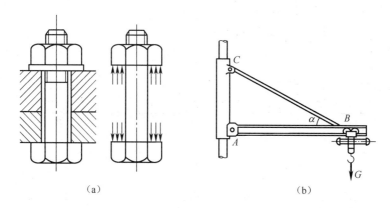

图 8-4 轴向拉伸或压缩实例

尽管这些承受拉伸或压缩的构件的外形不同，加载方式也不同，但这类构件共同的特点是：作用在杆两端的外力的合力作用线与杆的轴线重合，杆件的变形是沿着轴线方向的伸长或缩短。

8.2.2 拉压杆的内力和应力

1. 横截面上的内力

为了研究杆件拉、压时的强度问题，首先应该研究内力。横截面上的内力可采用上一节提到的截面法求得，常将拉压杆件横截面上内力的合力称为轴力。

如图 8-5 所示为一受拉伸的等截面直杆，用截面法可求得横截面上的轴力为 $N=F$。

因为杆件受拉伸与压缩时，其变形

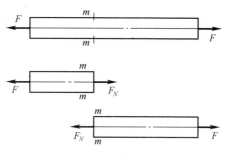

图 8-5 轴力

及破坏在性质上是有所不同的。为区别起见,轴力的符号由杆的变形确定。规定杆受拉伸时轴力为正,压缩时为负。在取分离体研究内力时,均先按正向设轴力 N(力矢离开截面,指向沿截面外法线方向),再列平衡方程($\sum X=0$),如求出的 N 为负值,即说明该段受压缩,或说明轴力为压力。

轴力的单位为牛顿(N)或千牛顿(kN)。

2. 轴力图

当杆件受多个轴向外力作用时,杆件各个横截面的轴力是不同的。为了形象地描述轴力 N 沿杆件轴线的变化规律,需要作出轴力图。

作轴力图的一般步骤为:

(1)建立坐标轴 $x-N$;

(2)根据截面法求出各截面的轴力,按一定的比例作图;

(3)在图上标出相应的数值和正负号。

例 8-1 一等截面直杆及其受力情况如图 8-6(a)所示。试作杆的轴力图。

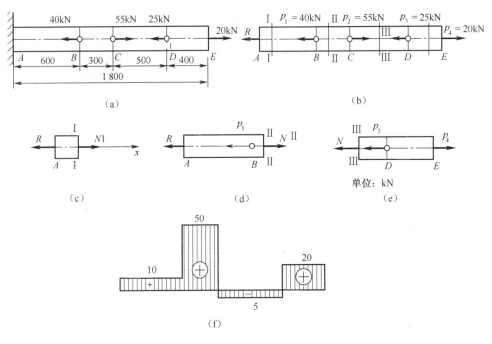

图 8-6 例 8-1 图

解:

为了运算方便,首先求出支反力 R。由整个杆的平衡方程,如图 8-6(b)所示。

$$\sum X=0, \quad -R-p_1+p_2-p_3+p_4=0$$
$$R=10\text{kN}$$

在求 AB 段内任一横截面上的轴力时，应用截面法研究截开后左段杆的平衡。假定轴力 N_I 为拉力 [图 8-6 (c)]，由平衡方程求得 AB 段内任一横截面上的轴力为

$$N_I = R = 10 \text{kN}$$

结果为正值，故与原先假定的拉力 N_I 相同。

同理，可求得 BC 段内任一横截面上的轴力 [图 8-6 (d)] 为

$$N_{II} = R + P_1 = 50 \text{kN}$$

在求 CD 段内的轴力时，可将杆截开后研究其右段，因为右段杆比左段杆上所受的外力较少，并假定轴力 N_{III} 为拉力 [图 8-6 (e)]。由

$$\sum X = 0, \quad -N_{III} - P_3 + P_4 = 0$$

得

$$N_{III} = -P_3 + P_4 = -5 \text{kN}$$

结果为负值，说明原先假定的 N_{III} 指向不对，即应为压力。

同理，可得 DE 段内任一横截面上的轴力 N_{IV} 为

$$N_{IV} = P_4 = 20 \text{kN} \ (拉力)$$

按前述作轴力图的规则，作出杆的轴力图如图 8-6 (f) 所示。N_{max} 发生在 BC 段内的任一横截面上，其值为 50kN。

3. 横截面上的正应力

为了求截面上的正应力，先来看以下的拉伸实验。在一等截面直杆的表面上刻画出横向线 ab、cd，当杆受一对轴向拉力 **P** 作用后，我们观察到 ab、cd 线平行向外移动到 $a'b'$、$c'd'$ [图 8-7 (b)]，并保持与轴线垂直。由此可推断，杆

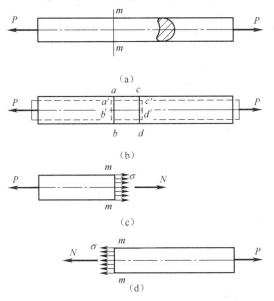

图 8-7 横截面的正应力

件在变形过程中横截面始终保持为平面。若假设杆件由无数条纵向纤维组成，那么 ab、cd 面间纤维随着横截面向外移动，每条纤维沿轴向产生的伸长量相同，由于材料是均匀连续的，所以各纤维所受的拉力也相同。由此得到，轴力在横截面上是均匀分布的，且方向垂直于横截面。所以得到横截面上拉伸正应力的计算公式为

$$\sigma = \frac{N}{A} \tag{8.5}$$

式中，N 为横截面的轴力（N）；A 为该截面的横截面面积（mm²）。正应力 σ 的正负号与轴力相对应，即拉应力为正，压应力为负。当 N、A 沿杆件轴向有变化时，应分段计算各段正应力的大小。

例 8-2 阶梯形圆截面杆轴向外载荷如图 8-8 所示。直径 $d_1=20\mathrm{mm}$，$d_2=30\mathrm{mm}$。求各段的轴力与正应力。

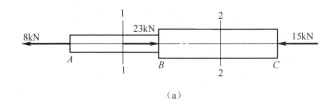

(a)

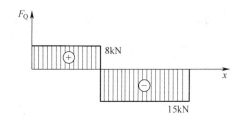

(b)

图 8-8 例 8-2 图

解：

（1）各段轴力及轴力图

在 B 点处将圆轴分成两段，在 AB 段内任取截面 1—1，保留左段（或右段），应用静力平衡条件可得到轴力

$$N_1 = 8\mathrm{kN}$$

在 BC 段，任取截面 2—2，可得轴力

$$N_2 = -15\mathrm{kN}$$

根据轴力 N_1、N_2 作轴力图 [图 8-8（b）]。

（2）计算各段横截面上的正应力

因为在 AB 和 BC 段上的轴力均为常量，故这两段上的正应力也为常量，即

$$\sigma_{1-1} = \frac{N_1}{A_1} = \frac{8 \times 10^3}{\frac{\pi}{4} \times 20^2 \times 10^{-6}}$$

$$= 25.5 \text{MPa}$$

$$\sigma_{2-2} = \frac{N_2}{A_2} = \frac{-15 \times 10^3}{\frac{\pi}{4} \times 30^2 \times 10^{-6}}$$

$$= 21.2 \text{MPa}$$

可见正应力的最大值 $\sigma_{max} = 25.5 \text{MPa}$。

8.2.3 拉(压)杆件的强度计算

1. 极限应力

在应力作用下,零件的变形和破坏与零件材料的力学性能有关。材料的力学性能是指材料在外力作用下所表现出来的与变形和破坏有关的性能。金属材料在拉伸和压缩时的力学性能通常通过试验的方法测定。在拉伸试验中,常将材料制成圆形或矩形截面的试件(图 8-9)。常温下将准备好的试件装夹在万能材料试验机上,然后缓慢加载。记录下各拉力 F 的数值及所对应的标距伸长量 Δl。将拉力 F 除以试件横截面的原始面积 A_0,得出试件横截面上的正应力 $\sigma = F/A_0$;再将伸长量 Δl 除以标距的原始长度 l_0,得出试件在工作段内的相对伸长量 $\varepsilon = \Delta l/l_0$,$\varepsilon$ 称为线应变。以 σ 为纵坐标,ε 为横坐标,绘出 $\sigma-\varepsilon$ 的关系曲线(图 8-10),称为应力-应变图。

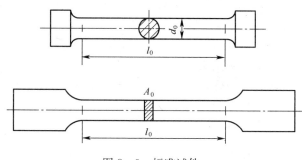

图 8-9 标准试件

通过对低碳钢 [图 8-10 (a)] 的 $\sigma-\varepsilon$ 曲线分析可知,试件在拉伸过程中经历了弹性变形阶段(*Oab* 段)和塑性变形阶段(*bcde* 段),其中塑性变形阶段又分为屈服(*bc* 段)、强化(*cde* 段)和局部变形阶段(*ef* 段),直至 *f* 点材料被拉断。

材料的弹性变形阶段由 *Oa* 和 *ab* 两段构成。在 *Oa* 段,试件的变形与应力呈线性关系,应力 σ_p 称为比例极限。当应力超过 *a* 点时,σ 与 ε 之间的关系不再是直线,变成了微弯曲线 *ab*。若除去拉力,试件的变形仍能完全消除。*b* 点所对应

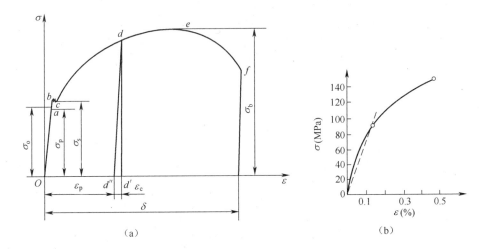

图 8-10 应力—应变图
(a) 低碳钢的应力—应变图；(b) 铸铁拉伸的应力—应变图

的应力 σ_e 是试件只产生弹性变形时应力的极限值，称为弹性极限。由试验可知：$\sigma-\varepsilon$ 曲线上的 a 点与 b 点很接近，即 σ_p 与 σ_e 相差很小，试验时很难区分，因此工程应用中不加以严格区分。

在塑性变形阶段，试件产生的变形是不可恢复的永久变形，对于低碳钢一类的塑性材料，产生塑性变形是构件的破坏形式之一。应力 σ_s 称为屈服极限，当应力达到了材料的屈服极限时，将产生明显的塑性变形，影响其正常工作，一般认为这时构件已经丧失正常工作能力。

试件在拉断前所能承受的最大应力 σ_b 称为强度极限，当实际应力达到了材料的强度极限时，将会出现断裂破坏。

对于铸铁一类的脆性材料 [图 8-10 (b)]，拉伸时的应力—应变关系曲线图上无明显的直线部分，无屈服阶段，无颈缩现象，在较小的应力、较小的变形下试件就被拉断。铸铁拉断时的最大应力，即强度极限，记为 σ_{bl}。脆性材料的拉伸与压缩强度极限一般不同，对于压缩强度极限，记为 σ_{by}。

上述弹性极限 σ_e、屈服极限 σ_s 和强度极限 σ_b 分别是材料处在弹性变形阶段、出现塑性变形、断裂前所能承受的最大应力，称为极限应力，不同材料的极限应力可从有关手册中获得。

2. 许用应力和安全系数

零件在失效前，允许材料承受的最大应力称为许用应力，用 $[\sigma]$ 表示。为保证构件在工作中安全、正常工作，零件必须有一定的强度储备。为此用极限应力除以一个大于 1 的系数 n，其结果为构件的材料许用应力。

对于塑性材料，当应力达到屈服点时，零件将发生显著的塑性变形而失效。

考虑到其拉压时的屈服点相同，故拉压许用应力同为

$$[\sigma] = \frac{\sigma_s}{n} \tag{8.6}$$

对于脆性材料，无明显塑性变形下即出现断裂而失效，故其拉、压许用应力分别取

$$[\sigma_l] = \frac{\sigma_{bl}}{n} \quad [\sigma_y] = \frac{\sigma_{by}}{n}$$

式中，n 为安全系数。安全系数 n 不仅反映了人们为构件规定的强度储备，同时也起着调节工程中安全与经济之间矛盾的作用。如安全系数取值偏大，则许用应力较低，构件偏于安全，但用料过多而不够经济；反之，安全系数偏小，虽然用料较省，但安全性得不到保证。因此，安全系数的选择是否合理，是解决安全与经济之间矛盾的关键问题，也是很复杂的实际问题。对于由塑性材料制造的构件，一般取 $n=1.2\sim2.5$；对于用脆性材料制造的构件，由于材质不均，容易突然破坏，取值应偏大些，一般 $n=2\sim3.5$，甚至取 $3\sim9$。

3. 轴向拉伸（压缩）的强度条件

为保证轴向拉伸（压缩）时杆件具有足够的强度，就要求杆件在工作中的最大工作应力不超过许用应力，即

$$\sigma = \frac{N}{A} \leqslant [\sigma] \tag{8.7}$$

式中，N 为杆件危险截面上的轴力（N）；A 为杆件危险截面上的面积（mm^2）；$[\sigma]$ 为材料的许用应力（MPa）。

根据上述强度条件，可以解决直杆轴向拉伸（压缩）时三类强度计算问题。

(1) 强度校核

若已知杆件尺寸、载荷大小和材料的许用应力，即可用上式校核杆件是否满足强度要求。

(2) 设计截面尺寸

若已知杆件所承担的载荷及材料的许用应力，则可以由下式确定杆件所需要的截面面积：

$$A \geqslant \frac{N}{[\sigma]}$$

(3) 确定许可载荷

若已知杆件的尺寸和材料的许用应力，由下式可求得杆件所能安全承受的最大轴力：

$$N \leqslant [\sigma] A$$

根据杆件的最大轴力，就可以进一步确定外载荷。

例 8-3 起重机的机构简图如 8-11（a）所示。支承杆 BC 与水平固定面垂直，杆 CD 与 BC 用拉杆 BD 相连。已知钢索 AB 的横截面面积为 $500mm^2$，

钢索材料的许用应力 $[\sigma]=40\mathrm{MPa}$，起重物重为 $G=30\mathrm{kN}$，试校核钢索 AB 的强度。

解：

首先应求得钢索 AB 的内力，再求其应力。为此应解除钢索和支座 C，以构架 BCD 为研究对象，并画出其受力图 [图 8 - 11 (b)]。钢索 AB 长为

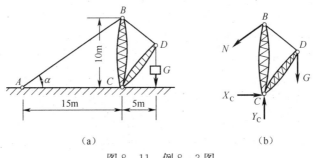

图 8 - 11　例 8 - 3 图

$$AB=\sqrt{AC^2+BC^2}=\sqrt{15^2+10^2}\,\mathrm{m}=18.02\mathrm{m}$$

由平衡方程 $\sum M_c=0$ 得

$$N\cos\alpha BC-5G=0$$

$$N=\frac{5G}{BC\cos\alpha}=\frac{5\times30}{\dfrac{15}{18.02}\times10}\mathrm{kN}=18\mathrm{kN}$$

而钢索的工作应力为

$$\sigma=\frac{N}{A}=\frac{18\times10^3}{500}\mathrm{MPa}=36\mathrm{MPa}$$

由强度条件可知

$$\sigma_{\max}=\sigma=36\mathrm{MPa}<[\sigma]=40\mathrm{MPa}$$

故钢索 AB 的强度足够。

例 8 - 4　如图 8 - 12 所示机构为一简易吊车的简图，斜杆 AB 为直径 $d=25\mathrm{mm}$ 的圆形钢杆，材料为 Q235 钢，许用应力 $[\sigma]=160\mathrm{MPa}$，试按照斜杆 AB 的强度条件确定许用外载荷 $[F_p]$。

解：

由斜杆 BC 的平衡方程 $\sum M_C$ 得

$$F_N\sin30°\times3200-F_P\times4000=0$$

$$F_N=\frac{F_P\times4000}{\sin30°\times3200}=2.5F_P$$

由拉伸强度条件得

$$\frac{F_N}{A_{AB}}\leqslant[\sigma]$$

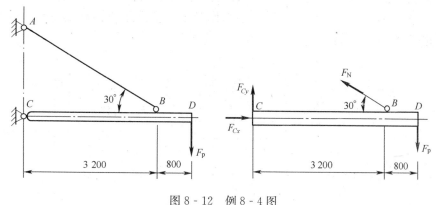

图 8-12 例 8-4 图

联立以上两式解得

$$F_p \leqslant \frac{[\sigma] \times \pi \times d^2}{4 \times 2.5} = \frac{160 \times 10^6 \times 3.14 \times 0.025^2}{4 \times 2.5} \text{N} = 31.4 \text{kN}$$

即吊车的许可载荷为 $[F_p] = 31.4 \text{kN}$。

8.3 剪切与挤压

8.3.1 剪切实用计算

1. 剪切的概念

如图 8-13 所示剪床剪切钢板时，剪床上的上下刀刃以大小相等、方向相反、作用线距离很近的两个力作用在钢板上，在 $m—n$ 截面的左右两侧钢板沿截面 $m—n$ 发生相对错动，直到最后被剪断。杆变形时，这种截面间发生相对滑动的变形，称为剪切变形。剪切变形的受力特点是外力大小相等，方向相反，作用线相距很近；变形特点是截面沿外力作用的方向发生相对错动。产生相对错动的截面（$m—n$），称为剪切面。剪切面平行于外力作用线，且在两个反向外力作用线之间。

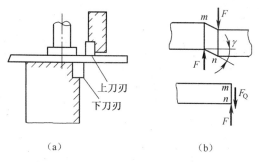

图 8-13 剪切变形实例一

机械中的连接件,受剪切作用的实例还很多,如螺栓、铆钉[图8-14(b)]和销[图8-14(c)]等,在外力作用下,都是承受剪切的零件,因此,必须进行剪切强度计算。

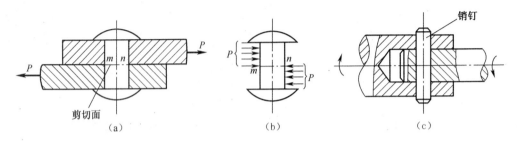

图8-14 剪切变形实例二

2. 剪力

构件受到外力作用产生变形,构件内部各部分之间因变形而使相对位置改变所产生相互作用力称为内力。那么,构件承受剪切变形时其内力如何呢?下面以螺栓为例运用截面法分析剪切面上的内力。

如图8-15中的螺栓,假如沿剪切面$m-n$将螺栓分为两段,任取一段为研究对象。由平衡条件可知,剪切面上内力合力的作用线应与外力平行,沿截面作用的内力,称为剪力,常用Q表示。剪力Q的大小,可由平衡条件$\sum F_x = 0$,$P-Q=0$得$Q=P$。

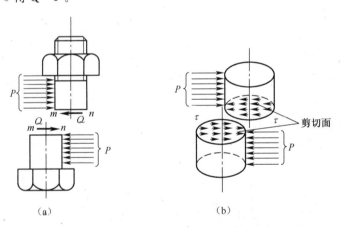

图8-15 剪切计算实例

3. 切应力

切应力在剪切面上的分布规律较复杂,工程上采用实用计算法,假设切应力τ均匀分布在剪切面上。设剪切面的面积为A(mm^2),剪力为Q(N),则剪切面上的平均切应力为:

$$\tau = \frac{Q}{A} \tag{8.8}$$

4. 剪切强度条件

为了保证剪切变形时构件工作安全可靠,剪切强度条件为:

$$\tau = \frac{Q}{A} \leqslant [\tau] \tag{8.9}$$

式中,$[\tau]$ 为材料的许用切应力(MPa),其大小等于材料的剪切极限应力除以安全系数。剪切极限应力由试验测定。许用切应力 $[\tau]$ 可从有关手册中查得,也可按下列近似的经验公式确定。

塑性材料　　$[\tau] = (0.6 \sim 0.8)[s]$

脆性材料　　$[\tau] = (0.8 \sim 1)[s]$

式中,$[\tau]$ 为材料拉伸许用应力。和轴向拉伸或压缩一样,应用剪切强度条件也可以解决工程上剪切变形的三类强度问题。

8.3.2 挤压实用计算

1. 挤压的概念

螺栓、销钉、铆钉等连接件在承受剪切力的同时,在连接件和被连接件的接触面上还将相互压紧,由于局部承受较大的压力,从而出现压陷、起皱等塑性变形的现象[图 8 - 16(b)],这种现象称为挤压破坏。作用于接触面间的压力,称为挤压力,用符号 F_P 表示。构件上发生挤压变形的表面称为挤压面。挤压面就是两构件的接触面,一般垂直于外力方向。

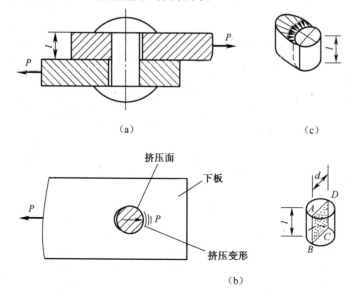

图 8 - 16　挤压计算实例

2. 挤压强度条件

挤压面上的压强,称为挤压应力,用字母 σ_P 表示。由于挤压应力在挤压面上分布也很复杂[图 8 - 16 (c)],因此也需采用"实用计算法"按平均挤压应力建立其强度条件,即:

$$\sigma_P = \frac{F_P}{A_P} \leqslant [\sigma]_P \tag{8.10}$$

式中,F_P 为挤压面上的挤压力 (N);A_P 为挤压面积 (mm);$[\sigma]_P$ 为材料许用挤压应力 (MPa)。其值由试验而定,设计时可查有关手册。根据试验积累的数据有:

钢材 $[\sigma]_P = (1.5 \sim 2.5)[\sigma]$

脆性材料 $[\sigma]_P = (0.9 \sim 1.5)[\sigma]$

必须指出,如果互相挤压的材料不同,应按许用挤压应力低的材料进行强度计算。

3. 挤压面积的计算

若接触面为平面,则挤压面积为接触面积,如键连接。若接触面为曲面,如铆钉、销等圆柱形连接件,其接触面近似为半圆柱面。按照挤压应力均匀分布于半圆柱面上的假设,挤压面积为半圆柱面的正投影面积[图 8 - 16 (d)]中的矩形 $ABCD$ 面积,即 $A_P = d \times t$,d 为铆钉、销等的直径,t 为铆钉、销等与孔的接触长度。

例 8.5 电瓶车挂钩用插销连接如图 8 - 17 所示,已知 $t = 8$mm,插销的材料为 20 钢,$[\tau] = 30$MPa,$[\sigma]_P = 100$MPa,牵引力 $P = 15$kN。试选定插销的直径 d。

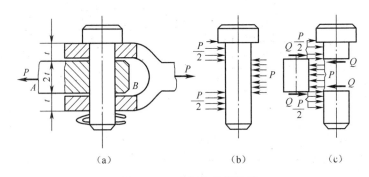

图 8 - 17 电瓶车的销连接

解:

以插销为研究对象,受力情况如图 8 - 17 (b)、图 8 - 17 (c) 所示,求得

$$Q = P/2 = 15/2 \text{kN} = 7.5 \text{kN}$$

先按剪切强度进行设计:

$$A \geqslant \frac{Q}{[\tau]} = \frac{7500}{30 \times 10^6} \mathrm{m}^2 = 2.5 \times 10^{-4} \mathrm{m}^2$$

即

$$\frac{\pi d^2}{4} \geqslant 2.5 \times 10^{-4} \mathrm{m}^2$$

得

$$d \geqslant 0.0178 \mathrm{m} = 17.8 \mathrm{mm}$$

再用挤压强度条件进行校核

$$\sigma_P = \frac{F_P}{A_P} = \frac{P}{2td} = \frac{15000}{2 \times 8 \times 17.8 \times 10^{-6}} \mathrm{N/m}^2$$

$$= 52.7 \times 10^6 \mathrm{N/m}^2 = 52.7 \mathrm{MPa} < [\sigma]_P$$

所以挤压强度也是足够的。查机械设计手册，最后采用 $d = 20\mathrm{mm}$ 的标准圆柱销。

8.4 扭 转

8.4.1 基本概念

如图 8-18（a）所示的汽车转向盘轴、图 8-18（b）所示的传动系统的传动轴等，这些轴在工作时，其两端都受到两个大小相等、方向相反且作用面垂直于轴线的力偶作用，致使轴的任意两截面都绕轴线产生相对转动，这种变形称为扭转变形。传动轴在传递动力时主要产生扭转变形。

传动轴扭转变形要受到扭转切应力的作用，切应力超过一定极限值时就会导致轴的扭转破坏，要保证轴安全、可靠地工作，必须满足强度条件。此外，轴的扭转变形量也必须控制在一定范围内，否则就会影响轴上零件的正常工作，甚至会破坏机器的工作性能。因此，在设计重要轴时，必须校核轴的变形量，使之不超过许用值，这在轴的设计中称为刚度计算。

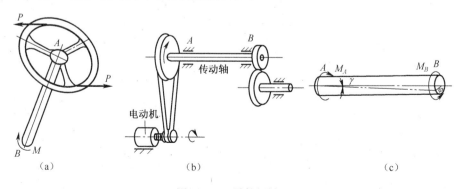

图 8-18 零件扭转

8.4.2 外力偶矩的计算、扭矩和扭矩图

在轴的结构设计中，往往是先知道工作机的功率，通过效率计算，确定所选电动机的额定功率和转速，并计算出轴传递的功率。这样就可以根据理论力学的公式来计算外力偶矩 T：

$$T = 9550\frac{P}{n} \tag{8.11}$$

式中，T 为外力偶矩（N·m）；P 为轴传递的功率（kW）；n 为轴的转速(r/min)。

传动轴在外力偶矩作用下，横截面上将产生抵抗扭转变形和破坏的内力，称为扭矩。作用在轴上的外力偶矩 T 求出后，即可用截面法研究横截面上的内力即扭矩 M_t。

如图 8-19 所示，如假想地将传动轴沿 m—m 截面分为两部分，并取截面左段作为研究对象［图 8-19（b）］，则由于整个轴是平衡的，因而截面左段也应处于平衡状态，这就要求截面上的内力系必须归结为一个内力偶矩 M_t 来与外力偶矩平衡。由左段的平衡条件 $\sum M = 0$，求出：

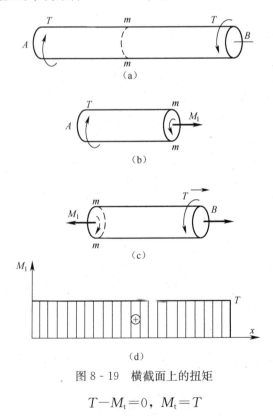

图 8-19 横截面上的扭矩

$$T - M_t = 0, \quad M_t = T$$

M_t 称为 $m—m$ 截面上的扭矩,它是左右两部分在 $m—m$ 截面上相互作用的内力系的合力偶矩。

如果取截面右段作为研究对象[图 8-19(c)],同样可以求得 $M_t = T$ 的结果。

为了使无论用哪一部分作为研究对象所求出的同一截面上的扭矩不仅数值相等,而且符号也相同,通常采用右手螺旋法则来规定扭矩的正负号。即用右手四指表示扭矩的转向,则拇指的指向离开截面时的扭矩为正,反之为负。根据这一符号规则,在图 8-19 中,$m—m$ 截面上的扭矩,无论是用左边还是用右边部分,求出的结果都是相同的。

为了形象地表示各截面扭矩的大小和正负,常需画出扭矩随截面位置变化的图形,这种图形称为扭矩图。其画法和轴力图相同,取平行于轴线的横坐标 x 表示各截面的位置,垂直于轴线的纵坐标 M_t 表示相应截面上的扭矩,正扭矩画在 x 轴上方,负扭矩画在 x 轴下方。如图 8-19(d)所示。下面通过例子来进一步说明扭矩的计算和扭矩图的绘制。

例 8.6 图 8-20(a)所示的传动轴,已知转速 $n=955$r/min,功率由主动轮 B 输入,输入功率 $P_B=50$kW,通过从动轮 A、C 输出,输出功率分别为 $P_A=20$kW,$P_C=30$kW,求轴的扭矩,并绘制扭矩图。

解:
(1) 外力偶计算

作用在 A、B、C 轮上的外力偶矩分别为:

$$T_A = 9550 \frac{P_A}{n} = 9550 \times \frac{20}{955} \text{N} \cdot \text{m} = 200 \text{N} \cdot \text{m}$$

$$T_B = 9550 \frac{P_B}{n} = 9550 \times \frac{50}{955} \text{N} \cdot \text{m} = 500 \text{N} \cdot \text{m}$$

$$T_C = 9550 \frac{P_C}{n} = 9550 \times \frac{30}{955} \text{N} \cdot \text{m} = 300 \text{N} \cdot \text{m}$$

(2) 计算扭矩,画轴的扭矩图

用截面法分别计算 AB、BC 段的扭矩。设 AB 和 BC 段的扭矩均为正,并分别用 M_{t1} 和 M_{t2} 表示,则由图 8-20(b)和图 8-20(c)可知

$$M_{t1} = T_A = 200 \text{N} \cdot \text{m}$$
$$M_{t2} = -T_C = -300 \text{N} \cdot \text{m}$$

作扭矩图如图 8-20(d)所示,图中显示轴 AC 的危险截面在 BC 段

$$|M_t|_{\max} = |M_{t2}| = 300 \text{N} \cdot \text{m}$$

8.4.3 传动轴扭转时的应力与强度计算

1. 传动轴扭转时的应力

工程中最常见的传动轴是等截面圆轴。本节主要研究等截面圆轴扭转时横截

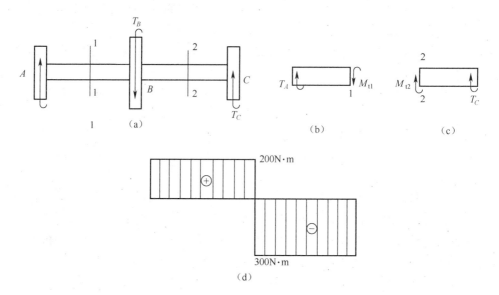

图 8-20 例 8.6 图

面上的应力分布规律,即确定横截面上各个点的应力。

取一圆截面直杆,在其表面画出许多等间距的圆周线和纵向线,形成矩形网格 [图 8-21 (a)],然后施加力偶矩使圆杆产生扭转变形。如图 8-21 (b) 所示。在小变形的情况下,可以观察到下列现象:各圆周线均绕轴线相对地旋转了一个角度,但形状大小和相邻两圆周线之间的距离均未发生变化。同时,所有纵向线都倾斜了一个微小角度 γ,表面上的矩形网格变成了平行四边形。可假设圆杆内部各圆柱面变形情况与外表面相似,则可推出传动轴在扭转变形时,各横截面变形后仍保持为平面,且形状和大小都不变,半径仍为直线。这一假设被称为平面假设。按照这一假设,轴在扭转变形时,各截面就像刚性平面一样,绕轴线旋转了一个角度,截面之间的距离保持不变。

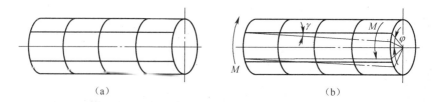

图 8-21 圆轴的扭转变形

由此得出以下结论:

(1) 由于横截面间的距离不变,故在横截面上不会产生拉、压正应力。

(2) 由于圆柱面上矩形网格发生相对错动,因而横截面上必有切应力存在。又因半径长度不变,可知截面上的切应力方向必与半径垂直。

根据上述讨论，利用变形几何关系、胡克定律及静力平衡关系可以推出横截面上任意一点处的切应力的计算公式：

$$\tau_\rho = \frac{M_t \rho}{I_P} \tag{8.12}$$

式中，M_t 为圆轴横截面上的扭矩（N·m）；ρ 为横截面上任一点到圆心的距离（m）；I_P 是横截面对形心的极惯性矩，是只与截面形状和尺寸有关的几何量，单位是 m^4。

上式表明，横截面上各点切应力的大小与该点到圆心的距离成正比，圆心处的切应力为零，轴周边的切应力最大，在半径为 ρ 的同一圆周上各点切应力相等。圆轴横截面上的切应力沿半径的分布规律如图 8-22 和图 8-23 所示。

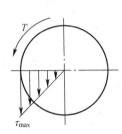
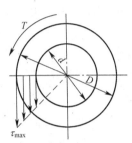

图 8-22 实心圆轴切应力分布规律　　图 8-23 空心圆轴切应力分布规律

当 ρ 等于横截面半径 R（ρ_{max}）时，切应力将达最大值即：

$$\tau_{max} = \frac{M_t R}{I_P} \tag{8.13}$$

令 $W_t = \frac{I_P}{R}$，则上式可以写成

$$\tau_{max} = \frac{M_t}{W_t} \tag{8.14}$$

式中，W_t 是仅与截面尺寸有关的几何量，称为抗扭截面系数，单位为 m^3。当 M_t 一定时，W_t 越大，则 t_{max} 越小，说明载荷在横截面上产生的破坏越小。

2. I_P 与 W_t 的计算

直径为 d 的圆截面的极惯性矩为：

$$I_P = \frac{\pi d^4}{32} \approx 0.1 d^4$$

其抗扭截面模量为：

$$W_t = \frac{I_P}{R} = \frac{\pi d^4/32}{d/2} = \frac{\pi d^3}{16} \approx 0.2 d^3$$

对于外径为 D，内径为 d 的圆环截面，设比值 $\alpha = d/D$，则可得：

$$I_P = \frac{\pi D^4}{32} - \frac{\pi d^4}{32} \approx 0.1 D^4 (1-\alpha^4)$$

其抗扭截面模量为：

$$W_t = \frac{I_P}{R} = \frac{\pi D^3}{16}(1-\alpha^4) \approx 0.2D^3(1-\alpha^4)$$

3. 扭转强度条件

为了保证构件扭转时的强度，必须限制轴上危险截面的最大切应力不超过材料的许用剪切应力 $[\tau]$，即传动轴扭转时的强度校核公式为

$$\tau_{max} = \frac{M_{tmax}}{W_t} \leqslant [\tau] \tag{8.15}$$

式中，M_{tmax} 为危险截面上的扭矩（N·m）；W_t 为抗扭截面系数（m³），许用切应力 $[\tau]$ 是通过试验得到材料的扭转极限应力后，除以其安全系数后得到的。进一步研究可以找出许用切应力 $[\tau]$ 和许用正力应 $[\sigma]$ 之间的关系为：

塑性材料　　$[\tau] = (0.5 \sim 0.6)[\sigma]$

脆性材料　　$[\tau] = (0.8 \sim 0.1)[\sigma]$

例 8.7　直径为 $d=50$mm 的等截面钢轴由 20kW 的电动机带动，如图 8-24 所示。

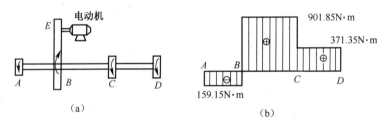

图 8-24　例 8.7 图

（1）扭矩图及危险截面

外力偶矩计算

$$T_A = 9550\frac{P_A}{n} = 9550 \times \frac{3}{180} \text{N·m} = 159.15 \text{N·m}$$

$$T_B = 9550\frac{P_B}{n} = 9550 \times \frac{20}{180} \text{N·m} = 1061 \text{N·m}$$

$$T_C = 9550\frac{P_C}{n} = 9550 \times \frac{10}{180} \text{N·m} = 530.3 \text{N·m}$$

$$T_D = 9550\frac{P_D}{n} = 9550 \times \frac{7}{180} \text{N·m} = 371.35 \text{N·m}$$

由此可得 AD 轴扭矩如图 8-24（b）所示。由图可知，危险截面在 BC 段。

（2）强度校核

$$\tau_{max} = \frac{M_{tmax}}{W_t} = \frac{901.85 \times 16}{\pi \times 0.05^3} \text{Pa} = 36.75 \times 10^6 \text{Pa} = 36.75 \text{MPa} < [\tau] = 38 \text{MPa}$$

所以强度满足要求。

8.5 弯　　曲

8.5.1 固定心轴平面弯曲的概念和实例

在工程中，常见到弯曲变形的构件，如火车轮轴（图8-25），自行车前轮的心轴，刀具轧辊等，这些构件的受力和变形特点是：作用于杆件上的外力或外力偶垂直于杆件的轴线，使杆的轴线变形后成曲线，这种变形称为弯曲变形，简称弯曲。凡以弯曲变形为主的轴，习惯称为梁。机器中大多数的梁，如图8-26（a）和图8-26（b）所示，其横截面上一般都有一对称轴（y轴），通过对称轴和梁的轴线（x轴）构成一个纵向对称面，如果外力都作用在梁的纵向对称面内，则梁的轴线就在纵向平面内弯成一条平面曲线，这种弯曲变形称为平面弯曲。

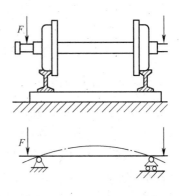

图 8-25　弯曲实例

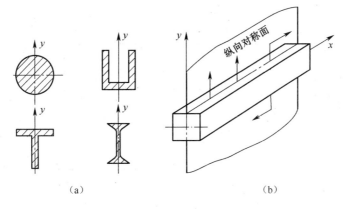

图 8-26　梁的纵向对称面

8.5.2 梁的计算简图

梁的支承情况和载荷作用形式往往比较复杂。为了便于分析计算，常进行简化。根据梁所受的约束情况，经过简化，梁有三种典型形式：

1）简支梁

梁的两端均为铰支座，其中一端为固定铰支座，另一端为可动铰支座，如图8-27（a）所示。

2）外伸梁

梁用铰支座支承，但梁的一端或两端伸于支座之外，如图8-27（b）所示。

3) 悬臂梁

梁的一端为固定端，另一端为自由端，如图 8-27（c）所示。

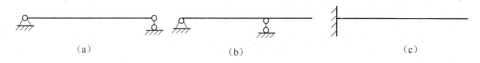

图 8-27　梁的计算简图

以上三种梁的未知约束反力最多只有三个，应用静力平衡条件就可以确定。

8.5.3　梁的弯曲内力（剪力和弯矩）

作出梁的计算简图，确定梁上所有外力（载荷和支反力）后，就可以用截面法进一步研究梁的各横向截面的内力。

1. 横截面上的内力（剪力和弯矩）

用截面法求梁的内力

例 8.8　求图 8-28 所示梁中距离左端点为 x 的截面的弯曲内力。

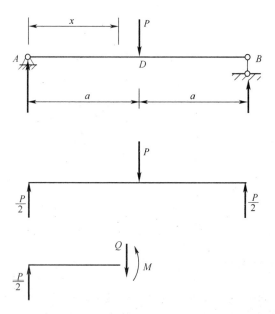

图 8-28　例 8.8 图

解：

设支反力 R_A、R_B 的方向向上

由 $\sum M_A = 0$，得

$$-P \times a + R_B \times 2a = 0$$

$$R_B = \frac{P}{2}$$

由 $\sum Y = 0$,得

$$R_A - P + R_B = 0$$

$$R_A = \frac{P}{2}$$

假想在所求内力截面将梁截开,以左半部分为研究对象。由于整根梁是平衡的,其左半部分必处于平衡状态。截面以左部分受外力作用,根据平衡条件,截面上必存在一个沿竖直方向与截面平行的内力,称为剪力,用 Q 表示,又因外力和剪力 Q 组成一个力偶。因此也必存在一个与梁的轴线垂直的力偶 M,称为弯矩,以维持左段梁的平衡。剪力 Q 和弯矩 M 均为截面上的弯曲内力。由 $\sum Y = 0$ 得

$$\frac{P}{2} - Q = 0$$

$$Q = \frac{P}{2}$$

由所有外力对截面形心的力矩的代数和为零,即由 $\sum M_O = 0$ 得

$$-\frac{P}{2}x + M = 0$$

$$M = \frac{P}{2}x$$

由于所求截面为 AD 段梁的任一截面,所以上例中所求的剪力和弯矩为 AD 段梁任意截面的剪力和弯矩。也可以以梁的右段为研究对象来计算,结果是相同的。

2. 剪力和弯矩的符号规定

为了使同一截面两边的剪力和弯矩在正负号上统一起来,根据梁的变形情况做如下规定:梁变形后,若凹面向上,截面上的弯矩为正;反之,若凹面向下,截面上的弯矩为负,如图 8-29 所示。

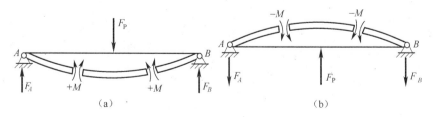

图 8-29 梁上弯矩的符号

根据上述正负号的规定,在截面法的基础上,进一步综合归纳后,可得出剪力和弯矩的计算有以下规律:

（1）横截面的剪力，在数值上等于该截面左边（或右边）梁上所有外力在与梁轴线垂直方向（即 y 轴）上投影的代数和。横截面左边梁上向上的外力（或右边梁上向下的外力）产生正剪力；反之产生负剪力。

（2）若取梁的左段为研究对象，横截面上的弯矩的大小等于此截面左边梁上所有外力（包括力偶）对截面形心力矩的代数和，外力矩为顺时针时，截面上的弯矩为正，反之为负。若取梁的右段为研究对象，横截面上的弯矩的大小等于此截面右边梁上所有外力（包括力偶）对截面形心力矩的代数和，外力矩为逆时针时，截面上的弯矩为正，反之为负。

有了上述规律后，在实际计算中就不必用假设截面将截面截开，再用平衡方程求弯矩，而可直接利用上述规律求出任意截面上的弯矩值及其转向。

3. 剪力图和弯矩图

为了形象地表示剪力和弯矩沿梁长的变化情况，以便确定梁的危险截面（往往是最大弯矩值所在的位置），常需画出梁各截面剪力及弯矩的变化规律的图形，分别称为剪力图和弯矩图。

在梁的不同截面上，剪力和弯矩一般均不相同，即剪力和弯矩沿梁轴线方向是变化的。如果沿梁轴线方向选取坐标 x 表示横截面的位置，则梁内各横截面的剪力和弯矩可以写成坐标 x 函数，即：

$$Q = Q(x)$$
$$M = M(x)$$

上述关系分别为剪力方程和弯矩方程。

剪力图和弯矩图的表达方法是：以与梁轴线平行的坐标 x 表示横截面位置，纵坐标表示各截面上相应的弯矩（或剪力）大小，正弯矩（或剪力）画在 x 轴的上方，负弯矩（或剪力）画在 x 轴的下方。

下面举例说明弯矩图的作法：

例 8.9 图 8-30 所示的简支梁，在 C 点受集中力 P 作用，试绘制梁的弯矩图。

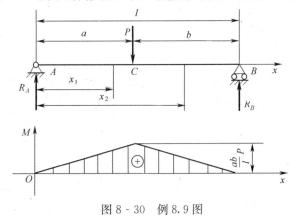

图 8-30 例 8.9 图

解：

(1) 计算支反力

以梁为研究对象，设支反力 R_A、R_B 均向上，则可列平衡方程

$$\sum M_A = 0, \quad R_B l - Pa = 0, \quad R_B = \frac{a}{l} P$$

$$\sum M_B = 0, \quad R_A l - Pb = 0, \quad R_A = \frac{b}{l} P$$

(2) 建立弯矩方程

因为梁在 C 点处受集中力作用，故 AC 和 BC 两段梁的弯矩方程不同，必须分别列出。

在 AC 和 BC 段内，任取距离 A 点为 x_1 和 x_2 的截面，并皆取截面左端为研究对象，则

AC 段的方程为：$M_1 = R_A x_1 = \dfrac{b}{l} p x_1, \quad 0 \leqslant x_1 \leqslant a$

BC 段的方程为：$M_2 = R_A x_2 - P(x_2 - a) = \dfrac{Pa}{l}(l - x_2), \quad a \leqslant x_2 \leqslant l$

(3) 画出弯矩图

因为 M_1 和 M_2 都是一次函数，故弯矩图在 AC 段和 BC 段均为一条直线，各段内先定出两点即可连出直线。

当 $x_1 = 0$ 时，$M_A = 0$；当 $x_1 = a$ 时，$M_C = \dfrac{ab}{l} p$

当 $x_2 = a$ 时，$M_C = \dfrac{ab}{l} p$；当 $x_2 = l$ 时，$M_B = 0$

由此可画出梁的弯矩图如图 8-29 所示。

实际上，弯矩图和载荷之间存在下列几点规律：

(1) 在两集中力之间的梁段上，弯矩图为斜直线，如图 8-29 所示。

(2) 在均布载荷作用的梁段上，弯矩图为抛物线。

(3) 在集中力作用处，弯矩出现转折角，如图 8-29 所示。

(4) 在集中力偶作用处，其左右两截面上的弯矩值发生突变，突变值等于集中力偶矩之值，如图 8-31 所示。

利用上述规律，不仅可以检查弯

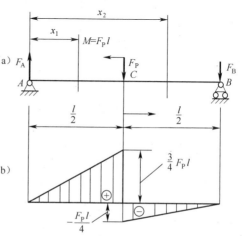

图 8-31 例 12.6 图

矩图形状的正确性，而且无须列出弯矩方程式，只需直接求出几个点的弯矩值，即可画出弯矩图。

例 8.10 如图 8-31 所示的简支梁，受集中力 F_P 和集中力偶 $M=F_P l$ 作用，求作梁的弯矩图。

解：

(1) 求支座反力

$$\sum M_B(F)=0,\ F_A l - F_P \frac{l}{2} - M = 0,\ F_A = \frac{3}{2} F_P$$

$$\sum F_y = 0,\ F_A - F_B - F_P = 0,\ F_B = \frac{1}{2} F_P$$

(2) 作弯矩图。根据上面总结的作图规律可知，AC 段和 BC 段的弯矩图均为斜直线。因为集中力和集中力偶同时作用在 C 点，故 C 处的弯矩既有转折又有突变，所以在 C 处左右两侧的弯矩值是不同的。

A 点处的弯矩：$M_A = 0$

C 点左侧处的弯矩：$M_{C左} = F_A \dfrac{l}{2} = \dfrac{3}{2} F_P \dfrac{l}{2} = \dfrac{3}{4} F_P l$

C 点右侧处的弯矩：$M_{C右} = F_A \dfrac{l}{2} - M = \dfrac{3}{2} F_P \dfrac{l}{2} - F_P l = -\dfrac{1}{4} F_P l$

B 点处的弯矩：$M_B = 0$

将上面求得的各点的弯矩，用适当比例，描点连成直线，即为该梁的弯矩图，如图 8-31（b）所示。由图可知，危险截面在梁的中点 C 处，最大弯矩 $M_{max} = 3 F_P l / 4$。

8.5.4 固定心轴的强度

在求出了固定心轴的弯矩后，还不能解决强度问题，必须进一步解决横截面上各点应力分布的规律。

1) 梁纯弯曲的概念

如图 8-32 所示为一固定心轴发生纯弯曲的情形。从其剪力图和弯矩图可以看出，处于 CD 段中梁的任一横截面上，只有弯矩而没有剪力，并且弯矩为一常量，因而可断定，这些横截面上一定不会有切应力，只有正应力。这种情况称为梁的纯弯曲。

2) 梁纯弯曲时横截面上的正应力

如图 8-33 所示，在杆件侧面画上纵线和横线，在弯曲小变形的情况下，可以观察到下列现象：杆件表面上画出的各横向线仍保持直线，但发生了相对转动。纵向线间距不变，但由直线变成了曲线，靠顶面的纵线缩短，靠底面的纵线伸长 [图 8-33（b）]，由此可以推出假设：梁作平面弯曲时，其横截面仍保持为平面，只是产生了相对转动，梁的一部分纵向"纤维"伸长，一部分纵向"纤维"缩短。由缩短区到伸长区，存在一层既不伸长也不缩短的"纤维"，称为中

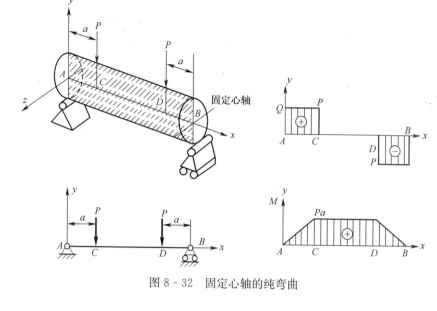

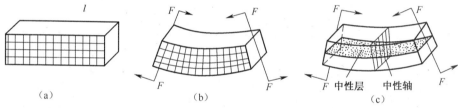

图 8-32　固定心轴的纯弯曲

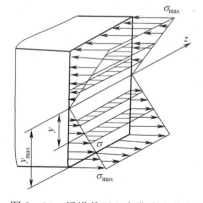

图 8-33　梁的弯曲试验

性层。距离中性层越远的纵向"纤维"伸长量（或缩短量）越大。中性层和横截面的交线 z 轴称为中性轴（图 8-34）。它是横截面上拉、压应力的分界线，中性轴以上各点为压应力，中性轴以下各点为拉应力。

由胡克定律 $\sigma = E\varepsilon$ 可知，横截面上的拉、压应力的变化规律应与纵向"纤维"变形的变化规律相同，即横截面上各点的应力大小应与所在点到中性轴 z 的距离 y 成正比，距中性轴越远的点应力越大，离中性轴距离相同的各点正应力相同，中性轴上各点（$y=0$ 处）正应力为 0，故有

图 8-34　梁横截面上弯曲应力分布

$$\frac{\sigma}{y} = \frac{\sigma_{max}}{y_{max}}$$

3）弯曲正应力的计算

由上分析可知，横截面上各点的正应力大小是不相同的，研究表明，当梁横截面上的弯矩为 M 时，该截面距中性轴 z 为 y 的任一点处的弯曲正应力公式为：

$$\sigma = \frac{My}{I_z} \qquad (8.16)$$

式中，M 为横截面上的弯矩（N·m）；y 为所求应力的点到中性轴 z 的距离（m）；I_z 为横截面对中性轴（z 轴）的惯性矩（m⁴），其值只与横截面的形状和尺寸有关。在实际计算中，通常弯矩 M 和坐标 y 均取其绝对值，求得正应力的大小，再由弯曲变形判断正应力的正（拉）负（压）。即中性层为界，梁突出的应力为拉应力，凹入边的应力为压应力。

横截面上下边缘处正应力最大，其值为

$$\sigma_{\max} = \frac{My_{\max}}{I_z} = \frac{M}{W_z} \qquad (8.17)$$

$W_z = I_z / y_{\max}$ 称为抗弯截面模量（m³），它也是衡量横截面抗弯强度的一个几何量，其值只与横截面的形状和尺寸有关。常用截面的 I_z 和 W_z 值参见表 8.1。

表 8.1 常用截面的 I_z 和 W_z 计算公式

截面形状	矩形	圆形	圆环
惯性矩	$I_z = \dfrac{bh^3}{12}$ $I_y = \dfrac{hb^3}{12}$	$I_z = I_y = \dfrac{\pi D^4}{64} \approx 0.05 D^4$	$I_z = I_y = \dfrac{\pi}{64}(D^4 - d^4)$ $\approx 0.05 D^4 (1-\alpha^4)$ 式中 $\alpha = \dfrac{d}{D}$
抗弯截面模量	$W_z = \dfrac{bh^2}{6}$ $W_y = \dfrac{hb^2}{6}$	$W_y = W_z = \dfrac{\pi D^3}{32} \approx 0.1 D^3$	$W_z = W_y = \dfrac{\pi D^3}{32}(1-\alpha^4)$ $\approx 0.1 D^3 (1-\alpha^4)$ 式中 $\alpha = \dfrac{d}{D}$

4）固定心轴的弯曲强度计算

梁弯曲的强度条件是：梁内危险截面上的最大弯曲正应力不超过材料的许用弯曲应力。

$$\sigma_{\max} = \frac{M_{\max}}{W_z} \leqslant [\sigma] \qquad (8.18)$$

根据弯矩图,可以确定危险截面。如果所设计的是光轴,则最大弯矩所在截面就是危险截面,且最大应力位于最大弯矩所在截面上距中性轴最远的地方。如果是阶梯轴,则 M_{max} 不单纯是由弯矩图中最大弯矩决定,而最终应该分段求出各段中的 σ_{max},从中选出最大者,作为后续计算的依据。

8.6 弯扭组合强度计算

以上分别讨论了轴在单纯扭转、弯曲作用下,产生基本变形时的强度和刚度问题,但在工程中,许多构件在外力作用时,将同时产生两种或两种以上的变形,称为组合变形。工程中常用的转轴是既受转矩作用又受弯矩作用的杆件,是典型的弯扭组合变形。下面介绍弯扭组合变形时的强度计算。

如图 8-35(a)所示,根据曲轴所受的载荷,可以画出 AB 段轴的扭矩图和弯矩图,如图 8-35(c)所示。固定端 A 为危险截面,其扭矩和弯矩的绝对值分别为 $M_t = M_B = F_P a$,$M = F_P l$。截面 A 上的扭转切应力和弯曲正应力的分布规律如图 8-35(d)所示。由图可知,a 点和 b 点存在弯曲正应力和最大扭转切应力,分别为

$$\sigma = \frac{M}{W_z}, \quad \tau = \frac{M_t}{W_t} \tag{8.19}$$

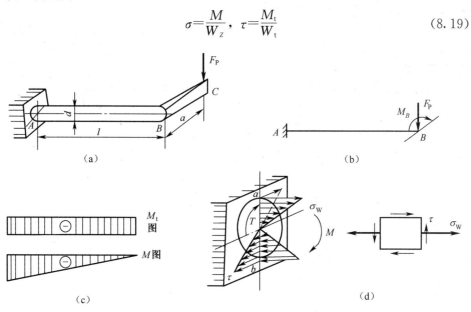

图 8-35 弯扭组合变形

截面 A 上同时作用有正应力和切应力,处于一种复杂的应力状态。这时不能简单的应用扭转强度条件或弯曲强度条件进行强度计算,而是需要根据不同材料在复杂应力状态下的破坏特点,运用相应的强度理论将截面上的应力折算成当量应力 σ_e,然后运用 $\sigma_e \leqslant [\sigma]$ 进行强度计算。对于圆轴,一般用塑性材料制成,

此时可用第三或第四强度理论进行强度计算。

用第三强度理论时，其强度条件为

$$\sigma_{e3}=\frac{\sqrt{M^2+M_t^2}}{W_z}=\frac{M_{e3}}{W_z}\leqslant [\sigma] \qquad (8.20)$$

式中，$M_{e3}=\sqrt{M^2+M_t^2}$ 称为第三强度理论的当量弯矩。

用第四强度理论时，其强度条件为

$$\sigma_{e4}=\frac{\sqrt{M^2+(\alpha M)^2}}{W_z}=\frac{M_{e4}}{W_z}\leqslant [\sigma] \qquad (8.21)$$

式中，$M_{e4}=\sqrt{M^2+\alpha M_t^2}$，称为第四强度理论的当量弯矩，$\alpha$ 为根据转矩性质而定的系数。

思考与练习

8-1 试举例说明下列各概念的区别：变形和应变；内力和应力；正应力和切应力；极限应力和许用应力。

8-2 不同材料的两根等截面直杆，承受相同的轴向拉力，它们的横截面面积和长度都相等。试问两杆横截面上的正应力是否相等？两杆的强度是否一样？两杆产生的纵向应变是否相等？

8-3 拉（压）杆受力如图8-36所示，试求各杆指定截面的轴力，并作出轴力图。

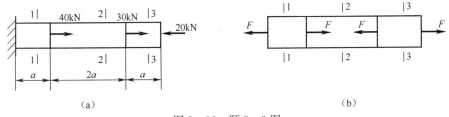

图8-36 题8-3图

8-4 液压缸缸盖与缸体用螺栓M18（其小径为15.294mm）连接如图8-37所示。已知缸的内径 $D=400$mm，缸内工作压强为 $p=1.2$MPa，活塞杆材料的许用应力为 $[\sigma_1]=50$MPa，螺栓材料的许用应力为 $[\sigma_2]=40$MPa，试求活塞杆的直径及螺栓的个数。

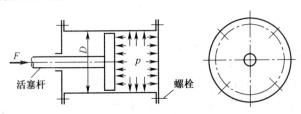

图8-37 题8-4图

8-5 已知 $P=10\mathrm{kN}$，$d=20\mathrm{mm}$，$D=40\mathrm{mm}$，试求如图 8-38 所示圆钢杆不同直径横截面上的应力。

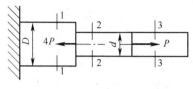

图 8-38 题 8-5 图

8-6 如图 8-39 所示三脚架的 AB 杆由两根 8 号等边角钢（$80\times80\times7$）构成，AC 杆由两根 10 号槽钢构成，其材料为 A3 钢，许用应力 $[\sigma]=120\mathrm{MPa}$。试求该三脚架所能承受的许可载荷 $[F]$（每根 $80\times80\times7$ 等边角钢的截面积为 $10.86\mathrm{cm}^2$，每根 10 号槽钢的截面积为 $12.74\mathrm{cm}^2$）。

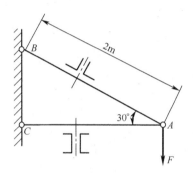

图 8-39 题 8-6 图

8-7 已知图 8-40 所示起重吊钩上端螺纹内径为 $M55$，许用应力 $[\sigma]=80\mathrm{MPa}$，载荷 $P=170\mathrm{kN}$。试校核螺杆的强度。

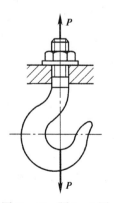

图 8-40 题 8-7 图

8-8 螺旋压板夹紧装置如图 8-41 所示。已知螺栓为 M_{20}（小径 $d_1=17.294\mathrm{mm}$），许用应力 $[\sigma]=50\mathrm{MPa}$。当工件所受的夹紧力为 5kN 时，试校核

螺栓的强度。

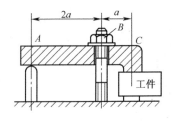

图 8-41 题 8-8 图

8-9 三角形构架如图 8-42 所示。杆 AB 和 AC 均为 $d=25\text{mm}$ 的圆截面直杆。材料为 A3 钢，许用应力 $[\sigma]=120\text{MPa}$。求此结构的许可载荷 P。

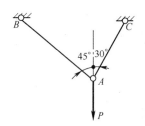

图 8-42 题 8-9 图

8-10 如图 8-43 所示的铆钉连接，已知 $F=18\text{kN}$，钢板厚 $d_1=8\text{mm}$，$d=5\text{mm}$，铆钉与钢板的材料相同，许用剪切应力 $[\tau]=60\text{MPa}$，许用挤压应力 $[\sigma]_P=200\text{MPa}$，试设计铆钉的直径 d。

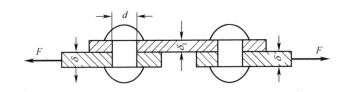

图 8-43 题 8-10 图

8-11 如图 8-44 所示，已知压力容器内径 $D=250\text{mm}$，工作压力 $P=1.5\text{MPa}$，缸体与缸盖用 12 个 M16（小径 $d_1=13.835\text{mm}$）的普通螺栓连接，螺栓材料为 45 钢，性能等级 5.8 级。拧紧时控制预紧力。试校核螺栓的强度。

8-12 如图 8-45 所示，某轴轴端安装一个钢制齿轮，已知轮毂宽 $B=1.2d$，轴端直径 $d=60\text{mm}$，轴的材料为 45 钢，工作中载荷有轻微冲击，属于静连接。试确定该普通平键连接的尺寸，并计算能传递的最大扭矩。

8-13 如图 8-46 所示的螺栓连接，若采用两个 M16（小径 $d_1=$

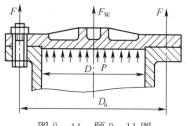

图 8-44 题 8-11 图

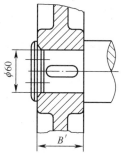

图 8-45 题 8-12 图

13.835mm）的普通螺栓连接。设结合面的摩擦因数 $f=0.16$，螺栓连接的许用拉应力 $[\sigma]=120\text{MPa}$，若采用两个 M16 直径的铰制孔螺栓连接，螺栓材料的许用剪切应力 $[\tau]=80\text{MPa}$，许用挤压应力 $[\sigma]_P=160\text{MPa}$，螺栓杆和孔壁挤压面的最小长度 $h=20\text{mm}$，求该两种情况螺栓连接所能承受的横向载荷。

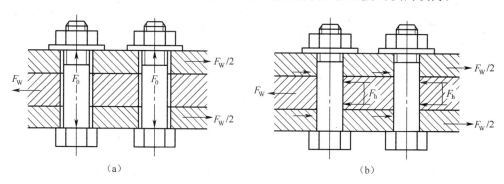

图 8-46 题 8-13 图
(a) 普通螺栓连接；(b) 铰制孔螺栓连接

8-14 轴受载后如果产生过大的弯曲变形或扭转变形，对轴的正常工作有什么影响？试举例说明。

8-15 轴的强度计算公式中 $M_e=\sqrt{M^2+(\alpha M_t)^2}$ 中的 α 含义是什么？其大小如何确定？

第 9 章 传动装置的总体设计

学习目标
- 了解机械设计的一般程序和基本要求。
- 能正确拟定传动方案并进行传动系统运动动力参数计算。

学习建议
- 课堂上学习机械设计一般方法、传动系统运动动力参数计算等知识。
- 通过课程网站和互联网资源查找相关学习资源。
- 通过一些实践项目学习运用标准、规范、手册和图册，培养查阅有关技术资料的能力。

分析与探究

传动装置的总体设计包括确定传动方案、选择电动机型号、合理分配各级传动比以及计算传动装置的运动和动力参数等。本章将学习如何根据各种传动方式的特点灵活选取传动方式，并学习通过计算选择电动机、确定运动和动力参数的方法。

9.1 机械设计的一般程序

机械设计的目的是创造性地实现具有预期功能的新机械或改进现有机械的功能，设计质量的高低直接关系到机械产品的质量、性能、价格及经济效益。尽管机械产品的类型很多，但其设计的一般方法都大致相同。机械设计通常按如下几个步骤进行。

1. 计划阶段

在根据生产或生活的需要提出所要设计的新机器后，计划阶段只是一个预备阶段。此时，对所要设计的机器仅有一个模糊的概念。

在计划阶段中，应对所设计的机器的需求情况做充分的调查研究和分析。通过分析，进一步明确机器所应具有的功能，并为以后的决策提出由环境、经济、加工及时限等各方面所确定的约束条件。在此基础上，明确地写出设计任务的全面要求及细节，最后形成设计任务书，作为本阶段的总结。设计任务书大体上应包括：机器的功能、经济性的估计、制造要求方面的大致估计、基本使用要求及完成设计任务的预计期限等。此时，对这些要求及条件一般也只能给出一个合理的范围，而不是准确的数字。例如，可以用必须达到的要求、最低要求、希望达到的要求等方式予以确定。

2. 方案设计阶段

根据设计任务书的要求，设计者通过调查研究，必要时还要进行试验分析，然后提出若干个可行的方案，通过分析比较，从中选出一个较好的方案。方案设计是下一步技术设计的基础，方案设计的好坏，对设计成功与否起着至关重要的作用。

3. 技术设计阶段

技术设计阶段的目标是总装配草图和部件装配草图。通过草图设计确定出各部件及零件的外形及基本尺寸，包括各部件间连接零、部件的外形及基本尺寸。为确定主要零件的基本尺寸，需做以下工作：

(1) 机器的运动学设计。根据确定的机构方案，确定原动机的参数（功率、转速、线速度等）及各运动构件的运动参数（转速、速度、加速度等）。

(2) 机器的动力学计算。结合各部分的机构及运动参数，计算各主要零件上所受的名义载荷。

(3) 零件的工作能力设计。已知主要零件所受的名义载荷，即可做零、部件的初步设计，确定零、部件的基本尺寸。设计所依据的工作能力准则，需参照零部件的一般失效形式、工作特性、环境条件等合理地拟定，一般有强度、刚度、振动稳定性、寿命等准则。

(4) 部件装配草图及总装配草图的设计。根据已定出的主要零、部件的基本尺寸，设计出部件装配草图及总装配草图。需要全面协调各零件结构尺寸，考虑其结构工艺性，使全部零件有最合理的构形。

(5) 主要零件的校核。有一些零件由于具体的结构未定，只能进行初步计算及设计。在绘出部件装配草图及总装草图以后，所有零件的结构及尺寸均为已知。因此，此时可以对各个零件进行精确校核。

(6) 草图设计完成以后，即可根据草图已确定的零件基本尺寸，设计零件的工作图。按最后定型的零件工作图上的结构及尺寸，重新绘制部件装配图及总装配图。

4. 试制及试验

用技术设计所提供的图纸制造出样机，对样机进行试运行或在生产现场试用，检验样机是否达到设计要求。针对样机所暴露出的问题进行修改，使设计更加完善。

5. 投入生产

用修改后的技术文件组织力量进行生产。对于单件生产的机械设备而言，试制本身就是投产，制成后直接投入使用，在使用中不断总结经验，为将来改进设计提供依据。

9.2 传动装置的总体设计

9.2.1 传动方案的确定

所谓传动是传动系统和传动装置的总称,是把原动机的机械能传给工作机的中间环节。传动系统的作用有两个方面,一是传递运动,如减速、增速、变速、改变运动形式等;二是传递功率和转矩。在确定传动方案时,如已知传递的功率 P、传动比 i 及工作条件,可以选择几种不同的传动方案,一般从传动效率、机构尺寸、质量、传动系统维护、价格等方面进行综合比较,从中选择出最佳方案。

传动方案通常由运动简图表示,运动简图不仅明确地表示了组成机器的原动机、传动装置和工作机三者之间的运动和动力传递关系。而且也是设计传动装置中各零、部件的重要依据。合理的传动方案应满足工作机的性能要求:工作可靠、结构简单、尺寸紧凑、加工方便、成本低、传动效率高和使用维护方便等。但要使方案同时满足上述要求往往是有困的。因此,设计者应统筹兼顾,并保证重点。设计时可同时考虑几个方案,通过分析比较,最后选择其中较合理的一种。

如图 9-1 所示为带式运输机的几种传动方案,表 9-1 为几种传动方案的比较。

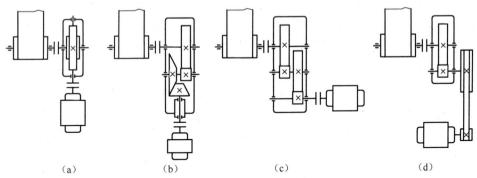

图 9-1 带式运输机的几种传动方案

表 9-1 传动方案比较

传动方案	特 点
(a)	结构紧凑,若在大功率和长期运转条件下使用,则由于蜗杆传动效率低,功率损失大,很不经济
(b)	宽度尺寸较小,适于在恶劣环境下长期连续工作,但圆锥齿轮加工比圆柱齿轮困难
(c)	与 (b) 方案比较,宽度尺寸较大,输入轴线与工作机位置是水平布置,宜在恶劣环境下长期工作
(d)	宽度和长度尺寸较大,带传动不适应繁重的工作条件和恶劣的环境,但若用于链式或板式运输机,有过载保护作用

由以上分析可知，不同的传动类型具有不同的特点。因此，必须先了解各种传动机构的性能和特点，这样才能根据设计要求及工作条件合理选择传动件。若采用多级传动、拟定运动简图时，应合理布置传动顺序。通常应考虑以下几点：

(1) 带传动承载能力较低，在传递相同扭矩时，其结构尺寸较啮合传动大。但传动平稳、能缓冲吸振，因此，应放在传动装置的高速级。

(2) 链传动运转不均匀、有冲击，故宜布置在低速级。

(3) 蜗杆传动适用于传动比大，中、小功率的场合；但其承载能力较齿轮低，故常布置在传动装置的高速级，以获得较小的结构尺寸和较高的齿面相对滑动速度，这样有利于形成液体动压润滑油膜，从而使承载能力和效率得以提高。

(4) 因为圆锥齿轮加工较困难，大模数圆锥齿轮的加工尤其如此，故圆锥齿轮一般应放在高速级，并限制其传动比。

(5) 斜齿轮传动的平稳性较直齿传动好，故多用于高速级。

(6) 开式齿轮传动的工作环境一般较差，润滑条件不良，故寿命较短，应布置在低速级。

(7) 制动器常设在高速轴，但此时需注意：位于制动器后面的传动机构不宜采用带传动和摩擦传动。

(8) 为简化传动装置，通常将改变运动形式的机构（如连杆机构、凸轮机构等）布置在传动系统的末端或低速处。

(9) 传动装置的布局上要求尽可能做到结构紧凑，匀称；强度和刚度好，适合车间布置情况，以便于工人操作和维修。

(10) 在传动装置总体设计中，有时还需要考虑防止因过载而造成机器或人身事故的问题。为此，可在传动系统的某一环节，加设安全保险装置。

若在设计任务书中已提供了传动方案，则设计者必须分析研究其特点。必要时，还可提出改进意见，或另拟传动方案。

各种类型传动机构的主要性能、特点见表 9-2。

对初步选定的传动方案，在设计过程中还可能要不断地修改和完善。

表 9-2 各种传动机构的性能及适用范围

选用指标		传 动 类 型					
		平带传动	V带传动	圆柱摩擦轮传动	链传动	齿轮传动	蜗杆传动
功率/kW（常用值）		小（≤20）	中（≤100）	小（≤20）	中（≤100）	大（最大达50 000）	小（≤50）
单级传动比	常用值	2~4	2~4	2~4	2~5	圆柱 3~5	圆锥 2~3	10~40
	最大值	5	7	5	7	10	6	80
传动效率		0.9~0.98	0.96	0.85~0.95	0.93~0.97	0.9~0.99	0.88~0.98	0.4~0.95

续表

选用指标	传动类型					
	平带传动	V带传动	圆柱摩擦轮传动	链传动	齿轮传动	蜗杆传动
许用线速度 $v/(\text{m}\cdot\text{s}^{-1})$	≤25	≤25～30	≤15～25	≤40	6级精度直齿≤18 非直齿≤36 5级精度达100	≤15～35
外廓尺寸	大	大	大	大	小	小
传动精度	低	低	低	中等	高	高
工作平稳性	好	好	好	较差	一般	好
自锁能力	无	无	无	无	无	可有
过载保护作用	有	有	有	无	无	无
使用寿命	短	短	短	中等	长	中等
缓冲吸振能力	好	好	好	中等	差	差
制造及安装精度要求	低	低	中等	中等	高	高
润滑条件要求	不需	不需	一般不需	中等	高	高
环境适应性	不能接触酸、碱油	好	一般	一般	一般	一般

9.2.2 电动机的选择及运动和动力参数计算

根据工作载荷的大小及性质、转速高低、启动特性、过载情况、工作环境、安装空间等方面的条件限制来选择电动机的类型、结构形式、容量和转速，并确定具体型号。各型号电动机的技术参数，可通过查阅有关机械设计手册或电动机产品目录获得。

1. 类型和结构形式

Y系列的笼型三相异步电动机，适用于无特殊要求的机械；经常启动、制动、反转的场合。要求电动机的转动惯矩小、过载能力大，应选用YZ或YZR系列及起重用的三相异步电动机；可根据机器的防护要求选择开启式、防护式、封闭式、防爆式等结构；根据安装要求可选择机座固定、端盖凸缘固定等安装形式。

2. 电动机容量

主要根据电动机运行时的发热条件决定。对于一般在不变（或变化很小）载荷下长期连续运行的机械，所选电动机的额定功率稍大于或等于所需功率即可。如图9-2所示的皮带运输机，其工作机所需的电动机

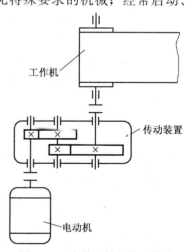

图9-2 皮带运输机传动装置

功率为

$$P_d = \frac{P_w}{\eta} \tag{9.1}$$

式中　P_d——所需电动机输出功率，单位为 kW；
　　　P_w——工作机所需的功率，单位为 kW；
　　　η——由电动机至工作机的总效率。

工作机所需工作功率 P_w，应由机器工作阻力和运行速度计算求得。在课程设计中，可按下式计算：

$$P_w = \frac{F \cdot v}{1000} \text{ 或 } P_w = \frac{T_w n_w}{9550} \tag{9.2}$$

式中　F——工作机的阻力，单位为 N；
　　　v——工作机的线速度，单位为 m/s；
　　　T_w——工作机的阻力矩，单位为 N·m；
　　　n_w——工作机的转速，单位为 r/min。

总效率 η 按下式计算：　　　$\eta = \eta_1 \times \eta_2 \times \eta \cdots \eta_n$ (9.3)

式中，η_1，$\eta_2 \cdots$，η_n 分别为传动装置中每一级传动副（齿轮、蜗杆、带或链等）、每一对轴承及每个联轴器的效率，可表 9-3 查出概略值。

表 9-3　机械传动和摩擦副的效率概略值

种类		效率 η	种类		效率 η
圆柱齿轮传动	很好跑合的 6 级精度和 7 级精度齿轮（油润滑）	0.98～0.99	链传动	焊接链	0.93
	8 级精度的一般齿轮传动（油润滑）	0.97		片式关节链	0.95
				滚子链	0.96
	9 级精度的齿轮传动（油润滑）	0.96		齿形链	0.97
			复滑轮组	滑动轴承（$i=2\sim6$）	0.90～0.98
				滚动轴承（$i=2\sim6$）	0.95～0.99
	加工齿的开式齿轮传动（脂润滑）	0.94～0.96	摩擦传动	平摩擦轮传动	0.85～0.92
				槽摩擦轮传动	0.88～0.90
	铸造齿的开式齿轮传动	0.90～0.93		卷绳轮	0.95
蜗杆传动	自锁蜗杆	0.40～0.45	联轴器	十字滑块联轴器	0.97～0.99
	单头蜗杆	0.70～0.75		齿式联轴器	0.99
	双头蜗杆	0.75～0.82	锥齿轮传动	很好跑合的 6 级精度和 7 级精度齿轮（油润滑）	0.97～0.98
	三头和四头蜗杆	0.82～0.92			
	环面蜗杆传动（油润滑）	0.85～0.95		8 级精度的一般齿轮传动（油润滑）	0.94～0.97
带传动	平带无压紧轮的开式传动	0.98			
	平带有压紧轮的开式传动	0.97		加工齿的开式齿轮传动（脂润滑）	0.92～0.95
	平带交叉传动	0.90			
	V 带传动	0.90		铸造齿的开式齿轮传动	0.88～0.92

续表

种类		效率 η	种类		效率 η
联轴器	弹性联轴器	0.99～0.995	减（变）速器	单级圆柱齿轮减速器	0.97～0.98
	万向联轴器（$\alpha \leqslant 3°$）	0.97～0.98		双级圆柱齿轮减速器	0.95～0.96
	万向联轴器（$\alpha > 3°$）	0.95～0.97		行星圆柱齿轮减速器	0.95～0.98
滑动轴承	润滑不良	0.94（一对）		单级锥齿轮减速器	0.95～0.96
	润滑正常	0.97（一对）		双级圆锥-圆柱齿轮减速器	0.94～0.95
	润滑特好（压力润滑）	0.98（一对）			
	液体摩擦	0.99（一对）		无级变速器	0.92～0.95
滚动轴承	球轴承（油润滑）	0.99（一对）		摆线-针轮减速器	0.90～0.97
	滚子轴承（油润滑）	0.98（一对）	丝杆传动	滑动丝杆	0.30～0.60
卷筒		0.96		滚动丝杆	0.85～0.95

3. 电动机的转速

容量相同的同类型电动机中，低转速的电机因其极数多，故外廓尺寸及重量大，价格高；低速电机可使传动装置的传动比及结构尺寸都比较小，从而降低传动装置成本；高转速的电机则相反。

通常多选用转速为 1 000r/min 及 1 500r/min 两种电动机，如无特殊要求，一般不选用 750r/min 的电动机。

4. 计算总传动比及分配各级传动比

由选定电动机的满载转速 n_m 及工作机转速 n_w，可得传动装置总传动比为：

$$i = \frac{n_m}{n_w} \tag{9.4}$$

总传动比 i 与各级传动比 i_1，i_2，…，i_n 的关系为：

$$i = i_1 \times i_2 \times \cdots \times i_n \tag{9.5}$$

合理分配各级传动比，可以减小传动装置的结构尺寸、减轻重量等，达到降低成本和结构紧凑的效果。在实际中，由于受齿轮齿数、标准带轮直径等各种因素的影响，实际传动比与要求常有一定的误差，但应控制在±5%以内。

5. 计算传动装置的运动和动力参数

传动装置的运动和动力参数，主要是指各轴的转速、功率和转矩，它们是设计、计算传动件的依据。一般按电动机至工作机之间的运动传递路线将各轴由高速至低速依次编号，再按顺序推算各轴的运动和动力参数。

（1）各轴的转速

$$n_1 = n_m, \quad n_2 = \frac{n_1}{i_1} = \frac{n_m}{i_1}, \quad n_3 = \frac{n_2}{i_2} = \frac{n_m}{i_1 \cdot i_2} \tag{9.6}$$

式中　　n_m——电动机满载转速，单位为 r/min；

n_1，n_2，n_3——分别为Ⅰ、Ⅱ、Ⅲ轴的转速，单位为 r/min；

i_1，i_2——依次为相邻两轴间的传动比。

(2) 各轴的输入功率

$$P_1=P_d,\ P_2=P_1\cdot\eta_{12},\ P_3=P_2\cdot\eta_{23}=P_d\cdot\eta_{12}\cdot\eta_{23} \qquad (9.7)$$

式中　P_d——电动机输出功率，单位为 kW；

P_1，P_2，P_3——分别为Ⅰ，Ⅱ，Ⅲ轴的输入功率，单位为 kW；

$\eta_{1,2}$——Ⅰ轴与Ⅱ轴之间的传动效率；

$\eta_{2,3}$——Ⅱ轴与Ⅲ轴之间的传动效率。

注意：传动装置的设计功率通常按实际需要的电动机输出功率 P_d 计算；对于通用机器，可以电动机额定功率 P_{ed} 计算；转速则均按电动机的满载转速 n_m 计算。

(3) 各轴的转矩

$$T_1=9\,550\frac{P_1}{n_1}=9\,550\frac{P_d}{n_1},\ T_2=9\,550\frac{P_2}{n_2},\ T_3=9\,550\frac{P_3}{n_3} \qquad (9.8)$$

式中，T_1，T_2，T_3——分别为Ⅰ、Ⅱ、Ⅲ轴的输入转矩，单位为 N·m。

6. 整理数据、绘制简图

对运动和动力参数应进行整理并列表备查。按国家标准规定的机构运动简图符号绘制出传动装置方案简图，并注明各传动副的主要参数。

例 9-1　在室内常温下长期连续工作的带式运输机的机械传动系统，环境有粉尘，要求传动平稳、维护方便，效率高。已知运输带的工作拉力 $F=5\,000\mathrm{N}$，运输带的速度 $v=1.1\mathrm{m/s}$，卷筒直径 $D=350\mathrm{mm}$，效率 $\eta_w=0.96$。试设计机械传动方案。

解：

(1) 确定工作机需要的功率 P_w 和卷筒的转速 n_w

$$P_w=\frac{F\cdot v}{1000\eta_w}=5.73\mathrm{kW}$$

$$P_w=\frac{60\times 1000v}{\pi D}=60.06\mathrm{r/min}$$

(2) 初定电动机类型和转速

初估系统的总效率为 $0.8\sim 0.9$，需要电动机功率为

$$P_d=\frac{P_w}{\eta}6.37\sim 7.16\mathrm{kW}$$

根据 $P_{ed}\geqslant P_d$，则可以选用的电动机有 Y132M—4、Y132S2—2、Y160M—6 三种。以这三种方案做一比较见表 9-4。综合考虑传动装置的传动比、重量、价格三方面因素，拟选用电动机的型号为 Y132M—4，额定功率 $P_{ed}=7.5\mathrm{kW}$，转速 $n_d=1440\mathrm{r/min}$。

表9-4 三种电动机方案比较结果

方案	电动机型号	额定功率/kW	满载转速/(r·min⁻¹)	总传动比	重量/N	价格/单位
1	Y132S2—2	7.5	2900	48.29	730	1
2	Y132M—4	7.5	1440	23.97	930	1.2
3	Y132M—6	7.5	970	16.16	1120	1.5

(3) 功能分析

总传动比 $i = \dfrac{n_d}{n_w} = 23.98$

根据总传动比的大小，可采取两级减速传动。每一级传动又有很多种传动方案见表9-5，可组成系统方案解的总数为 $N = 6 \times 4 = 24$ 个。

表9-5 各级传动的方案

子功能		局部方案					
		摩擦传动	闭式啮合传动				
		1	2	3	4	5	6
第一级传动	A	V带传动	直齿传动	斜齿传动	人字齿传动	锥齿轮传动	蜗杆传动
第二级传动	B	—	直齿传动	斜齿传动	锥齿轮传动	链传动	—

从可行方案中初选四个较佳的方案，传动方案示意图如图9-3所示。

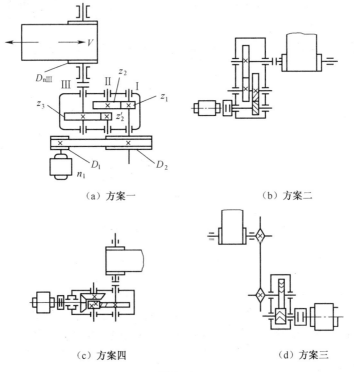

(a) 方案一   (b) 方案二

(c) 方案四   (d) 方案三

图9-3

方案一：$A_1 + B_2$

方案二：$A_3 + B_2$

方案三：$A_4 + B_5$

方案四：$A_5 + B_3$

由四种传动方案的简图可知，完成同一任务的机器，仅改变减速传动装置，其设计方案就可有多种形式，若改变机器的工作原理，则设计方案还会更多。设计者应根据具体情况，拟定技术经济指标较高且工作可靠，效率又高的设计方案。

分析上述四种传动方案。

方案四：传动效率高，结构紧凑，使用寿命长。当要求大启动力矩时，制造成本较高。

方案三：能满足传动比要求，但要求大启动力矩时，链传动的抗冲击性能差，噪声大，链磨损快寿命短，不易采用。

方案二：传动效率高，使用寿命长，但要求大启动力矩时，启动冲击大，使用维护较方便。

方案一：采用V带传动与齿轮传动的组合，即可满足传动比要求，同时由于带传动具有良好的缓冲、吸振性能，可适应大启动转矩工况要求，结构简单，成本低，使用维护方便。缺点是传动尺寸较大，V带使用寿命较短。

综合分析比较，选用方案一。

(4) 确定输入功率 P_d 和额定功率 P_{ed}

传动方案确定后，可求得传动系统的效率，继而可确定传动系统所需的输入功率 P_d、电动机的类型及其额定功率 P_{ed}、电动机输出轴转速 n_d 等参数。

如传动方案一图所示，为串联方式组合，根据表 9-3 取滚动轴承效率 $\eta_1 = 0.99$，V带传动效率 $\eta_2 = 0.96$，一对齿轮啮合传动效率 $\eta_3 = 0.97$，联轴器效率 $\eta_4 = 0.99$。传动系统的效率为

$$\eta = (\eta_2)(\eta_3^2)(\eta_1^3)(\eta_4) = 0.96 \times 0.97^2 \times 0.99^3 \times 0.99 = 0.868$$

传动系统的效率为 0.868，在估计值的范围内，所以电动机型号仍可选用 Y132M—4，额定功率 $P_{ed} = 7.5\text{kW}$，转速 $n_d = 1440\text{r/min}$，传动系统的输入功率为

$$P_d = \frac{P_w}{\eta} = \frac{5.73\text{kW}}{0.868} = 6.60\text{kW}$$

P_d 作为传动系统动力计算的依据。

(5) 传动比分配

经分析，取带传动的传动比为 $i_1 = 2.4$，两级齿轮传动的传动比 $i_{2'} = 10$。两级闭式齿轮啮合，为保证两级传动的大齿轮和合理的浸油深度，高速级传动比 i_2 与低速级传动比 i_3 的关系为 $i_2 \approx 1.3 i_3$，则

$$i_2 = \sqrt{i_{2'} \times 1.3} = 3.6$$

$$i_2 = \frac{i_{2'}}{i_1} = 2.8$$

(6) 各轴的运动和动力参数

根据式（9.5）得各轴的转速：

小带轮轴　　　　　　　$n_1 = n_m = 1440 \text{r/min}$

Ⅰ轴的转速　$n_Ⅰ = \dfrac{n_1}{i_1} = \dfrac{n_m}{i_1} = \dfrac{1440}{2.4} \text{r/min} = 600 \text{r/min}$

Ⅱ轴的转速　$n_Ⅱ = \dfrac{n_1}{i_2} = \dfrac{n_m}{i_1 \cdot i_2} = \dfrac{1440}{2.4 \times 3.6} \text{r/min} = 166.67 \text{r/min}$

Ⅲ轴的转速　$n_Ⅲ = \dfrac{n_Ⅱ}{i_3} \dfrac{n_m}{i_1 \cdot i_2 \cdot i_3} = \dfrac{1440}{2.4 \times 3.6 \times 2.8} \text{r/min} = 59.52 \text{r/min}$

根据式（9.6）得各轴的输入功率：

小带轮轴的输入功率　　$P_Ⅰ = P_d = 6.60 \text{kW}$

Ⅰ轴的输入功率　$P_Ⅰ = P_1 \cdot \eta_{1,2} = P_d \cdot \eta_{1,2} = 6.34 \text{kW}$

Ⅱ轴的输入功率　$P_Ⅱ = P_Ⅰ \cdot \eta_{2,3} = P_d \cdot \eta_{1,2} \cdot \eta_{2,3} = 6.09 \text{kW}$

Ⅲ轴的输入功率　$P_Ⅲ = P_Ⅱ \cdot \eta_{3,4} = P_d \cdot \eta_{1,2} \cdot \eta_{2,3} \cdot \eta_{3,4} = 5.85 \text{kW}$

卷筒轴的输入功率　$P_筒 = P_Ⅲ \cdot \eta_{4,5} = P_d \cdot \eta_{1,2} \cdot \eta_{2,3} \cdot \eta_{3,4} \cdot \eta_{4,5} = 5.75 \text{kW}$

根据式（9.7）得各轴的转矩：

小带轮轴的转矩　$T_1 = 9550 \dfrac{P_1}{n_1} = 9550 \dfrac{P_d}{n_1} = 43.77 \text{N} \cdot \text{m}$

Ⅰ轴的转矩　　　$T_Ⅰ = 9550 \dfrac{P_Ⅰ}{n_2} = 100.91 \text{N} \cdot \text{m}$

Ⅱ轴的转矩　　　$T_Ⅱ = 9550 \dfrac{P_Ⅱ}{n_3} = 348.95 \text{N} \cdot \text{m}$

Ⅲ轴的转矩　　　$T_Ⅲ = 9550 \dfrac{P_Ⅲ}{n_4} = 938.63 \text{N} \cdot \text{m}$

卷筒轴的转矩　　$T_5 = 9550 \dfrac{P_5}{n_5} = 919.38 \text{N} \cdot \text{m}$

计算结果见表 9-6。

一般允许设计值与设计要求有 3%～5% 的误差。

表 9-6　方案一传动系统各轴的运动和动力参数计算结果

参数＼轴名	电动机轴	Ⅰ轴	Ⅱ轴	Ⅲ轴
转速 n/(r·min^{-1})	1440	600	166.67	59.52
输入功率 P/kW	6.60	6.34	6.09	5.85
输入转矩 T/(N·m)	43.77	100.91	348.95	938.63
传动比 i	2.4		3.6	2.8
效率 η				

第 10 章　带传动与链传动设计

学习目标
- 掌握带传动、链传动的失效形式及设计计算准则。
- 掌握普通 V 带传动、链传动的设计计算方法、计算步骤，会选择主要参数。

学习建议
- 课堂讲授带传动、链传动设计、计算的基本知识，形成互动式教学的课堂氛围。
- 强化自主学习能力的训练，在教师指导下查询相关的信息资料，拓展学习范围，提高设计应用能力及动手能力。
- 通过开展社会实践活动，加深对知识的综合理解及掌握，并且提升应用能力。

分析与探究

带传动与链传动都属于挠性传动，在机械中有着广泛的应用。由于带传动平稳，具有缓冲吸振及过载保护的作用，带传动常常用在电动机与其他传动装置之间，用于传递转矩、降低转速。链传动虽比带传动冲击和振动大，但寿命较带传动长。本章将讨论带传动与链传动的设计计算方法。

10.1　V 带传动设计

按照带的截面形状，带可分为平带、V 带、圆形带、多楔带等。本节以普通 V 带为例讨论 V 带传动的设计、计算。

10.1.1　带传动的应力分析及失效形式

1. 带传动的应力分析

带传动时，带产生的应力有由拉力产生的拉应力、由离心力产生的离心应力和带绕过带轮时产生的弯曲应力。

（1）两边拉力产生的拉应力

紧边拉应力　　　　　　　　$\sigma_1 = F_1/A$

松边拉应力　　　　　　　　$\sigma_2 = F_2/A$ 　　　　　　　　(10.1)

式中，σ_1、σ_2 分别为紧边拉应力和松边拉应力（MPa）；F_1、F_2 分别为紧边拉力和松边拉力（N）；A 为带的横截面积（mm²）。

（2）离心力产生的拉应力

绕在带轮上的传动带随带轮轮缘作圆周运动时，将产生离心力，由于离心力作用于全部带长，它产生的离心应力 σ_c 为

$$\sigma_c = qv^2/A \tag{10.2}$$

式中，σ_c 为离心力产生的拉应力（MPa）；A 为每米带长的质量（kg/m），见表 10-2，v 为带速（m/s）。

（3）弯曲应力

带绕过带轮时，将产生弯曲应力，其大小为

$$\sigma_b = Eh/d \tag{10.3}$$

式中，E 为材料的弹性模量（MPa）；h 为 V 带截面高（mm），对于普通 V 带，可由表 10-2 确定；d 为带轮的直径，对于 V 带轮，则为其基准直径，查表 10-1 确定。

由上式可知，带轮直径越小，带越厚，则带的弯曲应力也越大，因为小轮的直径小，故小轮的弯曲应力大于大轮的弯曲应力，为了防止弯曲应力过大而影响寿命，对每种型号的 V 带都规定了相应的最小带轮基准直径，见表 10-1。

表 10-1 普通 V 带轮的最小基准直径（摘自 GB/T 13575.1—1992）

型 号	Y	Z	A	B	C	D	E
d_{dmin}	20	50	75	125	200	355	500
d_d 的范围	20~50	50~630	75~800	125~1125	200~2000	355~2000	500~2500
d_d 的标准系列（部分）	\multicolumn{7}{l	}{20, 22.4, 25, 28, 31.5, 35.5, 40, 45, 50, 56, 63, 67, 71, 75, 80, 85, 90, 95, 100, 106, 112, 118, 125, 132, 140, 150, 160, 170, 180, 200, 212, 224, 236, 250, 265, 280, 300, 315, 355, 375, 400, 425}

带在工作时，传动带中各截面的应力分布如图 10-1 所示。由图可知，带是在变应力状态下工作的，最大应力发生在紧边绕入主动轮处。其值为

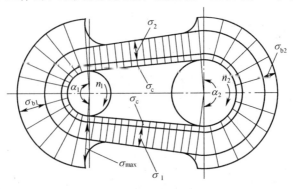

图 10-1 带传动的应力分布

$$\sigma_{max} = \sigma_1 + \sigma_c + \sigma_{b1} \quad (10.4)$$

当带经历了一定的应力循环次数后,易产生疲劳破坏,发生裂纹、脱层、松散、直至断裂。

为保证带具有足够的疲劳寿命,应满足

$$\sigma_{max} = \sigma_1 + \sigma_c + \sigma_{b1} \leqslant [\sigma] \quad (10.5)$$

式中,$[\sigma]$ 为带的许用应力,它是在 $\alpha_1 = \alpha_2 = 180°$、规定带长和应力循环次数、载荷平稳等条件下通过试验确定的。

2. 失效形式及设计准则

V 带传动的主要失效形式有以下两种。

(1) 打滑

由于过载,带在带轮上打滑而不能正常传动。

(2) 疲劳破坏

带工作时的应力是变应力,当应力循环次数达到一定时,带将发生疲劳破坏。

V 带的设计准则是:

(1) 保证带与带轮之间不打滑;

(2) 带具有一定的疲劳强度和使用寿命。

10.1.2 V 带的规格

V 带由顶胶 1、抗拉体 2、底胶 3 及包布 4 组成,如图 10 - 2 所示。抗拉体 2 是承受载荷的主体,由帘布或线绳组成,顶胶 1 和底胶 3 分别承受在运行时的拉伸和压缩力,采用弹性较好的胶料,包布 4 的材料采用橡胶帆布,起耐磨和保护作用。

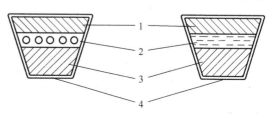

图 10 - 2 V 带的结构
1—顶胶;2—抗拉体;3—底胶;4—包布

普通 V 带已标准化,见表 10 - 2,按截面尺寸的不同,分为 Y、Z、A、B、C、D、E 七种型号,楔形角 $\alpha = 40°$,在相同条件下,截面尺寸越大传递功率也越大。

普通 V 带运行时既不伸长、也不缩短的圆周,称为节线,全部节线组成带的节面,带的节面宽度称为节宽,用 b_p 表示。V 带装在带轮上和节宽相对应的直径称为基准直径,用 d_d 表示,d_d 的标准系列值见表 10 - 1。V 带在规定的张紧力下,带与带轮基准直径上的周长称为基准长度,用 L_d 表示,V 带的基准长度已经标准化,见表 10 - 3。

表 10-2 普通 V 带截面尺寸（摘自 GB/T 11544—1997）

带 型	Y	Z	A	B	C	D	E
节宽 b_P（mm）	5.3	8.5	11	14	19	27	32
顶宽 b（mm）	6	10	13	17	22	32	38
高度 h（mm）	4	6	8	11	14	19	25
单位长度质量 q（kg/m）	0.02	0.06	0.10	0.17	0.3	0.62	0.90

表 10-3 普通 V 带基准长度 L_d 及长度系数 K_L

L_d (mm)	K_L					L_d (mm)	K_L				
	Y	Z	A	B	C		Z	A	B	C	D	E
400	0.96	0.87				2000	1.08	1.03	0.98	0.88		
450	1.00	0.89				2240	1.10	1.06	1.00	0.91		
500	1.02	0391				2500	1.30	1.09	1.03	0.93		
560		0394				2800		1.11	1.05	0.95	0.83	
630		0.96	0.81			3150		1.13	1.07	0.97	0.86	
710		0.99	0.83			3550		1.17	1.09	0.99	0.89	
800		1.00	0.85	0.82		4000		1.19	1.13	1.02	0.91	0.90
900		1.03	0.87	0.84		4500			1.15	1.04	0.93	0.92
1000		1.06	0.89			5000			1.18	1.07	0.96	
1120		1.08	0.91	0.86		5600			1.09	0.98	0.95	
1250		1.11	0.93	0.88		6300			1.12	1.00	0.97	
1400		1.14	0.96	0.90	0.83	7100			1.15	1.03	1.00	
1600		1.16	0.99	0.92	0.86	8000			1.18	1.06	1.02	
1800		1.18	1.01	0.95		9000			1.21	1.08	1.05	

10.1.3　V 带传动设计原始数据及设计内容

由于带是标准件，所以普通 V 带传动设计计算的主要内容是：选择 V 带的型号；确定带的长度 L_d；确定带的根数 Z，确定轴间距 a；计算初拉力 F_0；计算带对轴的压力 F_Q；设计带轮结构等。

在 V 带传动设计中，通常已知条件为：传动的用途，载荷性质，需传递的功率，主、从动轮转速或传动比，对外廓尺寸要求等。

10.1.4 V带传动的设计步骤和参数选择

1. 确定计算功率 P_c

考虑载荷性质和每天运转时间等因素，设计计算的计算功率比需要传递的额定功率要大些，即

$$P_c = K_A P \tag{10.6}$$

式中，P_c 为计算功率（kW）；K_A 为工作情况因数，查表10-4；P 为传递的名义功率。

表10-4 工作情况因数（摘自 GB/T 13575.1—1992）

载荷性质	工作机	原动机					
		空、轻载启动			重载启动		
		每天工作小时数/h					
		<10	10~16	>16	<10	10~16	>16
载荷变化微小	液体搅拌机、通风机、鼓风机（7.5kW）、离心式水泵和压缩机、轻型输送机	1.0	1.1	1.2	1.1	1.2	1.3
载荷变化小	带式输送机（不均匀负荷）、通风机（>7.5kW）旋转式水泵和压缩机（非离心式）、发电机、金属切削机床、旋转筛、锯木机和木工机械	1.1	1.2	1.3	1.2	1.3	1.4
载荷变化较大	制砖机、斗式提升机、往复式水泵和压缩机、起重机、磨粉机、冲剪机床、橡胶机械、振动筛、纺织机械、重载输送机	1.2	1.3	1.4	1.4	1.5	1.6
载荷变化很大	破碎机（旋转式、鄂式等）、磨碎机（球磨、棒磨、管磨）	1.3	1.4	1.5	1.5	1.6	1.8

2. 选择带型号

根据计算功率 P_c 和小带轮的转速 n_1，按图10-3选取。如所选的型号介于两种型号之间，则按两种型号分别计算，再根据有关条件择优选用。

3. 确定带轮的基准直径

(1) 确定小带轮的基准直径 d_{d1}

带轮直径较小时，结构紧凑，但弯曲应力大，且基准直径较小时，圆周速度较小，单根V带所能传递的基本额定功率也较小，从而造成带的根数增多，因此一般取 d_{d1} 大于表10-1的规定值，并取表中标准值。

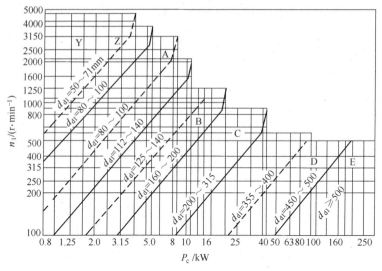

图 10-3 普通 V 带选型图

(2) 验算带速

当传递的功率一定时，带速过低，则需要的圆周力过大，带的根数增多，但带速过高，则离心应力过大，使摩擦力减小，容易打滑，传动能力反而降低，因此，带的速度一般就控制在 5～25m/s：

$$v = \frac{\pi d_d n}{600 \times 1000} \tag{10.7}$$

(3) 计算大带轮的基准直径 d_{d2}

$d_{d2} = i d_{d1}$，大带轮的基准直径应圆整成相近的带轮基准直径的标准值。

4. 确定中心距 a 和带的基准长度

(1) 初定中心距 a_0

设计时若题目未给定中心距或未对中心距提出明确要求时，可按下式初步确定中心距 a_0：

$$0.7(d_{d1} + d_{d2}) \leqslant a_0 \leqslant 2(d_{d1} + d_{d2}) \tag{10.8}$$

(2) 确定基准长度 L_d

根据已定的带轮基准直径和初定的中心距，由带的传动几何关系可得带的基准长度计算公式

$$L_{d0} = 2a_0 + \frac{\pi}{2}(d_{d1} + d_{d2}) + \frac{(d_{d2} - d_{d1})^2}{4a_0} \tag{10.9}$$

L_{d0} 为带的基准长度计算值，根据 L_{d0} 查表 10-3，选定与之接近的基准长度 L_d。

(3) 确定实际中心距 a。

实际中心距可用近似公式确定，即

$$a \approx a_0 + (L_d - L_{d0})/2 \tag{10.10}$$

考虑安装、调整和补偿张紧的需要,实际中心距允许留有一定的调整范围,其大小为

$$a_{\min} = a - 0.015 L_d, \quad a_{\max} = a + 0.030 L_d \tag{10.11}$$

(4) 验算小带轮包角

为了保证传动能力,应使小带轮包角满足

$$\alpha_1 = 180° - \frac{d_{d2} - d_{d1}}{a} \times 57.3° \geqslant 120° \tag{10.12}$$

若不满足条件,可适当增大中心距或减小两轮的直径差,也可以加张紧轮。

5. 确定 V 带根数 z

$$z \geqslant \frac{P_c}{[P_0]} \tag{10.13}$$

$[P_0]$ 为许用的单根普通 V 带的额定功率,由下式确定:

$$[P_0] = (P_0 + \Delta P_0) K_\alpha K_L \tag{10.14}$$

其中,P_0 为单根普通 V 带的基本额定功率额定功率(kW),是在载荷平稳、特定带长,传动比为 1,包角为 180°的条件下测得的,见表 10-5。当实际使用条件与特定条件不同时,需加以修正,从而得出许用的单根普通 V 带的额定功率。ΔP_0 为单根普通 V 带额定功率的增量(kW),见表 10-6;K_α 为小带轮包角系数,按实际包角查表 10-7;K_L 为长度系数,按实际基准长度查表 10-3。

带的根数应取整数,为使各带的受力均匀,通常 z 不应超过 8 根,若计算结果不满足要求,可改选 V 带型号或加大带轮直径重新计算。

表 10-5 单根普通 V 带的基本额定功率 P_0

带型	d_{d1} (mm)	小带轮转速 $n_1/$ (r·min^{-1})					
		400	700	800	960	1200	1450
Z	50	0.06	0.09	0.10	0.12	0.14	0.16
	63	0.08	0.13	0.15	0.18	0.22	0.25
	71	0.09	0.17	0.20	0.23	0.27	0.31
	80	0.14	0.20	0.22	0.26	0.30	0.35
A	75	0.26	0.40	0.45	0.51	0.60	0.68
	90	0.39	0.61	0.68	0.79	0.93	1.07
	100	0.47	0.74	0.83	0.95	1.14	1.32
	112	0.56	0.90	1.00	1.15	1.39	1.61
	125	0.67	1.07	1.19	1.37	1.66	1.92
B	125	0.84	1.30	1.44	1.64	1.93	2.19
	140	1.05	1.64	1.82	2.08	2.47	2.82
	160	1.32	2.09	2.32	2.66	3.17	3.62
	180	1.59	2.53	2.81	3.22	3.85	4.39
	200	1.85	2.96	3.30	3.77	4.50	5.13

续表

带型	d_{d1} (mm)	小带轮转速 n_1/ (r·min^{-1})					
		400	700	800	960	1200	1450
C	200	2.41	3.69	4.07	4.58	5.29	5.84
	224	2.99	4.64	5.12	5.78	6.71	7.45
	250	3.62	5.64	6.23	7.04	8.21	9.04
	280	4.32	6.76	7.52	8.49	9.81	10.72
	315	5.14	8.09	8092	10.05	11.53	12.46
	400	7.06	11.02	12.10	13.48	15.04	15.53

表 10-6　单根普通 V 带基本额定功率的增量 ΔP_0

带型	n_1	传动比 i						
		1.09~1.12	1.13~1.18	1.19~1.24	1.25~1.34	1.35~1.50	1.51~1.90	≥2.0
Z	400	0.00	0.00	0.00	0.00	0.00	0.01	0.01
	700	0.00	0.00	0.00	0.01	0.01	0.01	0.02
	800	0.00	0.01	0.01	0.01	0.01	0.02	0.02
	960	0.01	0.01	0.01	0.01	0.02	0.02	0.02
	1200	0.01	0.01	0.01	0.02	0.02	0.02	0.03
	1450	0.01	0.01	0.02	0.02	0.02	0.02	0.03
	2800	0.02	0.03	0.03	0.03	0.04	0.04	0.04
A	400	0.02	0.02	0.03	0.03	0.03	0.04	0.05
	700	0.03	0.04	0.05	0.06	0.07	0.08	0.09
	800	0.03	0.04	0.05	0.06	0.08	0.09	0.10
	960	0.04	0.05	0.06	0.07	0.08	0.10	0.11
	1200	0.05	0.05	0.08	0.10	0.10	0.13	0.15
	1450	0.06	0.08	0.09	0.00	0.13	0.15	0.17
	2800	0.11	0.15	0.19	0.23	0.26	0.30	0.34
B	400	0.04	0.06	0.07	0.08	0.10	0.11	0.13
	700	0.07	0.10	0.12	0.15	0.17	0.20	0.22
	800	0.08	0.11	0.14	0.17	0.20	0.23	0.25
	960	0.10	0.13	0.17	0.20	0.23	0.26	0.30
	1200	0.13	0.17	0.20	0.25	0.30	0.34	0.38
	1450	0.15	0.20	0.25	0.31	0.36	0.40	0.46
	2800	0.29	0.39	0.49	0.59	0.69	0.79	0.89
C	400	0.12	0.16	0.20	0.23	0.27	0.31	0.35
	700	0.21	0.27	0.34	0.41	0.48	0.55	0.62
	800	0.23	0.31	0.39	0.47	0.55	0.63	0.71
	960	0.27	0.37	0.47	0.56	0.65	0.74	0.83
	1200	0.35	0.47	0.59	0.70	0.82	0.94	1.06
	1450	0.42	0.58	0.71	0.85	0.99	1.14	1.27

表 10-7 包角系数 K_α

小轮包角 α_1 (°)	180	175	170	165	160	155	150	145	140	135	130	125	120
K_α	1	0.99	0.98	0.96	0.95	0.93	0.92	0.91	0.89	0.88	0.86	0.84	0.82

6. 确定初拉力 F_0

为了保证传动的正常工作，带内的初拉力应为

$$F_0 = \frac{500 P_c}{zv}\left(\frac{2.5}{K_\alpha} - 1\right) + qv^2 \quad (10.15)$$

安装带时，F_0 必须予以保证。

7. 计算带对轴的压力 F_Q

$$F_Q \approx 2zF_0 \sin\frac{\alpha_1}{2} \quad (10.16)$$

F_Q 是设计轴和选择轴承的依据，如图 10-4 所示。

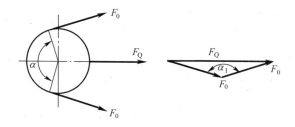

图 10-4 作用在轴上的力

下面以设计实例来说明带传动的设计方法与步骤。

例 10.1 设计一带式输送机传动系统中的高速级普通 V 带传动。传动水平布置，Y 系列三相异步电动机驱动，额定功率 $P=5.5\text{kW}$，电动机转速 $n_1 = 1440\text{r/min}$，从动带轮转速 $n_2 = 550\text{r/min}$，每天工作 8 小时。

解：

步　骤	计算及说明	结　果
(1) 计算功率	查表 10-7 取 $K_A = 1.1$ $P_c = K_A P = 1.1 \times 5.5\text{kW} = 6.05\text{kW}$	$K_\alpha = 1.1$ $P_c = 6.05\text{kW}$
(2) 选择带型	据 $P_c = 6.05\text{kW}$ 和 $n_1 = 1440\text{r/min}$ 由图 10-3，选取 A 型带	A 型
(3) 确定带轮基准直径	由表 10-1，确定 $d_{d1} = 112\text{mm}$， $d_{d2} = id_{d1}(1-e) = (1440/550) \times 112 \times (1-0.02) = 287$ 查表取标准值 280mm	$d_{d1} = 112\text{mm}$ $d_{d2} = 280\text{mm}$

续表

步　骤	计算及说明	结　果
(4) 验算带速	$v = \dfrac{\pi dn}{60 \times 1000}$ $= \dfrac{\pi \times 112 \times 1440}{60 \times 1000} \approx 8.44 \text{m/s}$	$v=8.44\text{m/s}$ 因为 $5\text{m/s} < v < 25\text{m/s}$，符合要求
(5) 计算带长	初定中心距 $0.7 \times (112+280) \leqslant a_0 \leqslant 2 \times (112+280)$， 取 $a_0 = 500\text{mm}$ 带的基准长度 $L_{d0} = 2a_0 + \dfrac{\pi}{2}(d_{d1}+d_{d2}) + \dfrac{(d_{d2}-d_{d1})^2}{4a_0}$ $L_{d0} \approx 1630\text{mm}$ 由表 10 - 3 选取相近的 $L_d = 1600\text{mm}$	$a_0 = 500\text{mm}$ $L_d = 1600\text{mm}$
(6) 确定中心距	$a = a_0 + (L_d - L_{d0})/2 = 500 + (1600-1630)/2\text{mm} = 485\text{mm}$ $a_{\min} = a - 0.015 L_d = 485 - 0.015 \times 1600\text{mm} = 461\text{mm}$ $a_{\max} = a + 0.03 L_d = 485 + 0.03 \times 1600\text{mm} = 533\text{mm}$	$a = 485\text{mm}$
(7) 验算带包角	$\alpha_1 = 180° - 57.3°(d_{d2}-d_{d1})/a$ $= 180° - 57.3° \times (280-112)/485$ $= 158° > 120°$	$\alpha_1 = 158°$ 符合要求
(8) 确定带的根数 z	据 d_{d1} 和 n_1 查表 10 - 1 得 $P_0 = 1.60\text{kW}$，$i \neq 1$ 时单根 V 带的额定功率增量据带型及 i 查表 10 - 5，得 $\Delta P_{01} = 0.17\text{kW}$，查表 10 - 7 得 $K_a = 0.95$，查表 10 - 3 得 $K_L = 0.99$，有 $z = P_c / [(P_0 + \Delta P_0) K_a K_L]$ $= 6.05/[(1.60+0.17) \times 0.95 \times 0.99]$ ≈ 3.63	$P_0 = 1.60\text{kW}$ $\Delta P_{01} = 0.17\text{kW}$ 取 $z = 4$
(9) 单根 V 带的初拉力	$F_0 = \dfrac{500 P_c}{zv}\left(\dfrac{2.5}{K_a}-1\right)+qv^2$ $\approx 153\text{N}$	$F_0 = 153\text{N}$
(10) 作用在轴上的力	$F_Q = 2zF_0 \sin(\alpha_1/2)$ $\approx 1204\text{N}$	$F_Q \approx 1204\text{N}$
(11) 带轮的结构和尺寸	小带轮基准 $d_{d1} = 112\text{mm}$，定小带轮为实心轮，轮槽尺寸及轮宽按表 10 - 1 计算，从而画出小带轮其工作图（略）	

10.2 链传动设计

10.2.1 滚子链传动的失效形式

1. 链板疲劳破坏

在传动中,由于松边和紧边的拉力不同,使滚子链各元件均受变应力作用,当应力达到一定数值并经过一定的循环次数后,内外链板便易发生疲劳破坏。

2. 滚子、套筒的冲击疲劳损坏

链传动进入啮合时的冲击,首先由滚子和套筒承受,在一定次数的冲击后,套筒、滚子会发生冲击疲劳破坏。

3. 链条铰链磨损

链传动时,相邻链节间发生相对转动,因而使销轴与套筒、套筒与滚子间发生摩擦,引起磨损,而磨损后链节变大,易导致跳齿或脱链。

4. 链条铰链胶合

由于销轴与套筒在链条的内部润滑条件最差,当链速过高、载荷较大且润滑不良时,便会使销轴与套筒的接触表面发生胶合。

5. 链条的静力拉断

在低速重载或严重过载时,链条会因静强度不足而被拉断。

10.2.2 传动参数的选择

1. 链速

链传动的速度一般分为低速($v<0.6$m/s)、中速($v=0.6\sim0.8$m/s)和高速($v>8$m/s),为了控制链传动的振动、噪声等,需对链速加以限制。一般要求:

$$v=\frac{z_1 p n_1}{600\times 1000}\leqslant 12\sim 15 \text{m/s} \tag{10.17}$$

2. 传动比

链传动的传动比一般为$i=1\sim 7$。传动比过大,使链条在小链轮上包角过小,即小轮啮合齿数过少,因而导致跳齿,加重磨损,推荐$i=2\sim 3.5$。

3. 链轮齿数

为使链传动的运动平稳,小链轮齿数不宜过少,对于滚子链,可按链速由表10-8选取z_1,然后按传动比确定大链轮齿数,$z_2=i z_1$并圆整,链条节距因磨损而伸长后,容易因z_2过多而发生跳齿和脱链现象,所以大链轮齿数不宜过多,一般应使$z_2\leqslant 120$。

表 10-8 小链轮齿数 z_1

链速 $v/\text{(m·s}^{-1})$	0.6~3	3~8	>8
z_1	=17	=21	=25

由于链节数多为偶数,考虑到链条和链轮轮齿的均匀磨损,链轮齿数一般应取与链节数互为质数的奇数。

4. 链的节距

一般情况下,链的节距越大,其承载能力越高,但节距过大带来的啮合冲击对传动是不利的。因此,在满足工作要求的条件下,应尽量选小节距的链,高速重载时可选用小节距多排链。

5. 中心距和链条节数

中心距小,传动尺寸紧凑,但单位时间内链条绕转次数多,链节的屈伸次数也多,会加速其磨损和疲劳,还会使小轮包角也过小,同时啮合的齿数也减少;中心距过大,则易因松边悬垂过多而产生剧烈抖动。中心距一般初取 $a_0 = (30~50)P$,最大中心距 $a_0 \leqslant 80P$。

链条长度用链的节数 L_{P0} 表示,按带传动求带长的公式可导出

$$L_{P0} = \frac{2a}{p} + \frac{z_1+z_2}{2} + \frac{p}{a}\left(\frac{z_2-z_1}{2\pi}\right)^2 \tag{10.18}$$

由此算出的链的节数,需圆整为整数,最好取为偶数。

根据链长得出链传动的实际中心距计算公式:

$$a = \frac{p}{4}\left[\left(L_P - \frac{z_1+z_2}{2}\right) + \sqrt{\left(L_P - \frac{z_1+z_2}{2}\right)^2 - 8\left(\frac{z_2-z_1}{2\pi}\right)^2}\right] \tag{10.19}$$

为了便于安装链条和调节链的张紧程度,一般中心距设计成可以调节的,若中心距不能调节而又没有张紧装置时,应将计算的中心距减小 2~5mm,这样可使链条有小的初垂度,以保持链传动的张紧。

10.2.3 滚子链的设计、计算

滚子链传动速度一般分为中、高速传动(链速 $v \geqslant 0.6\text{m/s}$)和低速传动($v < 0.6\text{m/s}$)。对于中、高速链传动,通常按功率曲线进行设计,而低速链传动,则按链的静强度进行设计、计算。

链速 $v \geqslant 0.6\text{m/s}$ 时,其主要失效形式是链条疲劳或冲击疲劳破坏,设计计算准则为:

$$p_c = K_a P \leqslant [P] \tag{10.20}$$

可按图 10-5 所示的功率曲线进行设计,该图为 A 系列滚子链所能传递的功率,它是在特定条件下制定的,即①两链轮共面;②小链轮齿数 $z_1=19$;③链长为 100 链节;④单排链;⑤载荷平稳;⑥采用推荐的润滑方式;⑦工作寿命为

15 000h，链条因磨损而引起的相对伸长量不超过3%。

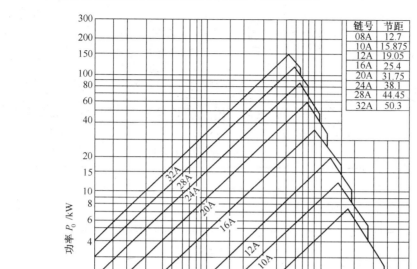

图 10-5　功率曲线图

如润滑不良或不能采用推荐的润滑方式时，应将图中 P_0 点值降低，当链速 $v \leqslant 1.5\mathrm{m/s}$ 时，降低到 50%，当 $1.5\mathrm{m/s} < v \leqslant 7\mathrm{m/s}$ 时，降低 75%，当 $v > 7\mathrm{m/s}$ 而又润滑不良时，传动不可靠，不宜采用。

当实际工作情况与上述特定条件不同时，应对查得的 P_0 值加以修正，故实际工作条件下链条所能传递的功率可表示为：

$$P_c = K_a P \leqslant P_0 K_z K_m$$

$$P_0 \leqslant P \frac{K_a}{K_z K_m} \tag{10.21}$$

式中，P 为链传动所能传递的功率（kW）；P_0 为特定条件下单排链传递的额定功率（kW）；K_z 为小链轮齿数因数，查表 10-9 确定。当传动工作在图 10-5 曲线凸峰左侧时，其失效形式为链板疲劳破坏，查表中的 K_z 确定；当传动工作在图 10-5 曲线凸峰的右侧时，其失效形式为滚子、套筒冲击疲劳破坏，查表中

的 K_z'；K_m 为多排链因数，查表 10-10 确定；K_a 为工作情况因数，查表 10-11。

当 $v \leqslant 0.6\text{m}/\text{时}$，主要失效形式为链条的过载拉断，设计、计算时必须验算静力强度的安全系数：

$$\frac{Q}{F_1 K_a} \geqslant S \tag{10.22}$$

式中，Q 为单排链的极限拉伸载荷；F_1 为紧边拉力 $F=1000P/v$；S 为安全系数，$S=4\sim 8$；K_a 为工况系数。

表 10-9 小链轮齿数因数 K_z

z_1	17	19	21	23	25	27	29	31	33	35
K_z	0.887	1.00	1.11	1.23	1.34	1.46	1.58	1.70	1.82	1.93
K_z'	0.846	1.00	1.16	1.33	1h51	1.69	1.89	2.08	2.29	2.50

表 10-10 多排链因数 K_m

排　　数	1	2	3	4
K_m	1.0	1.7	2.5	3.3

表 10-11 工作情况因数 K_a

载 荷 种 类	原 动 机	
	电动机或汽轮机	内燃机
载荷平稳	1.0	1.2
中等冲击	1.3	1.4
较大冲击	1.5	1.7

思考与习题

10-1 设计一通风机的 V 带传动，选用异步电机驱动，已知电机转速 $n_1=1460\text{r}/\text{min}$，通风机转速 $n_2=640\text{r}/\text{min}$，通风机输入功率 $P=9\text{kW}$，两班工作制。

10-2 一滚子链传动，已知主链轮齿数 $z_1=17$，采用 10A 滚子链，中心距 $a=500\text{mm}$、水平布置、传递功率 $P=1.5\text{kW}$、主动轮转速 $n_1=130\text{r}/\text{min}$，设工作情况系数 $K_a=1.2$，静力强度系数 $S=7$，试验算此链传动。

第 11 章 齿轮传动设计

学习目标
- 了解轮齿的失效形式及设计、计算准则。
- 掌握圆柱齿轮传动的设计、计算方法,计算步骤和选择主要参数。
- 能根据齿轮类型选择相应的计算准则和计算公式。
- 能根据计算结果选择相应的齿轮结构形式及齿轮传动润滑方式。

学习建议
- 课堂讲授齿轮传动设计知识。
- 通过完成实践项目,提高设计应用能力及动手能力。
- 通过课程网站和互联网资源查找相关学习资源,拓宽知识面。

分析与探究

大多数齿轮传动不仅用来传递运动,而且还要传递动力,因此齿轮传动除要求传动平稳之外,还要求具有足够的承载能力。在使用期限内防止轮齿失效是齿轮设计的依据。本章将介绍齿轮的传动设计方法。

11.1 圆柱齿轮传动设计

11.1.1 轮齿的失效分析

轮齿的失效形式主要有以下五种。

1. 轮齿折断

轮齿折断是指轮齿整体或局部的断裂(图 11-1)。轮齿折断一般发生在齿根部分,因为齿根部分弯曲应力最大,而且有应力集中。

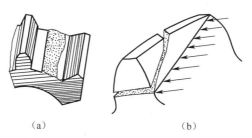

图 11-1 轮齿折断

轮齿折断通常有两种情况,一种是轮齿因短时、意外的严重过载而引起的突然折断,称为过载折断;另一种是在载荷的多次重复作用下,弯曲应力超过弯曲疲劳极限，齿根部分产生疲劳裂纹，裂纹逐渐扩展，最终将引起轮齿折断，这种折断称为疲劳折断。齿宽较小的直齿往往发生全齿折断，齿宽较大的直齿或斜齿容易发生局部折断。

限制齿根弯曲应力，增大齿根过渡圆角半径，减小齿根表面粗糙度，在齿根处施行碾压喷丸处理等都可提高轮齿的抗折断能力。

2. 齿面点蚀

点蚀是一种呈麻点状的齿面疲劳损伤，一般出现在轮齿靠近节线的齿根表面上（图11-2）。润滑良好的闭式齿轮工作时，齿面接触处的接触应力是由零增加到最大值，即齿面接触应力是按脉动循环变化的。若齿面的接触应力超过材料的接触疲劳极限时，在载荷的多次重复作用下齿面可能产生微小的疲劳裂纹，润滑油挤入裂纹后会加速裂纹的扩展，最后使小片金属微粒剥落，形成凹坑麻点。

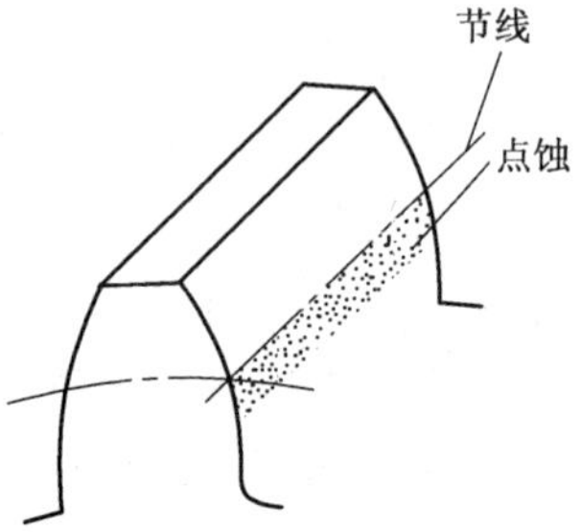

限制齿面接触应力，提高齿面硬度和增加润滑油的粘度可以避免或减缓点蚀的产生。

图 11-2 齿面点蚀

3. 齿面磨损

齿面磨损通常有磨粒磨损和跑合磨损两种。开式齿轮传动常由于灰尘、硬颗粒等外物进入齿面间而引起齿面磨损。齿面过度磨损后，齿廓显著变形，导致噪声和振动，严重时甚至因轮齿过薄而折断（图11-3）。

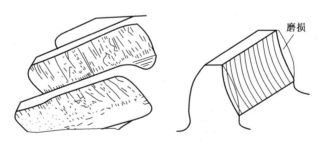

图 11-3 齿面磨损

开式齿轮一般不会出现点蚀，因开式齿轮磨损较快，表面往往未来得及形成疲劳点蚀凹坑即被磨损。

新的齿轮副，由于加工表面具有一定粗糙度，受载荷时实际上只有部分峰顶接触，因此在开始运转期间，磨损速度较快，磨损量较大。磨损到一定程度后，摩擦面逐渐光滑，压强减小，磨损速度减慢，这种磨损称为跑合。应该注意，跑合结束后，必须清洗和更换润滑油。

4. 齿面胶合

在高速重载齿轮传动中，常因啮合区温度升高而引起润滑失效，导致两齿轮齿面金属直接接触并相互粘连，当两齿轮相对运动时，较软的齿面沿滑动方向被撕下而形成沟纹（图 11-4），这种现象称为齿面胶合。在低速重载传动中，由于齿面间的润滑油膜不易形成也可能产生胶合。

提高齿面硬度和减小表面粗糙度能增强抗胶合能力。对于低速传动可采用黏度较大的润滑油；对于高速传动可采用含抗胶合添加剂的润滑油。

5. 齿面塑性变形

在重载下，较软的齿面上可能产生局部的塑性变形，使齿廓失去正确的齿形（图 11-5）。这种损坏常在过载严重和启动频繁的传动中遇到。

提高齿面硬度和采用粘度较大的润滑油有助于防止或减轻齿面的塑性变形。

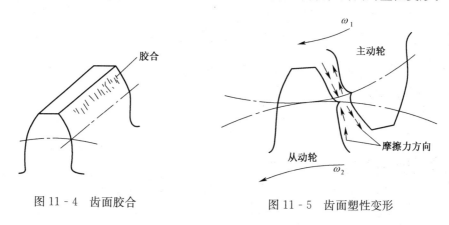

图 11-4 齿面胶合   图 11-5 齿面塑性变形

11.1.2 齿轮常用材料、热处理方法及传动精度

1. 齿轮传动的材料及热处理

为了防止齿轮的失效，在选择齿轮材料时应注意以下一些原则：

(1) 使齿面具有足够的硬度和耐磨性。

(2) 合理选择材料配对。

(3) 材料具有良好的加工工艺性。

常用的齿轮材料为各种牌号的优质碳素结构钢、合金结构钢、铸钢、铸铁和非金属材料等。一般多采用锻件或轧制钢材。当齿轮结构尺寸较大，轮坯不易锻造时，可采用铸钢；开式低速传动时，可采用灰铸铁或球墨铸铁。低速重载的齿轮易产生齿面塑性变形，轮齿也易折断，宜选用综合性能较好的钢材；高速齿轮易产生齿面点蚀，宜选用齿面硬度高的材料；受冲击载荷的齿轮，宜选用韧性好的材料。对高速、轻载而又要求低噪声的齿轮传动，也可采用非金属材料，如夹布胶木、尼龙等。常用的齿轮材料及其力学性能见表 11-1。

表 11-1 齿轮常用材料及其力学性能

材料牌号	热处理	硬 度	强度极限 σ_b/MPa	屈服极限 σ_s/MPa	应 用 范 围
45	正火	169~217 HBS	580	290	低速轻载
	调质	217~255 HBS	650	360	低速中载
	表面淬火	45~55 HRC	750	450	高速中载或低速重载,冲击很小
50	正火	180~220 HBS	620	320	低速轻载
40Cr	调质	240~260 HBS	700	550	中速中载
	表面淬火	48~55 HRC	900	650	高速中载,无剧烈冲击
42SiMn	调质	217~269 HBS	750	470	高速中载,无剧烈冲击
	表面淬火	45~55 HRC			
20Cr	渗碳淬火	56~62 HRC	650	400	高速中载,承受冲击
20CrMnTi	渗碳淬火	56~62 HRC	1100	850	
ZG310—570	正火	160~210 HBS	570	320	中速、中载、大直径
	表面淬火	40~50 HRC			
ZG340—640	正火	170~230 HBS	650	350	
	调质	240~270 HBS	700	380	
HT200	人工时效	170~230HBS	200		低速、轻载,冲击很小
HT300	(低温退火)	187~235HBS	300		
QT600—2	正火	220~280 HBS	600		低、中速轻载,有小的冲击
QT500—5	正火	147~241 HBS	500		

注:锥齿轮传动的圆周速度按齿宽中点分度圆直径计算。

钢制齿轮的热处理方法主要有以下几种。

(1) 表面淬火

表面淬火常用于中碳钢和中碳合金钢,如 45 钢、40Cr 钢等。表面淬火后,齿面硬度一般为 40~55HRC。特点是抗疲劳点蚀、抗胶合能力高,耐磨性好;由于齿心部未淬硬,齿轮仍有足够的韧性,能承受不大的冲击载荷。

(2) 渗碳淬火

渗碳淬火常用于低碳钢和低碳合金钢,如 20 钢、20Cr 钢等。渗碳淬火后齿面硬度可达 56~62HRC,而齿心部仍保持较高的韧性,轮齿的抗弯强度和齿面接触强度高,耐磨性较好,常用于受冲击载荷的重要齿轮传动。齿轮经渗碳淬火后,轮齿变形较大,应进行磨齿。

(3) 渗氮

渗氮是一种表面化学热处理。渗氮后不需要进行其他热处理,齿面硬度可达 700~900HV。由于渗氮处理后的齿轮硬度高,工艺温度低,变形小,故适用于内齿轮和难以磨削的齿轮，常用于含铬、钼、铝等合金元素的渗氮钢，如38CrMoAlA。

(4) 调质

调质一般用于中碳钢和中碳合金钢，如45钢、40Cr、35SiMn钢等。调质处理后齿面硬度一般为220～280HBS。因硬度不高，轮齿精加工可在热处理后进行。

(5) 正火

正火能消除内应力，细化晶粒，改善力学性能和切削性能。机械强度要求不高的齿轮可采用中碳钢正火处理，大直径的齿轮可采用铸钢正火处理。

根据热处理后齿面硬度的不同，齿轮可分为软齿面齿轮（≤350HBS）和硬齿面齿轮（>350HBS）。一般要求的齿轮传动可采用软齿面齿轮。为了减小胶合的可能性，并使配对的大小齿轮寿命相当，通常使小齿轮齿面硬度比大齿轮齿面硬度高出30～50HBS。对于高速、重载或重要的齿轮传动，可采用硬齿面齿轮组合，齿面硬度可大致相同。

2. 齿轮传动精度

轮齿加工时，由于轮坯、刀具在机床上的安装误差，机床和刀具的制造误差，以及加工时所引起的振动等原因，加工出来的齿轮存在着不同程度的误差。加工误差大、精度低将影响齿轮的传动质量和承载能力；反之，若精度要求过高，将给加工带来困难，提高制造成本。因此，根据齿轮的实际工作条件，对齿轮加工精度提出适当的要求至关重要。

我国国标 GB 10095—88 中，对渐开线圆柱齿轮规定了12个精度等级，第1级精度最高，第12级最低。齿轮副中两个齿轮的精度等级可以相同，也可以不同。齿轮精度等级主要根据传动的使用条件、传递的功率、圆周速度，以及其他经济、技术要求决定。对于高速、分度等要求高的齿轮传动，常用6级，一般机械中常用7～8级，对精度要求不高的低速齿轮可用9级。

齿轮每个精度等级的公差根据对运动准确性、传动平稳性和载荷分布均匀性等三方面要求，划分成三个公差组，即第Ⅰ公差组、第Ⅱ公差组和第Ⅲ公差组。一般情况下，可选三个公差组为同一精度等级，但也容许根据使用要求的不同，选择不同精度等级的公差组组合。选择时，先根据齿轮的圆周速度确定第Ⅱ公差组精度等级（表11-2），第Ⅰ公差组可比第Ⅱ公差组精度低一级或同级，第Ⅲ公差组通常与第Ⅱ公差组同级，具体可参阅有关手册确定。

为防止齿轮传动时因制造、安装误差，以及热膨胀或承载变形等原因而导致轮齿卡死，在齿轮的非工作齿廓间应留有侧隙。传动侧隙按工作条件确定，与精度等级无关。合适的侧隙可通过选择适当的齿厚极限偏差和中心距极限偏差来保证。GB 10095—88 中规定，齿厚偏差有 C、D、E、F、G、H、J、K、L、M、N、P、R、S 14种，每种代号所规定的齿厚偏差值均是 f_{pt}（齿距极限偏差）的倍数。具体选用可根据第Ⅱ公差组的精度等级及齿轮的主要参数查阅有关设计手册。

在齿轮零件工作图上应标注齿轮精度等级及齿厚极限偏差的字母代号。例如，若齿轮第Ⅰ公差组精度等级为7级，第Ⅱ、第Ⅲ公差组精度为6级，齿厚上偏差为G，齿厚下偏差为M时，标注为7-6-6GM GB 10095—88。若三个公差组精度同为6级，则标注为6GM GB 10095—88。

表11-2 齿轮传动精度等级及其应用

精度等级	圆周速度 v (m/s)			应用举例
	直齿圆柱齿轮	斜齿圆柱齿轮	直齿圆锥齿轮	
6（高精度）	≤15	≤30	≤9	高速、重载齿轮传动，如机床、汽车和飞机中的重要齿轮，分度机构的齿轮，高速减速器的齿轮等
7（精密）	≤10	≤20	≤6	高速中载、中速重载齿轮传动，如标准系列减速器的齿轮，机床和汽车变速箱中的齿轮等
8（中等精度）	≤5	≤9	≤3	一般机械中的齿轮传动，如机床、汽车和拖拉机中一般的齿轮，起重机械中的齿轮，农业机械中的重要齿轮等
9（低精度）	≤3	≤6	≤2.5	低速重载的齿轮，低精度机械中的齿轮

11.1.3 标准直齿圆柱齿轮传动的设计、计算

1. 齿轮设计、计算准则

为了保证齿轮在使用期限内不致失效，应针对各种失效建立相应的计算准则和方法。但是，目前对于齿面磨损、胶合和塑性变形，尚无可靠的计算方法。所以齿轮传动设计，通常只按齿根弯曲疲劳强度和齿面接触疲劳强度进行计算。

(1) 对于闭式软齿面齿轮传动（配对齿轮之一的硬度≤350HBS），一般先发生齿面疲劳点蚀，后发生轮齿折断，因此，可先按齿面接触疲劳强度进行设计，然后校核齿根弯曲疲劳强度。

(2) 对于闭式硬齿面齿轮传动（配对齿轮的硬度均＞350HBS），一般先发生轮齿折断，后发生齿面疲劳点蚀，因此，可先按齿根弯曲疲劳强度进行设计，然后校核齿面接触疲劳强度。

(3) 对于开式齿轮传动，齿面磨损和轮齿折断是其主要失效形式。由于磨损尚无可靠的计算方法，一般按齿根弯曲疲劳强度进行计算。对于磨损的影响可通过将设计所得模数放大10%～15%或降低许用应力加以考虑。因磨粒磨损速率远比齿面疲劳裂纹扩展速率快，即齿面疲劳裂纹还未扩展即被磨去，所以一般开

式传动齿面不会出现疲劳点蚀，故无须校核齿面接触疲劳强度。

2. 轮齿的受力分析

齿轮传动是靠轮齿间作用力传递功率的。如前所述，一对渐开线齿轮啮合，若不计齿面间的摩擦，轮齿间的相互作用力 F_n 沿着啮合线的方向，称为法向力。如图 11-6 所示为主动轮受力情况，F_n 可分解为圆周力 F_t 及径向力 F_r，根据力矩平衡条件可得出

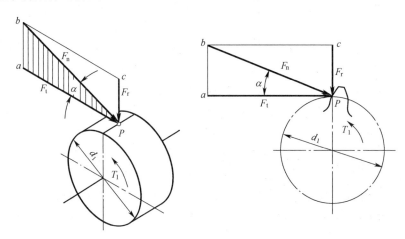

图 11-6 直齿圆柱齿轮受力分析

$$F_t = \frac{2T_1}{d_1}, \quad F_r = F_t \tan\alpha, \quad F_n = \frac{F_t}{\cos\alpha} \tag{11.1}$$

式中，d_1 是小齿轮分度圆直径，单位为 mm，α 为分度圆压力角，$\alpha=20°$。T_1 为小齿轮传递的转矩，单位为 N·mm；当小齿轮传递的功率为 P_1（kW），小齿轮转速为 n_1（r/min）时，$T_1 = 9.55 \times 10^6 P_1/n_1$。

根据作用力和反作用力原理可知作用在从动轮上的力与主动轮上的各力均等值反向。各力的方向判断方法为：径向力分别指向各自的轮心；主动轮上的圆周力对其轴之矩与主动轮转向相反；从动轮上的圆周力对其轴之矩与从动轮转向相同。

3. 轮齿的计算载荷

上述轮齿受力分析中的法向力 F_n 是理想情况下的载荷，称为名义载荷。实际上，由于齿轮、轴和支承装置加工、安装误差及载荷下的变形等因素，使载荷沿齿宽的作用力分布不均，存在应力集中的现象；此外，由于原动机与工作机的载荷变化，以及齿轮制造误差和变形所造成的传动不平稳等，都会产生附加载荷。因此，在计算齿轮强度时，需要引入载荷系数 K 来考虑上述各种因素的影响，即以计算载荷 F_{cn} 代替名义载荷 F_n。计算载荷按下式确定

$$F_{cn} = K F_n \tag{11.2}$$

载荷系数 K 的取值按表 11-3 选取。

表 11-3 载荷系数 K

工 作 机	载荷特性	原 动 机		
		电动机	多缸内燃机	单缸内燃机
均匀加料的运输机和搅拌机、轻型卷扬机、发电机、机床辅助传动等	均匀、轻微冲击	1~1.2	1.2~1.6	1.6~1.8
不均匀加料的运输机和搅拌机、重型卷扬机、球磨机、机床主传动等	中等冲击	1.2~1.6	1.6~1.8	1.8~2.0
冲床、钻床、轧机、破碎机、挖掘机、重型给水泵、单缸往复式压缩机等	较大冲击	1.6~1.8	1.9~2.1	2.2~2.4

4. 齿面接触疲劳强度计算

轮齿表面疲劳点蚀与齿面接触应力有关。点蚀多发生在节线附近，一般按节线处接触应力为计算依据。由弹性力学的赫兹公式可得出齿面接触疲劳强度的校核计算公式为

$$\sigma_H = 3.52 Z_E \sqrt{\frac{KT_1(u\pm 1)}{bd_1^2 u}} \leqslant [\sigma_H] \tag{11.3}$$

式中，"＋"用于外啮合传动，"－"用于内啮合传动，各符号意义如下：σ_H 为齿面接触应力（MPa）；Z_E 为齿轮材料的弹性系数，见表 11-4；K 为载荷系数，见表 11-3；T_1 为主动轮上的转矩（N·mm）；u 为两轮齿数比，$u=z_2/z_1$；b 为齿宽（mm）；d_1 为小齿轮分度圆直径（mm）；$[\sigma_H]$ 为许用接触应力（MPa）。

表 11-4 配对齿轮材料的弹性系数 Z_E

两轮的材料组合	两轮均为钢	钢与铸铁	两轮均为铸铁
Z_E	189.8	165.4	144

为便于设计计算，引入齿宽系数 $\phi_d = b/d_1$，代入上式，得到齿面接触疲劳强度的设计计算公式为

$$d_1 \geqslant \sqrt[3]{\frac{KT_1(u\pm 1)}{\phi_d u}\left(\frac{3.52 Z_E}{[\sigma_H]}\right)^2} \tag{11.4}$$

式中各符号意义同上，齿宽系数 ϕ_d 见表 11-5。

表 11-5 齿宽系数 ϕ_d

齿轮相对于轴承的位置	轮齿表面硬度	
	软齿面（≤350 HBS）	硬齿面（>350 HBS）
对称布置	0.8~1.4	0.4~0.9
不对称布置	0.6~1.2	0.3~0.6
悬臂布置	0.3~0.4	0.2~0.25

注：①对于直齿圆柱齿轮取较小值，斜齿轮可取较大值，人字齿轮可取更大值。
②对于载荷平稳、轴的刚性较大时，取值应大一些；对于变载荷、轴的刚性较小时，取值应小一些。

若两轮材料都选用钢时，有 $Z_E=189.8$。代入以上两式，得到一对钢制齿轮的校核公式和设计计算公式为

$$\sigma_H = 668\sqrt{\frac{KT_1(u\pm 1)}{bd_1^2 u}} \leqslant [\sigma_H] \tag{11.5}$$

$$d_1 \geqslant 76.43\sqrt[3]{\frac{KT_1(u\pm 1)}{\phi_d u [\sigma_H]^2}} \tag{11.6}$$

使用上述公式时应当注意：一对轮齿啮合时，根据作用力和反作用力原理，两齿面的接触应力是相等的，即 $\sigma_{H1} = \sigma_{H2}$；而由于两齿轮材料或热处理方式不同，许用接触应力一般不同，计算时取 $[\sigma_H]_1$ 和 $[\sigma_H]_2$ 中的较小值。

5. 齿根弯曲疲劳强度计算

为了防止轮齿因疲劳而折断，应保证齿轮具有足够的弯曲疲劳强度。当轮齿在齿顶啮合时，齿根弯曲应力最大。设计时设全部载荷由一对齿承担，且载荷作用于齿顶，并将轮齿看成宽度为 b 的悬臂梁，则轮齿根部为危险截面。危险截面可用 30°切线法来确定，即作与轮齿对称中心线成 30°角并与齿根过渡曲线相切的两条直线，连接两切点所得的截面即为齿根的危险截面，如图 11 - 7 所示。

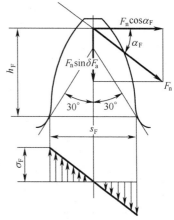

图 11 - 7 弯曲危险截面

由弯曲正应力强度条件并考虑适当的修正系数可得齿根弯曲疲劳强度校核计算公式为

$$\sigma_F = \frac{2KT_1}{bd_1 m}Y_F Y_S = \frac{2KT_1}{bm^2 z_1}Y_F Y_S \leqslant [\sigma_F] \tag{11.7}$$

式中，T_1 为主动轮转矩，单位为 N·mm；b 为轮齿的接触宽度，单位为 mm；m 为模数；z_1 为主动轮齿数；Y_F、Y_S 分别为齿形修正系数和应力修正系数，其值见表 11 - 6；$[\sigma_F]$ 为轮齿的许用弯曲应力，单位为 MPa。

表 11 - 6 标准外齿轮的齿形系数 Y_F 及应力修正系数 Y_S

z	12	14	16	17	18	19	20	22	25	28	30
Y_F	3.47	3.22	3.03	2.97	2.91	2.85	2.81	2.75	2.65	2.58	2.54
Y_S	1.44	1.47	1.51	1.53	1.54	1.55	1.56	1.58	1.59	1.61	1.63
z	35	40	45	50	60	80	100	$\geqslant 200$			
Y_F	2.47	2.41	2.37	2.35	2.30	2.25	2.18	2.14			
Y_S	1.65	1.67	1.69	1.71	1.73	1.77	1.80	1.88			

注：$\alpha = 20°$，$h_a^* = 1$，$c^* = 0.25$，$\rho_f = 0.38m$。ρ_f 为齿根圆角曲率半径。

通常两齿轮的齿形系数 Y_{F1}、Y_{F2} 并不相同，两齿轮材料的许用弯曲应力 $[\sigma_F]_1$、$[\sigma_F]_2$ 也不相同，因此要分别验算两个齿轮的弯曲强度。

引入齿宽系数 ϕ_d，代入上式可得齿根弯曲疲劳强度的计算公式

$$m \geqslant \sqrt[3]{\frac{2KT_1 Y_F Y_S}{\phi_d z_1^2 [\sigma_F]}} \tag{11.8}$$

用上式计算时,应将两齿轮的 $Y_{F1}Y_{S1}/[\sigma_F]_1$ 和 $Y_{F2}Y_{S2}/[\sigma_F]_2$ 值进行比较,取其中较大的代入式子进行计算,计算所得的模数应圆整成标准值。

6. 齿轮的许用应力

(1) 许用接触应力

接触疲劳许用应力按下式计算

$$[\sigma_H] = \frac{\sigma_{H\lim}Z_N}{S_H} \tag{11.9}$$

$\sigma_{H\lim}$ 为材料的接触疲劳极限,查图 11-8;S_H 为安全系数,查表 11-7;Z_N 为接触强度计算的寿命系数,是考虑齿轮应力循环次数影响的系数,其值可根据应力循环次数查图 11-11。

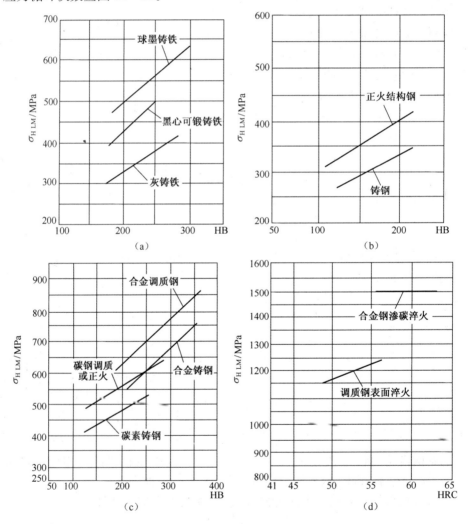

图 11-8 接触疲劳强度极限

表 11-7 齿轮强度的安全系数 S_H 和 S_F

安 全 系 数	软齿面（≤350 HBS）	硬齿面（>350 HBS）	重要的传动、渗碳淬火齿轮或铸造齿轮
S_H	1.0～1.1	1.1～1.2	1.3
S_F	1.3～1.4	1.4～1.6	1.6～2.2

由图 11-11 查 Z_N 时，横坐标 N 为应力循环次数，按下式计算

$$N = 60njL_h \tag{11.10}$$

式中，n 为齿轮转速，单位为 r/min，j 为齿轮转一转时同侧齿面的啮合次数，L_h 为齿轮工作寿命，单位为 h。

（2）许用弯曲应力

许用弯曲应力 $[\sigma_F]$ 按下式计算

$$[\sigma_F] = \frac{\sigma_{Flim} Y_N}{S_F} \tag{11.11}$$

式中，σ_{Flim} 为试验齿轮的弯曲疲劳极限，按图 11-9 查取；对于长期双侧工作的齿轮传动，齿根弯曲应力为对称循环，应将图中数据乘以 0.7。S_F 为安全系数，查表 11-7。Y_N 为弯曲疲劳寿命系数，是考虑齿轮应力循环次数影响的系数，查图 11-10。图中横坐标 N 为应力循环次数，按公式（11.10）计算。

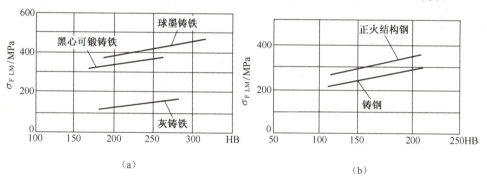

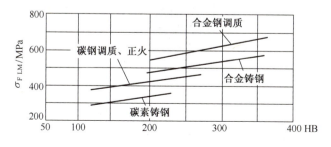

图 11-9 弯曲疲劳强度极限

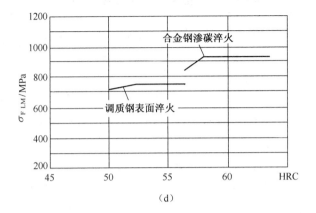

图 11-9 弯曲疲劳强度极限（续）

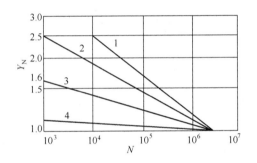

图 11-10 弯曲疲劳寿命系数 Y_N

1—碳钢正火、调质，球墨铸铁；2—碳钢表面淬火、渗碳；
3—氮化钢气体氮化，灰铸铁；4—碳钢调质后液体渗氮

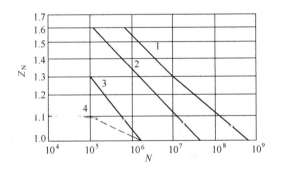

图 11-11 接触疲劳寿命系数 Z_N

1—碳钢正火、调质，表面淬火及渗碳，球墨铸铁（允许一定点蚀）；2—材料和热处理同1不允许出现点蚀；3—碳钢调质后气体渗氮、氮化钢气体渗氮，灰铸铁；4—碳钢调质后液体氮化

7. 主要参数的选择和设计步骤

设计齿轮传动时，通常是根据齿轮所传递的功率、转速、传动比、工作机和原动机的工作特性、使用寿命和可靠性等，以及其他特殊要求，如外廓尺寸、中心距、和维修条件等的限制，通过强度计算确定出齿轮传动的主要参数、齿轮材料、几何尺寸、齿轮结构和精度等级，并绘出工作图。

齿轮的主要参数包括齿数、模数和齿宽系数，设计时，应根据具体的情况选择这些参数。

(1) 小齿轮齿数 z_1

闭式软齿面齿轮传动的承载能力主要由齿面接触疲劳强度决定。齿面接触应力 σ_{H1} 与 d_1 成正比。在 d_1 大小不变且满足齿根弯曲疲劳强度的条件下，宜采用较多齿数和较小模数，这样不仅可以增大重合度，改善传动的平稳性和齿轮上的载荷分配，而且可以降低齿高，缩小毛坯尺寸，减少切削用量，降低加工成本，同时由于齿高的降低又可以减小滑动系数，有利于提高齿轮抗磨损、抗胶合的能力。一般来说，小齿轮齿数可取 $z_1 = 20 \sim 40$。

闭式硬齿面齿轮和开式传动齿轮的承载能力主要由齿根弯曲疲劳强度决定。模数越大，轮齿的尺寸就越大，在齿数及齿宽相等的条件下，轮齿的抗弯曲强度就越高。因此，为了保证轮齿具有足够的弯曲疲劳强度和结构尺寸的紧凑性，宜采用较少齿数和较大模数。一般可以取 $z_1 = 17 \sim 20$。

开式齿轮传动中为保证轮齿在经受相当的磨损后仍不会发生破坏，宜采用较少齿数和较大模数，一般取 $z_1 = 17 \sim 20$。

对于周期性变化的载荷，为避免最大载荷总是作用在某一对齿或某几对齿上而使磨损过于集中，z_1、z_2 应互为质数。这样实际传动比与要求的传动比可能有出入，但一般情况下误差在 5% 以内是允许的。

(2) 模数 m

模数影响轮齿的抗弯强度，一般在满足轮齿弯曲强度的条件下，取较小的模数，以利于增大齿数，减少切削量。对于传递动力的齿轮传动，为了防止因过载而导致轮齿折断，一般模数 m 不小于 2mm。

(3) 齿宽系数 ϕ_d

齿宽系数 $\phi_d = b/d_1$，齿宽系数取大些，可以使中心距及直径 d 减小，降低齿轮传动的圆周速度；但齿宽系数过大则需提高结构刚度，否则会出现齿向载荷分布严重不均。故齿宽系数不宜过大或过小，其推荐值见表 11-5。

在一般精度的圆柱齿轮减速器中，为补偿加工和装配的误差，应使小齿轮比大齿轮宽一些，小齿轮的齿宽取 $b_1 = b_2 + (5 \sim 10)$ mm。故齿宽系数实际上是 b_2/d_1。另外，齿宽应圆整为整数，最好取个位数为 0 或 5。

(4) 设计步骤

根据圆柱齿轮传动的强度计算方法，直齿圆柱齿轮传动设计计算步骤如下：

①选择齿轮材料、热处理方式。通过分析齿轮的工作条件,确定材料的性能和组织要求,综合比较后进行选择。材料及热处理方式的选择可参见表11-1。

②选择精度等级。齿轮传动精度等级选择可参见表11-2,在满足使用要求的前提下,尽可能选用较低的精度等级以减少加工难度,降低制造成本。

③承载能力计算。按本节所确定的设计计算准则进行计算并确定主要参数。

④计算齿轮的几何尺寸。可按表4-5所列的公式计算。

⑤确定齿轮的结构形式。可参照第4章齿轮结构部分或查设计手册。

⑥绘制齿轮工作图。

例8.1 设计带式运输机的单级标准直齿圆柱齿轮传动。已知:传动功率$P=7.5$kW,电动机驱动,小齿轮转速$n_1=950$r/min,传动比$i=2.5$,单向运转,载荷平稳。单班制工作,预期使用寿命10年。

解:

步骤	计算及说明	结果
(1) 选择齿轮材料和精度等级	小齿轮选用45钢调质,硬度为217~255HBS;大齿轮选用45钢正火,硬度为169~217HBS。因为是普通减速机,由表11-2选用8级精度。	小齿轮选用45钢调质,硬度为217~255HBS;大齿轮选用45钢正火,硬度为169~217HBS。
(2) 按齿面接触疲劳强度设计	两齿轮均为钢质齿轮,由式(11.6)可求出d_1值,先确定有关参数与系数:查表11-3取$K=1.1$	
①载荷系数K	$T_1=9.55\times10^6\dfrac{P}{n_1}=9.55\times10^6\times\dfrac{7.5}{950}\mathrm{N\cdot mm}=7.5\times10^4\mathrm{N\cdot mm}$	$T_1=7.5\times10^4\mathrm{N\cdot mm}$
②小齿轮转矩T_1	小齿轮齿数取$z_1=25$,则大齿轮齿数为$z_2=62$,单级齿轮传动对称布置,由表11-5取齿宽系数$\phi_d=1$	$K=1.1$
③齿数z_1和齿宽系数ϕ_d	由图11-8查得$\sigma_{\mathrm{Hlim1}}=560$MPa,$\sigma_{\mathrm{Hlim2}}=530$MPa,由表11-7查得安全系数$S_H=1$。按预期寿命10年,单向运转,计算应力循环次数$N_1$、$N_2$	$z_1=25$, $z_2=62$
④许用接触应力$[\sigma_H]$	$N_1=60njL_h=60\times950\times1\times(10\times52\times40)=1.21\times10^9$	$\phi_d=1$
	$N_2=N_1/i=1.21\times10^9/2.5=4.84\times10^8$	$\sigma_{\mathrm{Hlim1}}=560$MPa, $\sigma_{\mathrm{Hlim2}}=530$MPa
	查图11-11得$Z_{N1}=1$,$Z_{N2}=1.06$,由式(11.9)有	
	$[\sigma_H]_1=\dfrac{\sigma_{\mathrm{Hlim1}}Z_{N1}}{S_H}=\dfrac{560\times1}{1}\mathrm{MPa}=560\mathrm{MPa}$	$[\sigma_H]_1=560$MPa
	$[\sigma_H]_2=\dfrac{\sigma_{\mathrm{Hlim2}}Z_{N2}}{S_H}=\dfrac{530\times1.06}{1}\mathrm{MPa}=562\mathrm{MPa}$	$[\sigma_H]_2=562$MPa

(续)

步骤	计算及说明	结果
⑤分度圆直径	由式（11.6）得 $d_1 \geqslant 76.43 \sqrt[3]{\dfrac{KT_1(u+1)}{\phi_d u [\sigma_H]^2}} = 76.43$ $\sqrt[3]{\dfrac{1.1 \times 7.5 \times 10^4 \times 3.5}{1 \times 2.5 \times 560^2}}$ mm $=54.8$ mm $m = \dfrac{d_1}{z_1} = \dfrac{54.8}{25}$ mm $=2.19$ mm	
（3）几何尺寸计算	查表 4-3，取标准模数 $m=2.5$ mm。 $d_1 = m z_1 = 2.5 \times 25$ mm $= 62.5$ mm　$d_2 = m z_2 = 2.5 \times 62$ mm $= 155$ mm $b = \phi_d d_1 = 1 \times 62.5$ mm $= 62.5$ mm 经圆整，取 $b_2 = 65$ mm，则 $b_1 = b_2 + 5 = 70$ mm $a = m(z_1+z_2)/2 = 2.5 \times (25+62)/2$ mm $= 108.75$ mm	$m=2.5$ mm $d_1=62.5$ mm, $d_2=155$ mm $b_2=65$ mm, $b_1=70$ mm $a=108.75$ mm
（4）按齿根弯曲疲劳强度校核 ①许用弯曲应力	根据式 11.7，如 $\sigma_F \leqslant [\sigma_F]$，则校验合格。 由图 11-9 查得，$\sigma_{Flim1}=440$ MPa，$\sigma_{Flim2}=410$ MPa 由表 11-7 查得 $S_F=1.3$，由图 11-10 查得 $Y_{N1}=Y_{N2}=1$ $[\sigma_F]_1 = \dfrac{\sigma_{Flim1} Y_{N1}}{S_F} = \dfrac{440 \times 1}{1.3}$ MPa $=338$ MPa $[\sigma_F]_2 = \dfrac{\sigma_{Flim2} Y_{N2}}{S_F} = \dfrac{440 \times 1}{1.3}$ MPa $=315$ MPa	$[\sigma_F]_1 = 338$ MPa $[\sigma_F]_2 = 315$ MPa
②齿形系数及应力修正系数 ③强度校核	由表 11-6 查得，$Y_{F1}=2.65$，$Y_{F2}=2.29$，$Y_{S1}=1.59$，$Y_{S2}=1.74$ 由式 11.7 得 $\sigma_{F1} = \dfrac{2KT_1}{bm^2 z_1} Y_{F1} Y_{S1} = \dfrac{2 \times 1.1 \times 7.5 \times 10^4}{65 \times 2.5^2 \times 25} \times 2.65 \times 1.59$ MPa $=68$ MPa $\leqslant [\sigma_F]_1 = 338$ MPa $\sigma_{F2} = \sigma_{F1} \dfrac{Y_{F2} Y_{S2}}{Y_{F1} Y_{S1}} = 68 \times \dfrac{2.29 \times 1.74}{2.65 \times 1.59}$ MPa $=64$ MPa $\leqslant [\sigma_F]_2 = 315$ MPa 可见弯曲疲劳强度足够。	$\sigma_{F1}=68$ MPa $\leqslant [\sigma_F]_1$ $\sigma_{F2}=64$ MPa $\leqslant [\sigma_F]_2$
④齿轮圆周速度	$v = \dfrac{\pi d_1 n_1}{60 \times 1000} = \dfrac{3.14 \times 62.5 \times 950}{60 \times 1000}$ m/s $=3.13$ m/s 可知选 8 级精度合适	$v=3.13$ m/s

11.1.4 标准斜齿圆柱齿轮传动的设计、计算

1. 斜齿圆柱齿轮受力分析

图 11-12 为一对斜齿圆柱齿轮的受力图，如不计摩擦力，则作用于主动轮齿上的总压力 F_{n1} 必沿接触点的公法线方向，并指向工作齿面，此力称为法向

力。它可分解为径向力 F_{r1}、轴向力 F_{a1} 和圆周力 F_{t1}，其值分别为

$$F_{t1}=\frac{2T_1}{d_1}, \quad F_{r1}=F_{t1}\frac{\tan\alpha_n}{\cos\beta}, \quad F_{a1}=F_{t1}\tan\beta \tag{11.12}$$

式中，β 为齿轮分度圆柱上的螺旋角；α_n 为齿轮分度圆柱上的法向压力角；T_1 为主动轮传递的转矩，单位为 N·mm，d_1 为主动轮分度圆直径，单位为 mm。其他符号的含义和单位同前。

根据作用力和反作用力原理可知，从动轮上受力分别为 $F_{t2}=-F_{t1}$，$F_{a2}=-F_{a1}$，$F_{r2}=-F_{r1}$。负号表示二力方向相反。各力的方向判断方法如下：

（1）在主动轮上圆周力对其轴之矩与主动轮的转动方向相反；在从动轮上圆周力对其轴之矩与从动轮的转动方向相同。

（2）径向力的方向分别指向各自的轮心。

（3）轴向力的方向与齿轮的螺旋方向和转动方向有关，可用主动轮左、右手法则来判定，即对主动右旋齿轮，以右手四指弯曲的方向表示齿轮的转动方向，则伸直拇指的指向即为主动轮上轴向力 F_{a1} 的方向，从动轮上轴向力 F_{a2} 的方向与其相反。对于主动左旋齿轮，则应以左手用同样的方法来判定。

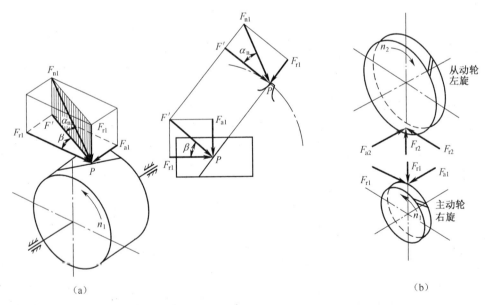

图 11-12 斜齿轮的受力分析

2. 斜齿圆柱齿轮的设计、计算

斜齿圆柱齿轮的设计、计算准则与直齿轮相同。斜齿圆柱齿轮法向齿形与其当量齿轮的齿形近似，所以斜齿圆柱齿轮的轮齿弯曲疲劳强度与当量齿轮的轮齿弯曲疲劳强度相等。因此，只要计算当量齿轮的轮齿弯曲疲劳强度就行了。将当

量齿轮的参数代入直齿圆柱齿轮的计算公式,并考虑斜齿轮重合度及齿面接触线是斜线等因素对强度的影响,即可得到斜齿轮轮齿表面接触疲劳强度和齿根弯曲疲劳强度的计算公式。

(1) 齿面接触疲劳强度计算

校核公式

$$\sigma_H = 3.17 Z_E \sqrt{\frac{KT_1(u\pm1)}{bd_1^2 u}} \leqslant [\sigma_H] \tag{11.13}$$

设计公式

$$d_1 \geqslant \sqrt[3]{\frac{KT_1(u\pm1)}{\phi_d u}\left(\frac{3.17 Z_E}{[\sigma_H]}\right)^2} \tag{11.14}$$

式中,K 为载荷系数,查表 11-3;T_1 为小齿轮的转矩,单位为 N·mm;u 为齿数比;ϕ_d 为齿宽系数,查表 11-5;Z_E 为弹性系数,查表 11-4;b 为轮齿的接触宽度,单位为 mm;$[\sigma_H]$ 为许用接触应力,单位为 MPa,由式 (11.9) 计算;d_1 为小齿轮分度圆直径,单位为 mm。

(2) 齿根弯曲疲劳强度计算

校核公式

$$\sigma_F = \frac{1.6KT_1}{bm_n d_1} Y_F Y_S = \frac{1.6KT_1 \cos\beta}{bm_n^2 z_1} Y_F Y_S \leqslant [\sigma_F] \tag{11.15}$$

设计公式

$$m_n \geqslant 1.17 \sqrt[3]{\frac{KT_1 \cos^2\beta}{\phi_d z_1^2} \times \frac{Y_F Y_S}{[\sigma_F]}} \tag{11.16}$$

式中,Y_F 为齿形系数,Y_S 为应力修正系数,由当量齿数 z_v 查表 11-6;β 为斜齿轮的螺旋角;z_1 为小齿轮齿数;$[\sigma_F]$ 为许用弯曲应力(MPa),由式 (11.11) 计算;其余符号意义同上。

设计时应将 $Y_{F1}Y_{S1}/[\sigma_F]_1$、$Y_{F2}Y_{S2}/[\sigma_F]_2$ 中的较大值代入上式,并将计算所得的法面模数按标准模数圆整。

有关直齿圆柱齿轮传动的设计方法及参数选择原则对斜齿轮传动基本上都是适用的。与直齿轮不同的是斜齿轮传动的中心距与螺旋角 β 有关,在确定中心距时,可通过调整螺旋角 β,使中心距圆整为个位数为 0 或 5。

例 11-2 设计矿山用卷扬机的单级斜齿圆柱齿轮传动。已知原动机为电动机,传递功率 $P=22$kW,小齿轮转速 $n_1=970$r/min,传动比 $i=3.5$,工作机有中等冲击,单向运转,单班制工作,使用寿命 10 年,齿轮相对于轴承对称布置。

解:

由于传递功率较大,速度较高,载荷又有中等冲击,为了使结构紧凑,采用硬齿面齿轮传动。

步骤	计算及说明	结果
(1) 选择材料，计算许用应力	由表 11-1，大、小齿轮都采用 20CrMnTi 渗碳淬火，HRC58。由表 11-2 选 8 级精度 由图 11-9 查得 $\sigma_{Flim1}=\sigma_{Flim2}=880$MPa 由图 11-10 取 $Y_N=1$，由表 11-7 查得 $S_F=1.6$ $[\sigma_F]_1=[\sigma_F]_2=\sigma_{Flim1}Y_N/S_F=880\times1/1.6$MPa $=550$MPa	材料：20CrMnTi 渗碳淬火 $z_1=18$，$z_2=63$，$\beta=10°$ $[\sigma_F]_1=[\sigma_F]_2=550$MPa
(2) 按齿根弯曲疲劳强度设计 ①有关参数的选择 ②小齿轮转矩 T_1 ③计算模数	取小齿轮齿数 $z_1=18$，则 $z_2=i z_1=3.5\times18=63$。初选 $\beta=15°$ 当量齿数 $z_{v1}=z_1/\cos^3\beta=18/\cos^3 15°=18.63$ $z_{v2}=z_2/\cos^3\beta=63/\cos^3 15°=69.91$ 由表 11-6 查得 $Y_{F1}=2.87$，$Y_{F2}=2.28$，$Y_{S1}=1.55$，$Y_{S2}=1.75$ 齿轮相对于轴承对称布置，由表 11-5 选 $\phi_d=0.8$ 中等冲击，由表 11-3 选取 $K=1.4$ $T_1=9.55\times10^6 P/n_1=9.55\times10^6\times22/970$N·mm$=2.16\times10^5$N·mm $Y_{F1}Y_{S1}/[\sigma_F]_1=2.87\times1.55/550=0.00809$ $Y_{F2}Y_{S2}/[\sigma_F]_2=2.28\times1.75/550=0.00725$ 因为 $\dfrac{Y_{F1}Y_{S1}}{[\sigma_F]_1}>\dfrac{Y_{F2}Y_{S2}}{[\sigma_F]_2}$，故将 $\dfrac{Y_{F1}Y_{S1}}{[\sigma_F]_1}$ 代入式 (11.16) 得 $m_n\geqslant1.17\sqrt[3]{\dfrac{KT_1\cos^2\beta}{\phi_d z_1^2}\times\dfrac{Y_F Y_S}{[\sigma_F]}}$ $=1.17\sqrt[3]{\dfrac{1.4\times2.16\times10^5\times\cos^2 15°\times2.87\times1.55}{0.8\times18^2\times550}}$ $=2.42$	$\phi_d=0.8$ $K=1.4$ $T_1=2.16\times10^5$N·mm $m_n=2.5$mm
(3) 计算中心距，协调设计参数 (4) 计算主要尺寸	由表 4-3，取标准模数 $m_n=2.5$mm $a=\dfrac{m_n(z_1+z_2)}{2\cos\beta}=\dfrac{2.5\times(18+63)}{2\cos 15°}=104.82$mm 取 $a=105$mm $\beta=\arccos[m_n(z_1+z_2)/2a]=\arccos[2.5\times(18+63)/(2\times105)]=15°21'32''$ 分度圆直径 $d_1=m_n z_1/\cos\beta=2.5\times18/\cos 15°21'32''mm=46.587$mm $b=\phi_d d_1=0.8\times46.587=37.270$mm 圆整为 $b_2=40$mm，$b_1=45$mm	$a=105$mm $\beta=15°21'32''$ $d_1=46.587$mm $b_2=40$mm，$b_1=45$mm
(5) 校核齿面接触强度	图 11-8 查得 $\sigma_{Hlim1}=\sigma_{Hlim2}=1500$MPa 由图 11-11 取 $Z_N=1$，由表 11-7 取 $S_H=1$，由表 11-4 查得 $Z_E=189.8$ $[\sigma_H]_1=[\sigma_H]_2=\sigma_{Hlim1}Z_N/S_H=1500\times1/1MPa=1500$MPa	$[\sigma_H]_1=[\sigma_H]_2=1500$MPa

续表

步 骤	计算及说明	结 果
(6) 校验圆周速度	由式（11.13） $\sigma_H = 3.17 Z_E \sqrt{\dfrac{KT_1(u+1)}{bd_1^2 u}} = 3.17 \times$ $189.8 \sqrt{\dfrac{1.4 \times 2.16 \times 10^5 \times 4.5}{40 \times 46.587^2 \times 3.5}}$ MPa $= 1273.28 \text{MPa} \leqslant [\sigma_H] = 1500 \text{MPa}$ $v = \pi d_1 n_1/(60 \times 1000) = 3.14 \times 46.587 \times 970/(60 \times 1000)$ m/s $= 2.36$ m/s 8 级精度合适	$\sigma_H \leqslant [\sigma_H]$ 强度满足要求 $v = 2.36$ m/s

11.1.5 圆柱齿轮的结构设计

齿轮的结构形式与齿轮的几何尺寸、毛坯材料、加工方法、使用要求和经济性等因素有关，通常先按齿轮直径选择适宜的结构形式，然后再根据推荐的经验公式进行结构设计。齿轮常用的结构形式有以下几种：

1. 齿轮轴（图 11-13）

对于直径较小的钢制齿轮，当齿轮的顶圆直径 d_a 小于轴孔直径的两倍，或圆柱齿轮齿根圆至键槽底部的距离 $Y < 2.5 m_n$ 时，可将齿轮和轴做成一体，称为齿轮轴。齿轮轴的刚度好，制造费用较低（与轴和齿轮分开时相比）。但是齿轮与轴用同一种材料，当齿轮需要用较好材料时，会造成浪费。

2. 实体式齿轮（图 11-14）

当齿顶圆直径 $d_a \leqslant 150 \sim 200$ mm 时，齿根圆到键槽底部的距离 $Y > 2.5 m_n$，可采用锻造的实体齿轮。单件或小批量生产，而直径小于 100mm 时，可用轧制圆钢制造齿轮毛坯。

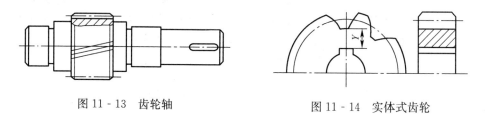

图 11-13　齿轮轴　　　　　图 11-14　实体式齿轮

3. 腹板式齿轮（图 11-15）

当齿顶圆直径 d_a 较大（150~200mm < d_a < 500mm）时，为了减轻重量、节约材料，可采用腹板式齿轮。腹板上开孔的数目根据结构尺寸大小而定。

4. 轮辐式齿轮（图 11-16）

当齿顶圆直径 $d_a >$ 500mm 时，一般多采用轮辐式结构。这种齿轮常采用铸钢或铸铁制造。

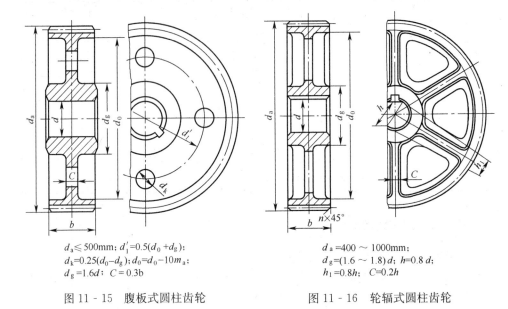

$d_a \leqslant 500\text{mm}$; $d_1' = 0.5(d_0 + d_g)$;
$d_k = 0.25(d_0 - d_g)$; $d_0 = d_0 - 10m_a$;
$d_g = 1.6d$; $C = 0.3b$

图 11-15 腹板式圆柱齿轮

$d_a = 400 \sim 1000\text{mm}$;
$d_g = (1.6 \sim 1.8)d$; $h = 0.8d$;
$h_1 = 0.8h$; $C = 0.2b$

图 11-16 轮辐式圆柱齿轮

11.1.6 圆柱齿轮传动的润滑设计

齿轮传动中的许多齿面损伤是由于润滑不良引起的。对齿轮传动进行润滑不仅可以减少磨损和发热，起到防锈和降低噪声的作用，而且可以改善齿轮的工作状况，提高齿轮的工作品质。齿轮传动常用的润滑方式有如下几种：

1. 油浴润滑

如图 11-17 所示，油浴润滑是将大齿轮浸入油中至一定深度进行润滑。当齿轮的圆周速度 $v < 12\text{m/s}$ 时，浸油深度约为一个齿高，但不应小于 10mm。多级齿轮传动时，若高速级大齿轮无法达到要求的浸油深度时，可采用带油轮将油带到未浸入油池内的轮齿表面上（图 11-18），同时可将油甩到轮齿箱壁面上散热，使油温下降。油浴润滑主要用于 $v < 12\text{m/s}$ 的闭式齿轮传动。

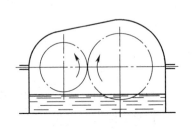

图 11-17 油浴润滑

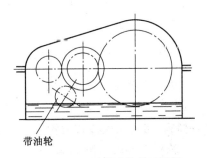

图 11-18 用带油轮带油润滑

2. 循环喷油润滑

如图 11-19 所示，循环喷油润滑是用液压泵将有一定压力的润滑油直接喷到齿轮的啮合表面上进行润滑。这种方式可以对循环中的润滑油进行中间过滤和冷却，避免了因齿轮搅油而造成的功率损耗，适用于 $v \geqslant 12\text{m/s}$ 的闭式齿轮传动。

3. 定期涂油和润滑脂润滑

润滑脂润滑密封简单，不易漏油，但散热性差。主要用于半开式、开式齿轮传动。

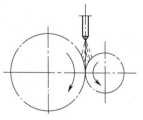

图 11-19 喷油润滑

齿轮传动润滑剂的选择可根据齿轮材料和圆周速度由相应表查得运动黏度值，再由选定的黏度确定润滑油的牌号。具体选用方法参见有关设计手册。

在实际工作中，必须经常检查齿轮传动润滑系统的状况，如润滑油的质量，油面的高度等，油面过低则润滑不良，过高则会增加搅油功率损失。对于压力喷油润滑系统还需检查油压状况，油压过低会造成供油不足，过高则可能是因为油路不畅通所致，需要及时调整油压。

11.2 直齿圆锥齿轮传动设计

11.2.1 直齿锥齿轮传动的受力分析

图 11-20 所示为直齿圆锥齿轮传动中主动轮轮齿的受力情况。一般将法向力简化为集中载荷 F_n，作用在齿宽 b 的中间位置的节点 C 上，即作用在分度圆锥的直径 d_{m1} 处。当齿轮上作用有转矩 T_1 时，忽略接触面上的摩擦力，则在轮齿的法面内有法向力 F_{n1}。法向力 F_{n1} 可分解为三个相互垂直的空间分力，即切向力 F_{t1}、径向力 F_{r1} 和轴向力 F_{a1}。

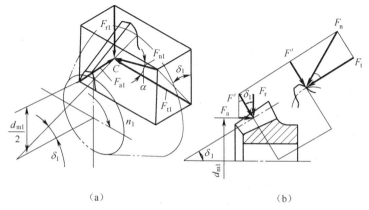

图 11-20 直齿圆锥齿轮的受力分析

$$F_{t1}=\frac{2T_1}{d_{m1}}, \quad F_{r1}=F'\cos\delta_1=F_{t1}\tan\alpha\cdot\cos\delta_1, \quad F_{a1}=F'\sin\delta_1=F_{t1}\tan\alpha\cdot\sin\delta_1$$
(11.17)

式中，T_1 为主动轮所传递的转矩（N·mm）；δ_1 为小齿轮分锥角（°）；d_{m1} 为主动轮平均分度圆直径（mm），可用下式计算：$d_{m1}=(1-0.5f_R)d_1$。其中 $f_R=b/R$ 为齿宽系数，通常取 $f_R\approx 0.3$。

大齿轮的受力可根据作用力与反作用力原理求得，即 $F_{t1}=-F_{t2}$、$F_{r1}=-F_{a2}$、$F_{a1}=-F_{r2}$，负号表示二力方向相反。

各力方向判断方法如下：在主动轮上的圆周力对其轴之矩与转动方向相反，在从动轮上的圆周力对其轴之矩与转动方向相同；径向力的方向指向各自的轮心；轴向力的方向分别沿各自的轴线方向指向大端。

11.2.2 直齿锥齿轮传动的设计、计算

直齿圆锥齿轮的失效形式及强度计算的依据与直齿圆柱齿轮基本相同，可近似地按齿宽中点处的一对当量直齿圆柱齿轮传动来考虑。

1. 齿面接触疲劳强度计算

校核公式为

$$\sigma_H=\frac{4.98Z_E}{1-0.5\phi_R}\sqrt{\frac{KT_1}{\phi_R d_1^3 u}}\leqslant [\sigma_H] \tag{11.18}$$

设计公式为

$$d_1\geqslant \sqrt[3]{\frac{KT_1}{\phi_R u}\left(\frac{4.98Z_E}{(1-0.5\phi_R)[\sigma_H]}\right)^2} \tag{11.19}$$

式中，f_R 为齿宽系数，一般取 0.25～0.30，其余符号意义与直齿圆柱齿轮的同名系数意义相同。

2. 齿根弯曲疲劳强度计算

校核公式为

$$\sigma_F=\frac{4KT_1Y_FY_S}{\phi_R(1-0.5\phi_R)^2 z_1^2 m^3\sqrt{u^2+1}}\leqslant [\sigma_F] \tag{11.20}$$

设计公式为

$$m\geqslant \sqrt[3]{\frac{4KT_1Y_FY_S}{\phi_R(1-0.5\phi_R)^2 z_1^2 [\sigma_F]\sqrt{u^2+1}}} \tag{11.21}$$

计算得出的 m 值要按圆锥齿轮模数系列取标准值。

11.2.3 直齿圆锥齿轮的结构设计

与圆柱齿轮相似，锥齿轮的结构有齿轮轴、实心式和腹板式等。如图 11 -

21、图 11-22 和图 11-23 所示。

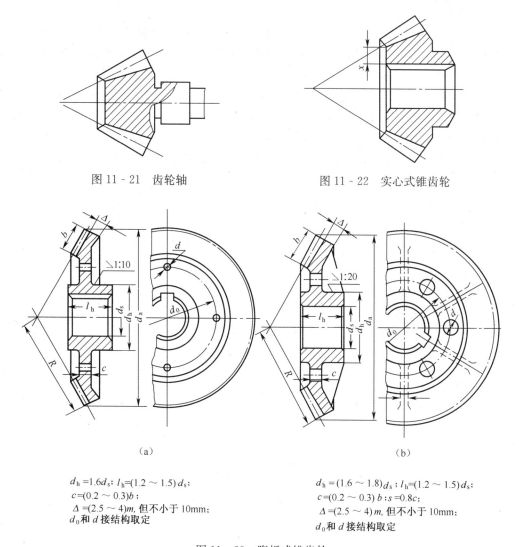

图 11-21 齿轮轴　　　　图 11-22 实心式锥齿轮

(a)　　　　　　　　　　　(b)

$d_h=1.6d_s$；$l_h=(1.2\sim1.5)d_s$；
$c=(0.2\sim0.3)b$；
$\Delta=(2.5\sim4)m$，但不小于 10mm；
d_0 和 d 接结构取定

$d_h=(1.6\sim1.8)d_s$；$l_h=(1.2\sim1.5)d_s$；
$c=(0.2\sim0.3)b$；$b:s=0.8c$；
$\Delta=(2.5\sim4)m$，但不小于 10mm；
d_0 和 d 接结构取定

图 11-23 腹板式锥齿轮

思考与练习

11-1　齿轮的失效形式有哪些？可采取哪些措施减缓失效？

11-2　对齿轮材料的基本要求是什么？常用齿轮材料有哪些？

11-3　为何软齿面齿轮应取小齿轮的硬度比大齿轮高 30～50HBS？硬齿面齿轮是否也需要有硬度差？

11-4　斜齿轮的强度计算和直齿轮的强度计算有何区别？

11-5　齿轮传动有哪些润滑方式？如何选择？

11-6　设计某带式运输机减速器的高速级圆柱齿轮传动。已知 $i=2.5$，

$n_1=960\text{r/min}$，传递功率 $P=6\text{kW}$，单方向传动，载荷平稳，单班制工作，预期寿命 10 年。

11-7 设计单级斜齿圆柱齿轮传动。已知原动机为电动机，输入功率 $P=5\text{kW}$，传动比 $i=3.5$，转速 $n_1=600\text{r/min}$，载荷平稳不逆转，预期使用寿命 10 年，单班制工作，齿轮在轴上对称布置。

11-8 一闭式直齿圆柱齿轮传动，传递功率 $P=4.5\text{kW}$，小齿轮转速 $n_1=960\text{r/min}$，模数 $m=3\text{mm}$，齿数 $z_1=25$，$z_2=75$，齿宽 $b_1=75$，$b_2=70$，小齿轮材料为 45 钢调质，大齿轮材料为 45 钢正火。载荷平稳，电动机驱动，单向运转，预期使用寿命 10 年，两班制工作，试验算齿轮传动能否满足强度要求安全工作。

第 12 章 轴系结构设计

学习目标
- 掌握轴设计的基本要求和方法，轴承载能力的校核方法。
- 能比较熟练地进行轴的结构设计和绘制结构图。
- 能进行键连接的选择和校核计算。
- 掌握滚动轴承的失效形式、设计准则及选型原则，会应用公式进行滚动轴承的寿命计算。
- 能正确选择轴承的润滑和密封方式。

学习建议
- 在掌握轴的功能、分类、结构特点、工艺要求等知识的基础上，重点学习轴的结构设计及强度校核计算。
- 通过完成实践项目提高应用能力。
- 强化自主学习能力的训练，在教师指导下查询相关的信息资料，拓宽知识面。

分析与探究

轴结构设计的目的就是确定合理的形状和结构尺寸。设计时除使轴的结构满足功能要求外，还要综合考虑轴与轴上零件的关系、轴与其支承之间的关系、轴与密封的关系等。本章将学习轴系结构设计及校核的计算方法。

12.1 轴的结构设计

轴的设计计算包括轴的材料的选择、结构设计、强度和刚度计算，轴的强度计算和刚度计算又分为设计计算和校核计算。

设计轴时应考虑多方面的因素和要求，不同机械对轴有不同的要求。一般情况下，轴设计的基本准则应该满足如下两个要求：

（1）具有足够的承载能力，即要求轴具有足够的强度、刚度和振动稳定性，以保证正常的工作能力。

（2）具有合理的结构，使轴加工方便、成本低，轴上的零件定位和固定可靠，便于装拆。

12.1.1 轴的材料

轴工作时主要承受弯矩和转矩，且多为交变应力作用，其主要失效形式为疲劳破坏。因此，轴的材料应满足强度、刚度、耐磨性、耐腐蚀性等方面的要求。一般用途的轴常用优质碳素结构钢，如35、40、45的钢。碳素钢一般应经过调质或正火处理，以改善其力学性能；轻载或不重要的轴可以采用Q235、Q275等普通碳素钢；重载或重要的轴可选合金结构钢，其力学性能高，但价格比较贵，选用时应综合考虑。形状复杂的轴，如凸轮轴、曲轴等可用球墨铸铁，其吸振性好，对应力集中不敏感且价格低廉。轴的毛坯一般采用轧制的圆钢或锻件。轴的常用材料及其力学性能见表12-1。

表 12-1 轴的常用材料及其力学性能

材料	牌号	热处理	毛坯直径(mm)	硬度 HBS	HRC(表面淬火)	抗拉强度 σ_b (MPa)	屈服点 σ_s (MPa)	弯曲疲劳强度 σ_{-1} (MPa)	备 注
普碳钢	Q235					440	240	200	用于受载较小或不重要的轴
	Q275					580	280	230	
优碳钢	45	正火	25	≤241	55~61	600	360	260	应用广泛。用于要求强度较高、韧性中等的轴，通常经调质或正火后使用
		正火回火	≤100	170~217		600	300	275	
			>100~300	162~217		580	290	270	
		调质	≤200	217~255		650	360	300	
合金钢	20Cr	渗碳淬火回火	15		表面 56~62	885	735	460	用于要求强度和韧性均较高的轴
			≤60			650	400	280	
	20CrMnTi		15		表面 56~62	1 080	835	525	
	35SiMn	调质	25		45~55	885	735	460	性能接近40Cr，用做中小型轴类
			≤100	229~286		800	520	400	
			>100~300	217~269		750	450	350	
	40Cr	调质	25		48~55	980	785	500	用于载荷较大且无很大冲击的重要的轴
			≤100	241~266		750	550	350	
			>100~300	241~266		700	550	340	
球墨铸铁	QT400—18			130~180		400	250	145	用于制造形状复杂的轴
	QT600—3			190~270		600	370	215	

12.1.2 轴的设计、计算

通常对于一般轴的设计方法有类比法和设计计算法两种。类比法是根据轴的工作条件，选择与其相似的轴进行类比及结构设计，画出轴的零件图。这种方法简单、省时，但具有一定的盲目性。设计计算法是以满足强度（刚度）要求为依据进行轴的结构设计，这种设计方法可靠、稳妥。本节主要介绍轴的设计计算法。

用设计计算法设计轴的步骤如图 12-1 所示。

需要指出的是，一般情况下设计轴时不必进行轴的刚度、振动、稳定性校核，如需进行刚度校核，也只做弯曲刚度校核，对于重要的轴、高速转动的轴应采用疲劳强度校核计算方法进行轴的强度校核。

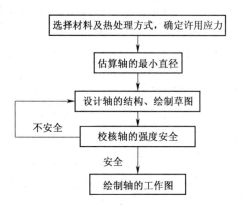

图 12-1 轴的设计步骤

1. 估算轴的最小直径

开始设计轴时，通常还不知道轴上零件的位置及支承点位置，无法确定轴的受力情况，只有当轴的结构设计基本完成后，才能对轴进行受力分析及强度校核计算。因此，在轴的结构设计之前先按纯扭转受力情况对轴径进行估算。

对于传动轴（纯扭转变形），其强度条件主要依据是危险截面上的最大扭转切应力不大于许用扭转切应力。对于圆截面的传动轴，其扭转强度条件为

$$\tau_{\max}=\frac{M_{\text{tmax}}}{W_\text{t}}=\frac{9.55\times10^6 P}{0.2d^3 n}\leqslant [\tau] \tag{12.1}$$

式中，$\tau_{\max}$ 为轴的最大扭转切应力（MPa）；$[\tau]$ 为许用扭转切应力（MPa）；M_{tmax} 为轴传递的转矩（N·mm），W_t 为抗扭截面模量（mm³），P 为轴传递的功率（kW）；n 为轴的转速（r/min）；d 为轴的直径（mm）。

当轴的材料选定后，则许用应力 $[\tau]$ 已确定，可按下式估算轴的最小直径：

$$d\geqslant\sqrt[3]{\frac{9.55\times10^6}{0.2[\tau]}\frac{P}{n}}=C\sqrt[3]{\frac{P}{n}} \tag{12.2}$$

式中，C 为与轴的材料和承载情况有关的系数，可由表 12-2 查取。

按式（12.2）估算轴的最小直径时，考虑到弯矩对轴强度的影响，必须将轴的许用切应力 $[\tau]$ 适当降低。同时应考虑到当轴截面上开有键槽时，会削弱轴的强度，则计算得到直径应适当加大。一般截面上有一个键槽时，轴径加大 5% 左右；有两个键槽时，轴径加大 10% 左右，然后再按表 12-3 圆整为标准直径。

表 12-2 轴常用材料的 [τ] 值和 C 值

轴的材料	Q235、20	35	45	40Cr、35SiMn
[τ] (MPa)	12~20	20~30	30~40	40~52
C	160~135	135~118	118~106	106~97

表 12-3 按优先数系制定的轴头标准直径 (GB 2822—81)

10	12	14	16	18	20	22	24	25	26	28	30	32
34	36	38	40	42	45	48	50	53	56	60	63	67
71	75	80	85	90	95	100	106	112	118	125	132	140
150	160	170										

2. 按弯扭组合进行强度校核

在估算出轴的最小直径，并进行轴系结构设计后，即可确定轴上所受载荷大小、方向、作用点及支承跨距等，再按弯扭组合进行校核。

按弯扭组合进行强度校核的具体步骤如下。

(1) 作出轴的计算简图（即力学模型）。

轴所受的载荷是从轴上零件传来的。计算时，常将轴上的分布载荷简化为集中力，其作用点取为载荷分布段的中点。作用在轴上的扭矩，一般从传动件轮毂宽度的中点算起。轴承支反力作用点与轴承的类型和布置方式有关，对于深沟球轴承即为轴承宽度的中点。轴的计算简图如图 12-2 (a) 所示。

(2) 求出轴上受力零件的载荷（若为空间力系，应把空间力分解为圆周力、径向力和轴向力，然后把它们全部转化到轴上），将轴上的作用力分解为水平面（H 平面）和垂直面（V 平面），并画出受力图，分别求出 H 平面和 V 平面的支承反力；并求出 H 平面和 V 平面的弯矩 M_H 和 M_V，画出其弯矩图 [图 12-2 (b) 和图 12-2 (c)]。

(3) 按式 (12.3) 计算合成弯矩，并画出合成弯矩图，如图 12-2 (d) 所示。

$$M=\sqrt{M_H^2+M_V^2} \qquad (12.3)$$

(4) 计算扭矩 M_t，并画出扭矩图如图 12-2 (e) 所示。

(5) 根据第四强度理论按下式计算当量弯矩，并画出当量弯矩图，如图 12-2 中 (f) 所示。

$$M_e=\sqrt{M^2+(\alpha M_t)^2} \qquad (12.4)$$

(6) 校核强度，针对某些危险截面（即当量弯矩大而直径小的截面），其强度条件为当量弯曲应力不大于许用弯曲应力 $[\sigma_{-1}]_b$，即强度校核公式为：

$$\sigma_e=\frac{M_e}{W_z}=\frac{\sqrt{M^2+(\alpha M_t)^2}}{0.1d^3} \leqslant [\sigma_{-1}]_b \qquad (12.5)$$

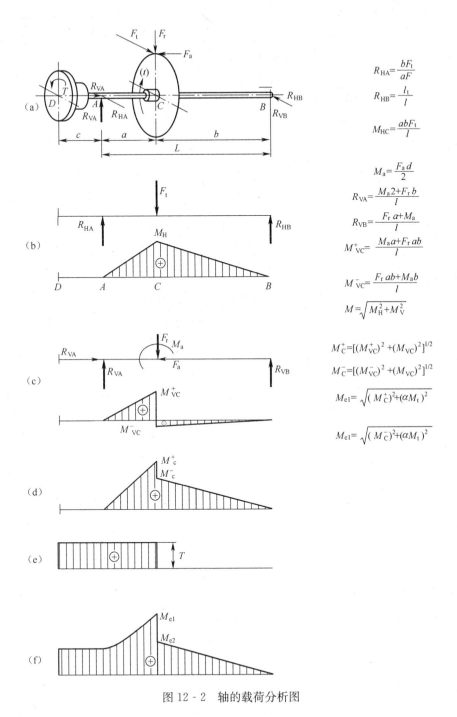

图 12-2 轴的载荷分析图

式中，σ_e 为当量应力（MPa）；M_e 为当量弯矩（N·mm）；M 为合成弯矩（N·mm）；W_z 为危险截面上的抗弯截面模量（mm³）；d 为轴上危险截面的直径

(mm);α 为根据转矩性质而定的折合因数。

对于不变转矩取 α＝[σ₋₁]ᵦ/[σ₊₁]ᵦ≈0.3，对于脉动循环转矩取 α＝[σ₋₁]ᵦ/[σ₀]ᵦ≈0.59，对于对称循环转矩取 α＝[σ₋₁]ᵦ/[σ₋₁]ᵦ≈1。

这里[σ₋₁]ᵦ、[σ₊₁]ᵦ、和[σ₀]ᵦ分别称为对称循环应力、静应力和脉动循环应力状态下的许用应力，其值参见表 12-4。

对正反转频繁的轴，可将转矩看成是对称循环变化。当不能确定载荷的性质时，一般轴的转矩可按脉动循环处理。

表 12-4 轴材料的许用应力（MPa）

材 料	σ_b	$[\sigma_{+1}]_b$	$[\sigma_0]_b$	$[\sigma_{-1}]_b$	材 料	σ_b	$[\sigma_{+1}]_b$	$[\sigma_0]_b$	$[\sigma_{-1}]_b$
碳素钢	400	130	70	40	合金钢	800	270	130	75
	500	170	75	45		1000	330	150	90
	600	200	95	55	铸钢	400	100	50	30
	700	230	110	65		500	120	70	40

例 12.1 如图 12-3 所示为一斜齿圆柱齿轮减速器的运动简图，已知电动机额定功率 $P=11$kW，从动齿轮的转速为 $n_2=202$r/min，齿轮分度圆直径 $d_2=356$mm，啮合角 $\alpha_n=20°$，螺旋角 $\beta=11°7'$，轮毂长为 80mm，要求减速器能经常正反转，轴承采用轻窄系列深沟球轴承支承。试设计减速器低速轴的结构尺寸。

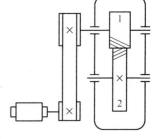

图 12-3 例 12.1 图

解：

（1）选择轴的材料及热处理方法，并确定许用应力。

选用 45 号钢，正火处理。查表 12.1，得抗拉强度 $\sigma_b=600$MPa；查表 12-1 得许用弯曲应力 $[\sigma_{-1}]_b=55$MPa。

（2）按纯剪切强度估算最小直径。

$$d \geqslant \sqrt[3]{\frac{9.55 \times 10^6}{0.2[\tau]}\frac{P_2}{n_2}} = C\sqrt[3]{\frac{P_2}{n_2}}$$

若取齿轮传动的效率（包括轴承效率在内）$\eta=0.96$；低速轴 $P_2=P\eta=10.56$kW；查表 12.2 取 $C=115$ 按上式计算得：

$$d \geqslant C\sqrt[3]{\frac{P_2}{n_2}}=115 \times \sqrt[3]{\frac{10.56}{202}}=43\text{mm}$$

考虑轴外伸端和联轴器用一个键连接，故将轴径放大 5%，即取 $d=45$mm，由于轴头连接处为联轴器，为了使所选的轴的直径与联轴器的孔径相适应，故同时选择联轴器。

(3) 轴的结构设计

①确定轴上零件的布置和固定方式。为了满足轴上零件的轴向固定,将该轴设计成阶梯轴。按扭矩 $M_t = T = 9550 P_2/n_2 = 500 \mathrm{N \cdot m}$,查设计手册选用 TL7 型弹性套柱销联轴器,半联轴器的孔径为 45mm,长 $L=112\mathrm{mm}$。半联轴器与轴头配合部分的长度为 84mm,要满足半联轴器的轴向固定要求,在外伸轴头左端需制出一轴肩。由于是单级齿轮减速器,因此可将齿轮布置在箱体的中央,轴承对称地布置在两侧。齿轮以轴环和套筒实现轴向固定,以平键连接和优先选用的过盈配合 $H7/p6$ 实现周向固定,齿轮轴头有装配锥度。两端轴承分别以轴肩和套筒实现轴向固定,以过渡配合 $k6$ 实现周向固定,整个轴系(包括轴承)以两端轴承盖实现轴向固定。联轴器以轴肩、平键连接实现轴向固定和周向固定。轴的结构草图如图 12-4 所示。

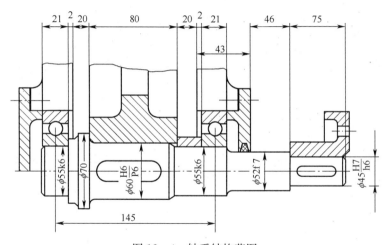

图 12-4 轴系结构草图

②确定轴的各段直径。外伸端直径 45mm,定位轴肩高度 h 一般取 $h=(0.07\sim0.1)$,d 为轴的直径。以此确定联轴器定位轴肩高 $h_{\min}=3.5\mathrm{mm}$,通过轴承端盖的轴身直径 $d=52\mathrm{mm}$。非定位轴肩的高度没有严格的规定,一般取为 $1\sim2\mathrm{mm}$。因此这里选用 6211 型轴承,轴颈直径为 55mm;轴承的定位轴肩的高度必须低于轴承内圈端面的高度,查国家标准 GB/T276,轴肩高 $h_{\min}=4.5\mathrm{mm}$,所以轴肩和套筒外径取为 64mm,圆角 $r=1\mathrm{mm}$;取齿轮轴头直径为 60mm;定位轴环高度 $h=5\mathrm{mm}$,于是轴环直径为 70mm;其余圆角均为 $r=1.5\mathrm{mm}$。

③确定各轴段长度。轮毂长为 80mm,为保证轴向定位可靠,与齿轮和联轴器等零件配合的轴段长度一般应比轮毂长度短 $2\sim3\mathrm{mm}$,因此取轴头长度为 78mm,轴承对称地置于齿轮两侧,查手册得轴承宽度为 21mm,轴颈长度与轴

承宽度相等为 21mm。齿轮端面至箱体内壁的距离一般≥10，所以在这里齿轮两端与箱体内壁间的距离各取 20mm，以便容纳轴环和套筒；若轴承端面至箱体内壁的距离为 K，则当轴承用脂润滑时 $K=10\sim15$mm，轴承用油润滑时 $K=2\sim5$mm，这里采用油润滑，所以轴承端面距箱体内壁 2mm，这样就可以定跨距为 145mm。按箱体结构需要，轴身伸出端的长度为 46mm，为安装联轴器预留空间位置。半联轴器与轴头配合部分的长度为 84mm。但为了保证轴端挡圈只压在半联轴器上，而不是压在轴的端面上，轴头长度应比半联器的配合长度略短，取 75mm 为联轴器的轴头长度。

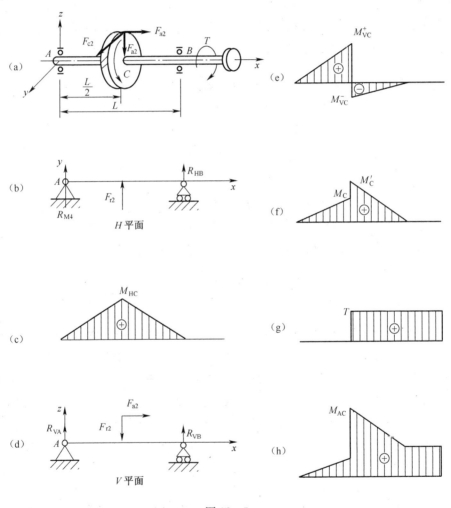

图 12-5

（4）轴的强度校核

轴的强度校核计算列于表 12-5。

表 12-5 轴的强度计算

步　骤	计算及说明	结　果
绘轴的空间受力图 从动齿轮上的外力偶矩	参见图 12-5 $T_2 = 9.55 \times 10^3 P_2/n_2 = 9.55 \times 10^3 \times 10.56/202 \text{N} \cdot \text{m} = 500 \text{N} \cdot \text{m}$ 故作用在轴上的扭矩为 $M_t = T_2 = 500 \text{N} \cdot \text{m}$	参见图 12-5 $M_t = 500 \text{N} \cdot \text{m}$
从动齿轮上周向力 径向力	$F_{t2} = 2T_2/d_2 = 2 \times 500/0.356 \text{N} = 2808 \text{N}$ $F_{r2} = F_{t2} \cdot \tan\alpha_n/\cos\beta$ $= 2808 \times \tan20°/\cos11°7' \text{N} = 1041 \text{N}$	$F_{t2} = 2808 \text{N}$ $F_{t2} = 1041 \text{N}$
轴向力 H 平面(A_{xy} 平面)支座反力 V 平面(A_{xz} 平面)支座反力	$F_{a2} = F_{t2}\tan\beta = 2808 \times \tan11°7' \text{N} = 551 \text{N}$ $R_{HA} = -R_{HB} = F_{t2}/2 = 2080/2 \text{N} = 1404 \text{N}$ $R_{VA} = F_{r2}/2 - (F_{a2} \cdot d_2)/2L = -155.9 \text{N}$ $R_{VB} = F_{r2}/2 + (F_{a2} \cdot d_2)/2L = 1196.9 \text{N}$	$F_{a2} = 551 \text{N}$ $R_{HA} = -R_{HB} = 1404 \text{N}$ $R_{VA} = -155.9 \text{N}$ $R_{VB} = 1196.9 \text{N}$
计算 H 平面内的弯矩 计算 V 平面内的弯矩	绘出 H 平面内的弯矩图。由图 12-5（c）中看出最大弯矩发生在 C 所在截面上，其值为 $M_{HC} = R_{HA} \times L/2 = 101.8 \text{N} \cdot \text{m}$ 绘出 V 平面内的弯矩图。由图 12-5（e）中看出 V 平面的最大弯矩也发生在 C 所在截面上，但弯矩值有突变，其值为 $M_{VC}^+ = R_{VB} \times L/2 = 86.8 \text{N} \cdot \text{m}$ $M_{VC}^- = R_{VA} \times L/2 = -11.30 \text{N} \cdot \text{m}$	$M_{HC} = 101.8 \text{N} \cdot \text{m}$ $M_{VC}^+ = 86.8 \text{N} \cdot \text{m}$ $M_{VC}^- = -11.30 \text{N} \cdot \text{m}$
计算合成弯矩	绘制合成弯矩图如图 12-5（f）所示，由于在 H 平面和 V 平面内的弯矩图均在 C 所在截面上达到最大，所以将 C 截面左右两侧的弯矩进行合成得到 $M_C^+ = [(M_{VC}^+)^2 + (M_{HC})^2]^{1/2} = 133.78 \text{N} \cdot \text{m}$ $M_C^- = [(M_{VC}^-)^2 + (M_{HC})^2]^{1/2} = 102.42 \text{N} \cdot \text{m}$	$M_C^+ = 133.78 \text{N} \cdot \text{m}$ $M_C^- = 102.42 \text{N} \cdot \text{m}$
绘制扭矩图 计算当量弯矩	绘制扭矩图如图 12-5（g）所示。 绘制当量弯矩图如图 12-5（h）所示。绘制当量弯矩图的方法与绘制合成弯矩图的方法相似（本题省略）。由绘制的当量弯矩图可知，危险截面处于中点 C，因此，必须对 C 截面进行验算。由于要求减速器能正反思索，因而可认为转矩是对称循环变化的转矩，所以 $\alpha = 1$，由此得到 $M_e = [(M_C^+)^2 + (\alpha M_t)^2]^{1/2} = 517.58 \text{N} \cdot \text{m}$	$M_e = 517.58 \text{N} \cdot \text{m}$
强度校核	由式 $\sigma_e = \dfrac{M_e}{W_z} = \dfrac{M_e}{0.1d^3} = \dfrac{510 \times 10^3}{0.1 \times 60^3} \text{MPa}$ $= 23.6 \text{MPa} \leqslant [\sigma_{-1}]_b = 23.96 \text{MPa}$ 可知强度足够	强度足够

(5) 绘制轴的工作图（图 12-6）。

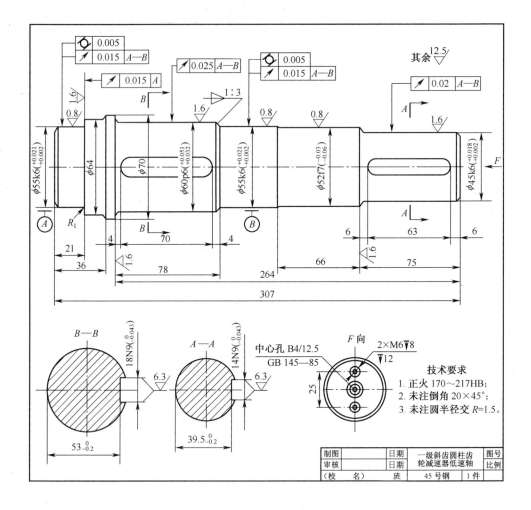

图 12-6 轴的工作图

12.2 键连接设计

12.2.1 键连接的选择

键是标准件，分为平键、半圆键、花键、楔键和切向键等。设计时应根据各类键的结构和应用特点进行选择。本节仅介绍平键的选择和校核计算。

平键是标准件，普通平键按键结构可分为 A 形（圆头）、B 形（方头）、C 形（半圆头）三类。其主要尺寸为宽度 b、高度 h 与公称长度 L，键的剖面尺寸 $b\times h$ 按轴的直径 d 由标准中选定（见表 12-6）。键的长度 L 可按轮毂宽度 B 选取，一般 $L=B-(5\sim10)$ mm，并需符合标准中规定的长度系列。

表 12-6　普通平键和键槽尺寸（GB/T 1095—1990）　　　（mm）

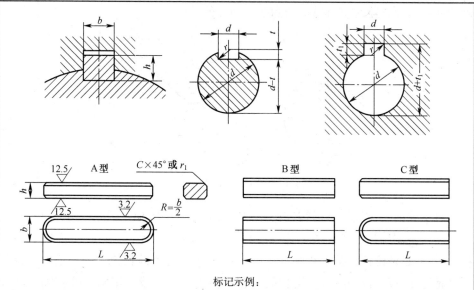

标记示例：

圆头普通平键（A形），$b=16mm$，$h=10mm$，$L=100mm$：键 A16×100，GB/T 1095—1990
平头普通平键（B形），$b=16mm$，$h=10mm$，$L=100mm$：键 B16×100，GB/T 1095—1990
单圆头普通平键（C形），$b=16mm$，$h=10mm$，$L=100mm$：键 C16×100，GB/T 1095—1990

轴的直径 d	键的尺寸				键槽尺寸		
	b	h	C 或 r	L	t	t_1	半径 r
6～8	2	2	0.16～0.25	6～20	1.2	1	0.08～0.16
>8～10	3	3		6～36	1.8	1.4	
>10～12	4	4		8～45	2.5	1.8	0.25～0.4
>12～17	5	5		10～56	3.0	2.3	
>17～22	6	6		14～70	3.5	2.8	
>22～30	8	7		18～90	4.0	3.3	
>30～38	10	8	0.25～0.4	22～110	5.0	3.3	
>38～44	12	8		28～140	5.0	3.3	0.16～0.25
>44～50	14	9		36～160	5.0	3.8	
>50～58	16	10		45～180	6.0	4.3	
>58～65	18	11		50～200	7.0	4.4	

注：①在工作图中，轴上键槽深度用 $d-t$ 标注
　　②键长 L 系列：6，8，12，14，16，18，20，22，25，28，32，36，40，45，50，56，63，70，80，90，100，125，140，160，180，200，220，250，…

12.2.2　键连接的强度校核

平键连接工作时的受力情况如图 12-7 所示。键受到剪切和挤压的作用。其主要失效形式是键、轴和轮毂中强度较弱的工作表面被压溃，以及键在剪切面上被剪断，因此，需对键进行剪切和挤压强度的校核。

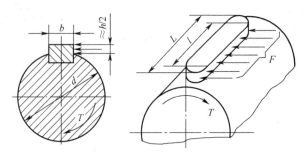

图 12-7 平键连接的受力

对于导向平键连接和滑键连接，主要失效形式为磨损，因此应对其进行耐磨性计算，限制压强。对此类动连接则以压强 P 和许用比压 $[P]$ 代替式中的 σ_P 和 $[\sigma]_P$。如果校核结果表明强度不够，可以适当增大键和轮毂的长度，但键长不宜超过 $2.5d$，否则载荷沿键长的分布将很不均匀；或者用两个键相隔 180° 布置，考虑到载荷在两个键上分布的不均匀性，双键连接的强度只按 1.5 个键计算。

键的剪切强度条件为

$$\tau = \frac{2T}{dbl} \leqslant [\tau] \tag{12.6}$$

键连接的挤压强度条件为

$$\sigma_P = \frac{4T}{dbl} \leqslant [\sigma]_P \tag{12.7}$$

式中，T 为轴传递的扭矩（N·mm）；d 为轴的直径（mm）；h 为键的高度（mm）；l 为键的工作长度（mm），对 A 型平键 $l=L-b$，对 B 型平键 $l=L$，对 C 型平键 $l=L-0.5b$；$[\tau]$ 为键的许用切应力（MPa）；$[\sigma]_P$ 为键连接中最弱材料的许用挤压应力（MPa）。$[\tau]$、$[\sigma]_P$ 见表 12-7。

例 12-2 某减速器直径为 $\phi 60\text{mm}$ 的主动轴和轮毂宽度为 80mm 的齿轮采用平键连接，传递扭矩 $T=5\times10^5\text{N}\cdot\text{mm}$，载荷为轻微冲击，轴和轮毂均用 45 钢，试选择平键的类型和尺寸。

解：

（1）平键类型和尺寸选择

选 A 型平键，根据轴直径 $d=60\text{mm}$ 和轮毂宽度 80mm，从表 12-6 查得键的截面尺寸 $b=18\text{mm}$，$h=11\text{mm}$，$L=70\text{mm}$。此键的标记为：键 18×70GB/T 1095—1990。

（2）校核挤压强度

$$\sigma_\mathrm{p} = \frac{4T}{dhl} \leqslant [\sigma]_\mathrm{p}$$

工作长度 $l = L - b = (70 - 18)\,\mathrm{mm} = 52\,\mathrm{mm}$

由 $T = 5 \times 10^5\,\mathrm{N \cdot mm}$，查表 12-7 得 $[\sigma]_\mathrm{p} = (100 \sim 120)\,\mathrm{MPa}$，则

$$\sigma_\mathrm{p} = \frac{4 \times 5 \times 10^5}{60 \times 11 \times 52}\,\mathrm{MPa} = 58\,\mathrm{MPa} \leqslant [\sigma]_\mathrm{p}$$

(3) 校核剪切强度

查表 12-6 得 $[\tau] = 90\,\mathrm{MPa}$

$$\tau = \frac{2T}{dbl} = \frac{2 \times 5 \times 10^5}{60 \times 18 \times 52}\,\mathrm{MPa} = 17.1\,\mathrm{MPa} \leqslant [\tau]$$

故挤压和剪切强度都足够。

表 12-7 键连接的许用应力 (MPa)

应力种类	连接方式	零件材料	载荷性质		
			静载	轻微冲击	冲击
$[\sigma]_\mathrm{p}$	静连接	钢	125~150	100~120	60~90
		铸铁	70~80	50~60	30~45
$[\sigma]_\mathrm{p}$	动连接	钢	50	40	30
$[\tau]$			120	90	60

注：① $[\sigma]_\mathrm{p}$ 应按连接中材料力学性能较弱的零件选取。
② 当与键有相对滑动的被连接件，其表面经过淬火，则动连接的 $[\sigma]_\mathrm{p}$ 可提高 2~3 倍

12.3 滚动轴承的组合设计

为了确保轴承能正常工作，除了合理选择轴承的类型和尺寸外，有时还需要计算轴承的寿命是否满足使用要求，此外，还必须正确地解决轴承的支承结构、固定、配合、调整、润滑和密封等一系列问题，即还要进行轴承的组合设计。

12.3.1 滚动轴承的失效形式及计算准则

1. 滚动轴承的失效形式

滚动轴承的主要失效形式有：疲劳点蚀、塑性变形和磨损三种。

(1) 疲劳点蚀

疲劳点蚀使轴承产生振动和噪声，旋转精度下降，影响机器的正常工作，是一般滚动轴承的主要失效形式。

(2) 塑性变形（过量的永久变形）

当轴承转速很低（$n \leqslant 10\,\mathrm{r/min}$）或间歇摆动时，一般不会发生疲劳点蚀，而此时轴承往往因受过大的静载荷或冲击载荷而产生过大的塑性变形，使轴承失效。

(3) 磨损

由于设计、装配、润滑不良、密封和维护不当使杂质和灰尘的侵入导致轴承过度磨损，使轴承丧失旋转精度而失效。

2. 滚动轴承的计算准则

为保证轴承正常工作，应对其主要失效形式进行计算。其计算准则为：

(1) 对一般转动的轴承，疲劳点蚀是其主要失效形式，故应进行寿命计算。

(2) 对于摆动或转速极低的轴承，塑性变形是其主要失效形式，故应进行静强度计算。

(3) 对于高速轴承，胶合是其主要失效形式，故除进行寿命计算外，还应校验轴承的极限转速。

12.3.2 滚动轴承的寿命计算

1. 滚动轴承寿命的概念

(1) 寿命

单个轴承中的任一元件出现疲劳点蚀前，两套圈相对转动的总转数或在一定的转速下的工作小时数称为该轴承的寿命。

(2) 可靠度

一组相同的轴承能够达到或超过规定寿命的百分率，称为轴承寿命的可靠度。

(3) 滚动轴承的基本额定寿命

大量实验结果表明，因材质和热处理的不均及制造误差等因素的影响，即使是同一型号、同一批生产的轴承，在相同条件下工作，其寿命也各不相同。轴承寿命的离散性很大，最高寿命与最低寿命有几十倍差异。对于单个轴承，很难预知其寿命。为此，引入一种在概率条件下的基本额定寿命作为轴承计算的依据。轴承的基本额定寿命是指一组相同的轴承，在相同条件下运转，其中 90% 的轴承不发生点蚀破坏前的总转数 L_{10}（单位为 10^6 转）或一定转速下的工作小时数。即可靠度 $R=90\%$（或失效概率 $R_f=10\%$）时的轴承寿命。所以按基本额定寿命计算选用的轴承，可能有 10% 以内的轴承提前失效，也即可能有 90% 的轴承超过预期寿命。对于单个轴承而言，能达到或超过此预期寿命的可靠度为 90%。

2. 滚动轴承的基本额定动载荷

轴承抗疲劳点蚀的能力可用基本额定动载荷表征。基本额定寿命恰好为一百万转（10^6 转）时，轴承所能承受的载荷称为基本额定动载荷，用 C 表示。对于向心轴承基本额定动载荷是指纯径向载荷，称为径向基本额定动载荷 C_r；对于推力轴承的基本额定动载荷是指纯轴向载荷，称为轴向基本额定动载荷 C_a。基本额定动载荷 C 表征了不同型号轴承的抗疲劳点蚀失效能力，它是选择轴承型号的重要依据。各种类型、各种型号轴承的基本额定动载荷值，可从轴承手册中查得。

3. 滚动轴承的当量动载荷

滚动轴承的基本额定动载荷 C 是在一定载荷条件下确定的,即向心轴承只承受径向载荷 F_r,推力轴承只承受轴向载荷 F_a。而轴承实际工作时可能同时承受径向载荷和轴向载荷的综合作用,因此,在进行轴承寿命计算时,必须把实际载荷转换成与确定 C 值的载荷条件相同的假想载荷。在此载荷的作用下,轴承的寿命与实际载荷作用下的寿命相同,该假想载荷称为当量动载荷,以 P 表示。其计算公式为:

$$P = XF_r + YF_a \tag{12.8}$$

式中,X 为径向载荷系数,Y 为轴向载荷系数,其值见表 12-8。

表 12-8 径向载荷系数 X 和轴向载荷系数 Y

轴承类型		F_a/C_{0r}[①]	判断系数 e[③]	单列轴承				双列轴承(或成对安装的单列轴承)			
名称	代号			$F_a/F_r \leq e$		$F_a/F_r > e$		$F_a/F_r \leq e$		$F_a/F_r > e$	
				X	Y	X	Y	X	Y	X	Y
调心球轴承	10000	—	$1.5\tan\alpha$[②]					1	$0.42\cot\alpha$	0.65	$0.65\cot\alpha$
调心滚子轴承	20000	—	$1.5\tan\alpha$					1	$0.45\cot\alpha$	0.67	$0.67\cot\alpha$
圆锥滚子轴承	30000	—	$1.5\tan\alpha$	1	0	0.4	$0.4\cot\alpha$	1	$0.45\cot\alpha$	0.67	$0.67\cot\alpha$
深沟球轴承	60000	0.014	0.19	1	0	0.56	2.30				
		0.028	0.22				1.99				
		0.056	0.26				1.71				
		0.084	0.28				1.55				
		0.11	0.30				1.45				
		0.17	0.34				1.31				
		0.28	0.38				1.15				
		0.42	0.42				1.04				
		0.56	0.44				1.00				
角接触球轴承	70000C $\alpha=15°$	0.015	0.38	1	0	0.44	1.47	1	1.65	0.72	2.39
		0.029	0.40				1.40		1.57		2.28
		0.058	0.43				1.30		1.46		2.11
		0.087	0.46				1.23		1.38		2.00
		0.120	0.47				1.19		1.34		1.93
		0.170	0.50				1.12		1.26		1.82
		0.290	0.55				1.02		1.14		1.66
		0.44	0.56				1.00		1.12		1.63
		0.58	0.56				1.00		1.12		1.63

续表

轴承类型		F_a/C_{0r}[①]	判断系数 e[③]	单列轴承				双列轴承（或成对安装的单列轴承）			
名称	代号			$F_a/F_r \leqslant e$		$F_a/F_r > e$		$F_a/F_r \leqslant e$		$F_a/F_r > e$	
				X	Y	X	Y	X	Y	X	Y
角接触球轴承	70000AC $\alpha=25°$	—	0.68	1	0	0.41	0.87	1	0.92	0.67	1.41

注：①C_{0r}为径向基本额定静载荷，由产品目录查出
②α的具体数值按不同型号由产品目录或有关手册查出
③e为判别轴向载荷F_a对当量动载荷P的影响程度的参数

对于只承受径向载荷的向心轴承，其当量动载荷为：
$$P = F_r \tag{12.9}$$

对于只承受轴向载荷的推力轴承，其当量动载荷为：
$$P = F_a \tag{12.10}$$

12.3.3 轴承的寿命计算

1. 轴承寿命的计算公式

大量的实验证明滚动轴承所承受的载荷P与寿命L之间的关系曲线如图12-8所示，该曲线称为疲劳寿命曲线，其曲线方程为：

$$L_{10} P^\varepsilon = 常数 \tag{12.11}$$

式中，P为当量动载荷，单位为N；L_{10}为基本额定寿命，单位为10^6转；ε为轴承的寿命指数，对于球轴承$\varepsilon=3$，对于滚子轴承$\varepsilon=10/3$。

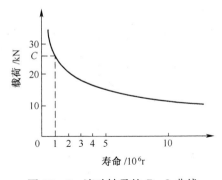

图12-8 滚动轴承的P-L曲线

当基本额定寿命$L_{10}=1$（10^6转）时，轴承所能承受的载荷为基本额定动载荷C。此时式（12-11）可写成
$$L_{10} P^\varepsilon = 1 \times C^\varepsilon$$

即

$$L_{10} = \left(\frac{C}{P}\right)^\varepsilon \times 10^6 \tag{12.12}$$

式（12.12）为轴承基本额定寿命的理论计算公式。

实际计算轴承寿命时，常用小时作为计算单位。此时轴承寿命L_h的计算公式应为：

$$L_h = \frac{10^6}{60n}\left(\frac{C}{P}\right)^\varepsilon = \frac{16\,667}{n}\left(\frac{C}{P}\right)^\varepsilon \geqslant [L_h] \tag{12.13}$$

式中，n 为轴承转速，单位为 r/min；$[L_h]$ 为轴承的预期寿命，见表 12-11 所示。

式（12.12）是在温度低于 120℃ 及无冲击和振动条件下给定的，实际上轴承在工作过程中，其工作温度对基本额定动载荷会产生影响，冲击、振动对轴承寿命也会产生影响。综合两方面的因素考虑，引入温度修正系数 f_t 和载荷修正系数 f_p 后，可得实际工作情况下的轴承寿命计算公式为：

$$L_h = \frac{10^6}{60n}\left(\frac{f_t C}{f_p P}\right)^\varepsilon = \frac{16\,667}{n}\left(\frac{f_t C}{f_p P}\right)^\varepsilon \geqslant [L_h] \quad (12.14)$$

式中，f_t 为温度影响系数，见表 12-9；f_p 为载荷影响系数，见表 12-10。

表 12-9 温度系数 f_t

轴承工作温度/℃	≤120	125	150	175	200	225	250	300	350
f_t	1.0	0.95	0.9	0.85	0.8	0.75	0.7	0.6	0.5

表 12-10 载荷系数 f_p

载荷性质	f_p	举例
无冲击或轻微冲击	1.0～1.2	电动机、汽轮机、通风机、水泵
中等冲击和振动	1.2～1.8	车辆、机床、传动装置、起重机、内燃机、冶金设备等
强大冲击和振动	1.8～3.0	破碎机、轧钢机、石油钻机、振动筛

用式（12-14）进行校核计算，若算出的轴承寿命 $[L_h]$ 小于预期寿命 $[L_h]$ 时，应重选轴承型号，再重新进行计算。

如果轴承的预期寿命 $[L_h]$ 已给定，则轴承应具有的基本额定动载 C 的计算公式为：

$$C \geqslant P\left(\frac{n[L_h]}{16\,667}\right)^{\frac{1}{\varepsilon}} \quad (12.15)$$

在设计选择轴承型号时，先由式（12.15）求出轴承所需的基本额定动载荷 C 值，再由该计算值查轴承手册来选择轴承型号。轴承预期寿命的荐用值见表 12-11。

表 12-11 轴承预期寿命的荐用值

机械种类		预期寿命（h）
不经常使用的仪器设备		500
间断使用的机器	中断使用不致引起严重后果的手动机械、农业机械	1 000～8 000
	中断使用会引起严重后果，如升降机、运输机、吊车等	8 000～12 000
每天工作 8 小时的机器	利用率不高的齿轮传动、电机等	12 000～20 000
	利用率较高的通风设备、机床等	20 000～30 000

续表

机械种类		预期寿命（h）
不经常使用的仪器设备		500
连续工作 24 小时的机器	一般可靠性的空气压缩机、电机、水泵等	50 000~60 000
	高可靠性的电站设备、给排水装置等	>100 000

2. 角接触轴承的轴向载荷计算

(1) 内部轴向力

由于结构的原因，角接触球轴承承受径向载荷 F_r 时会产生内部轴向力。

如图 12-9 所示，由于接触角 α 的存在，轴承外圈对于某一个滚体的支撑力 F_t 处于法线方向，F_t 可分解为径向分力 $F_t\cos\alpha$ 和轴向分力 $F_t\sin\alpha$。所有滚动体轴向分力的总和称为角接触轴承的内部轴向力，用 S 表示，其方向由外圈的宽边指向窄边，其大小为 $S=\sum F_t\sin\alpha$。在计算角接触轴承轴向载荷时，必须同时考虑外加轴向载荷和轴承径向载荷产生的内部轴向力。

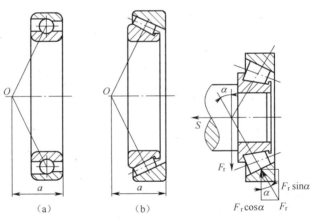

图 12-9 角接触轴承的内部轴向力
(a) 角接触球轴承；(b) 圆锥滚子轴承

当半圈滚动体受载时，轴承内部轴向力 S 与径向载荷的关系为 $S\approx 1.25F_r\tan\alpha$，此时内部轴向力 S 的近似计算公式见表 12-12。

表 12-12 内部轴向力 S 的近似计算公式

轴承类型	角接触球轴承			圆锥滚子轴承 30000
	70000C 型 $\alpha=15°$	70000AC 型 $\alpha=25°$	70000B 型 $\alpha=40°$	
S	eF_r①	$0.68F_r$	$1.14F_r$	$F_r/(2Y)$②

注：① e 值由表 12-7 中查出
② Y 是对应表 12-7 中 $F_a/F_r>e$ 的 Y 值

(2) 角接触轴承的装配形式

为了使轴承的内部轴向力相互抵消，达到力平衡，以免轴产生轴向窜动，通常采用两个轴承成对使用，对称安装，其安装方式有正装［图 12‐10（a）］和反装［图 12‐10（b）］两种。采用正装时，两轴承的内部轴向力方向相对；采用反装时，两轴承的内部轴向力方向相背。

(3) 成对安装角接触轴承轴向载荷的计算

成对安装角接触轴承的轴向载荷为受径向载荷 F_r 产生的内部轴向力 S 和外加轴向载荷 F_a 的综合作用。

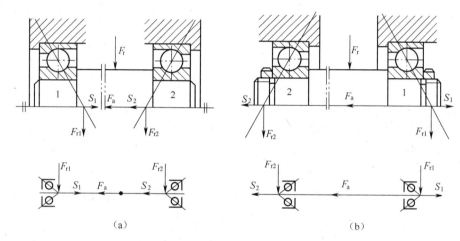

图 12‐10 成对安装的角接触轴承
(a) 正装 (b) 反装

以图 12‐10（a）正向安装形式为例，设轴所受的轴向载荷为 F_a，轴承 1 和轴承 2 所受径向载荷分别为 F_{r1} 和 F_{r2}，由 F_{r1} 和 F_{r2} 产生的内部轴向力分别为 S_1 和 S_2。

当 $F_a+S_2>S_1$ 时，整个轴有向左移动的趋势，则轴承 1 被"压紧"而轴承 2 被"放松"。由力的平衡条件知，轴承 1、2 所受的轴向载荷分别为：

$$F_{a1}=F_a+S_2$$
$$F_{a2}=S_2$$

当 $F_a+S_2<S_1$ 时，轴承有向右移动趋势，则轴承 2 被"压紧"而轴承 1 被"放松"由力平衡条件得，轴承 1、2 的轴向载荷分别为：

$$F_{a2}=S_1-F_a$$
$$F_{a1}=S_1$$

综上所述，得计算两端轴承所受轴向载荷的步骤为：

① 由轴承的安装方式，确定轴承的内部轴向力 S_1 和 S_2 的大小和方向.

② 由轴承的内部轴向力 S_1 和 S_2 及外加轴向载荷 F_a 的合力指向，判断哪个

轴承被压紧；哪个轴承被放松。

③压紧端轴承所受的轴向载荷 F_a 等于除去自身内部轴向力以外的其他轴向力的代数和。

④放松端轴承所受的轴向载荷 F_a 等于自身内部轴向力。

3. 滚动轴承的静强度计算

滚动轴承的静承载能力是由允许的塑性变形量决定的。进行轴承的静强度计算，是为了限制轴承在静载荷或冲击作用下产生过大的塑性变形。GB/T 4662—1993 规定：使受载最大的滚动体与滚道接触中心处的计算接触应力达到一定数值时的静载荷，称为基本额定静载荷，用 C_0 表示，C_0 值可由机械设计手册查出。

轴承静强度条件为：

$$C_0 \geqslant S_0 P_0 \tag{12.16}$$

式中，S_0 是轴承静强度安全系数，其值可按使用条件参考表 12-13 选取。

轴承上作用的径向载荷 F_r 和轴向载荷 F_a，应折合成一个假想静载荷，称为当量静载荷，用 P_0 表示。

$$P_0 = X_0 F_r + Y_0 F_a \tag{12.17}$$

式中，X_0 和 Y_0 分别为当量静载荷的径向和轴向载荷系数，其值可查轴承手册。

表 12-13 静强度安全系数

旋转条件	载荷条件	S_0	使用条件	S_0
连续旋转轴承	普通载荷	1～2	高精度旋转场合	1.5～2.5
	冲击载荷	2～3	振动冲击场合	1.2～1.5
不常旋转及作摆动运动的轴承	普通载荷	0.5	普通旋转精度场合	1.0～1.2
	冲击及不均匀载荷	1～1.5	允许有变形量	0.3～1.0

例 12.3 有一 6314 型轴承，所受径向载荷 $F_r = 5\,000\text{N}$，轴向载荷 $F_a = 2\,500\text{N}$，轴承转速 $n = 1500\text{r/min}$，有轻微冲击，常温下工作，试求其寿命。

解：

(1) 确定 C_r

查手册 6314 型轴承的基本额定动载荷 $C_r = 105\,000\text{N}$，基本额定静载荷 $C_{0r} = 68\,000\text{N}$。

(2) 计算 F_a/C_{0r} 值，并确定 e 值

$$\frac{F_a}{C_{0r}} = \frac{2\,500}{68\,000} = 0.037$$

由表 12-8 查得：当 $F_a/C_{0r} = 0.028$ 时，$e = 0.22$；当 $F_a/C_{0r} = 0.056$ 时，$e = 0.26$。用线性插值法确定所求 e 值得 $e \approx 0.24$。

(3) 计算当量动载荷 P

由式 (12.8) 得 $P = XF_r + YF_a$

$$\frac{F_a}{F_r} = \frac{2\,500}{5\,000} = 0.5 > e$$

由表 12-8 查得 $X = 0.56$，$Y = 1.87$（用内插法求得），则

$$P = (0.56 \times 5\,000 + 1.87 \times 2\,500)\,\text{N} = 7\,475\,\text{N}$$

(4) 计算轴承寿命

由式 (12.14) 得

$$L_h = \frac{16\,667}{n} \left(\frac{f_t C}{f_p P} \right)^\varepsilon$$

由表 12-10 查得 $f_p = 1.0 \sim 1.2$，取 $f_p = 1.2$；由表 12-9 查得 $f_t = 1$（常温下工作）；6314 型轴承为深沟球轴承，寿命指数 $\varepsilon = 3$。则

$$L_h = \frac{16\,667}{1\,500} \left(\frac{1 \times 105\,000}{1.2 \times 7\,475} \right)^3 \text{h} = 17\,822\,\text{h}$$

例 12.4 在轴上正装一对 30208 轴承，如图 12-11 所示，已知轴承所受径向载荷分别为 $F_{r1} = 1\,080\,\text{N}$，$F_{r2} = 2\,800\,\text{N}$，外加轴向载荷 $F_a = 230\,\text{N}$。试确定哪个轴承危险。

解：

(1) 计算内部轴向力 S

由表 12-12 查得

$$S = \frac{F_r}{2Y}$$

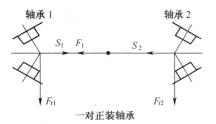

图 12-11 例 12.4 图

由手册查得 30208 轴承的接触角 $\alpha = 14°2'10''$

由表 12-7 查得 $Y = 1.6$，$e = 0.37$

$$S_1 = \frac{F_{r1}}{2Y} = \frac{1\,080}{2 \times 1.6}\,\text{N} = 337.5\,\text{N}$$

$$S_2 = \frac{F_{r2}}{2Y} = \frac{2\,800}{2 \times 1.6}\,\text{N} = 875\,\text{N}$$

S_1、S_2 的方向如图 12-11 所示。

(2) 计算轴承所受的载荷

$$F_a + S_2 = (230 + 875)\,\text{N} = 1\,105\,\text{N} > S_1$$

轴有向左移动趋势，轴承 1 被"压紧"，轴承 2 被"放松"。轴承所受的轴向载荷为：

轴承 1 $\qquad F_{a1} = F_a + S_2 = (230 + 875)\,\text{N} = 1\,105\,\text{N}$

轴承 2 $\qquad F_{a2}=S_2=875 \text{ N}$

（3）计算当量动载荷 P

由式（12.8）得 $P=XF_r=YF_a$

轴承 1 $\qquad \dfrac{F_{a1}}{F_{r1}}=\dfrac{1\,105}{1\,080}=1.023>e$

由表 12-8 查得 $X_1=0.4$，$Y_1=0.6$。

$\qquad P_1=(0.4\times1\,080+1.6\times1\,105)\text{ N}=2\,200\text{ N}$

轴承 2 $\qquad \dfrac{F_{a2}}{F_{r2}}=\dfrac{875}{2\,800}=0.313<e$

由表 12-8 查得 $X_2=1$，$Y_2=0$。

$\qquad P_2=(1\times2\,800+0)\text{ N}=2\,800\text{ N}$

$P_2>P_1$，轴承 2 危险。

12.3.4 滚动轴承的组合设计

1. 滚动轴承的支承结构

（1）两端固定

如图 12-12 所示，使轴的两个支点中每一个支点都限制轴的单向移动，两个支点合起来就限制了轴的双向移动，此固定方式称为两端固定。它适用于工作温度不高，支承跨度 $L\leqslant350$ mm 的支承结构。为使轴的受热伸长得以补偿，通常在一端轴承的外圈和轴承端面间留有 $a=0.2\sim0.4$ mm 的轴向间隙。

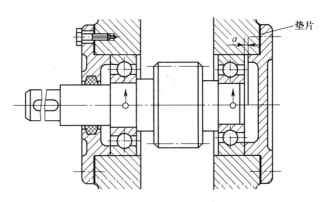

图 12-12　两端固定的支承

（2）一端固定，一端游动

如图 12-13 所示，此种固定方式是在两个支点中使一个支点双向固定，另一支承点可作轴向移动，以适应轴的热胀冷缩。可作轴向移动的支承点称为游动支点。这种结构适用于温度较高或支承跨度 $L>350$ mm 的场合，但此种支承方式不能承受轴向载荷。

（3）两端游动

如图12-14所示，这种固定方式，其两端均为游动支承。因人字齿轮的啮合作用，当大齿轮的轴向位置固定后，小齿轮轴的轴向位置将随之确定，若再将小齿轮轴的轴向位置也固定，则会发生干涉以致卡死。为防止卡死，图中小齿轮两端都采用圆柱滚子轴承，滚动体与外圈间可以轴向移动。

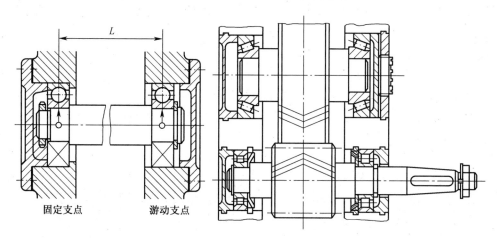

图12-13 一端固定，一端游动支承　　图12-14 两端游动支承

2. 滚动轴承的轴向固定

滚动轴承的支承结构，需要通过轴承内圈和外圈的轴向固定来实现。

1）轴承内圈在轴上固定

（1）轴用弹性挡圈紧固

如图12-15（a）所示，为用弹性挡圈紧固的固定方式。此方式的结构也比较简单，装拆也较方便，占用空间小，多用于深沟球轴承的固定。

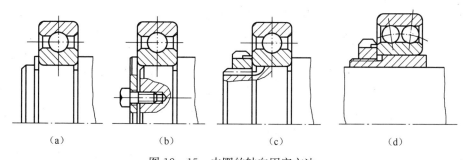

图12-15 内圈的轴向固定方法

（2）轴端挡圈固定

如图12-15（b）所示，主要用于轴向负荷较大、轴承转速较高、轴端车制螺纹有困难的场合。

（3）圆螺母固定

如图 12 - 15（c）所示，主要用于轴承转速较高、轴向负荷较大的场合，这种方法需与止动垫圈配套使用，以防止螺母松动。

（4）紧定套固定

如图 12 - 15（d）所示，用于转速不高、承受平稳的径向载荷和较小的轴向载荷的调心轴承，在轴颈上安装有锥形带槽紧定套，紧定套用螺母和止动垫圈定位。

2）轴承外圈在座孔上固定

（1）孔用弹性挡圈

如图 12 - 16（a）所示，为外圈用弹性挡圈紧固的固定方式。此方式其结构简单，装拆方便，占用空间小，多用于圆柱滚子轴承和轴向负荷不大的深沟球轴承。

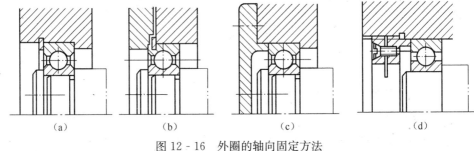

图 12 - 16　外圈的轴向固定方法

（2）用止动环固定

如图 12 - 16（b）所示，这种方法仅适用于外圈带止动槽的深沟球轴承，且外壳为剖分式结构。

（3）轴承盖固定

如图 12 - 16（c）所示为外圈用轴承盖紧固的一种固定方式。此方式结构简单，紧固可靠，调整方便，适用于转速高、轴向负荷大的各种向心轴承。

（4）带槽锁紧螺母固定

如图 12 - 16（d）所示，适用于转速高、轴向负荷大且不便于用轴承盖固定的场合。

3. 滚动轴承的配合

轴承的配合是指内圈与轴、外圈与孔座的配合。

滚动轴承是标准件，因此轴承外圈与轴承座孔的配合采用基轴制，而轴承内圈与轴的配合采用基孔制。

一般来说，选择轴承的配合时应着重考虑如下因素。

（1）载荷

载荷较大时，应选较紧的配合；当载荷方向不变时，转动圈配合宜紧一些，而不动圈配合宜松一些。

（2）装卸

常装卸的轴承，应选间隙配合或过渡配合为宜。

（3）转速

转速较高、振动较大时，宜选过盈配合。

对于一般机械，由于轴承内圈与轴一起转动，外圈固定不动，因此轴常用 $r6$、$n6$、$m6$、$k6$、$js6$ 公差带；而座孔常用 $G7$、$H7$、$J7$、$K7$、$M7$ 公差带。

4. 滚动轴承的装拆

对轴承进行组合设计时，必须考虑轴承的装拆。安装和拆卸轴承时所加的作用力，应直接加在套圈的端面上，不能通过滚动体传递。

为使轴承、轴不致于损坏，对于尺寸较大的轴承，可先将轴承放入油温小于100℃的油中预热，然后热装；对于中、小型轴承可用软锤直接打入。拆卸轴承应借助压力机或其他专用装拆工具，滚动轴承的装拆方法如图12-17所示。

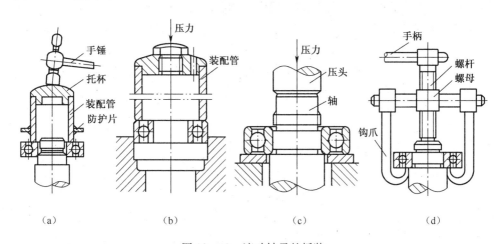

图 12-17 滚动轴承的拆装

(a) 用手锤将轴承装配到轴上；(b) 将轴承压装在壳体孔中；
(c) 用压力机拆卸轴承；(d) 用拆卸器拆卸轴承

12.3.5 滚动轴承的润滑与密封

1. 滚动轴承的润滑

滚动轴承润滑的目的是为了减少摩擦、磨损，同时也有冷却、吸振、防锈和减小噪声的作用。

常用润滑剂有润滑油和润滑脂两种。一般轴承采用润滑脂润滑。

滚动轴承的润滑方式可根据 dn 值来确定，d 为滚动轴承内径（mm）；n 为轴承转速（r/min），各种润滑方式下轴承允许的 dn 值见表 12-14。

表 12-14　各种润滑方式下轴承的 dn 允许值（单位：10^4 mm·r/min）

轴承类型	脂润滑	油浴润滑	滴油润滑	循环油润滑	喷雾润滑
深沟球轴承	16	25	40	60	>100
调心球轴承	16	25	40		
角接触球轴承	16	25	40	60	>60
圆柱滚子轴承	12	25	40	60	>60
圆锥滚子轴承	10	16	23	30	
调心滚子轴承	8	12		25	
推力球轴承	4	6	12	15	

2. 轴承的密封

轴承的密封是为了阻止灰尘、水分等杂物进入轴承，同时也为了防止润滑剂的流失。密封方式分为接触式和非接触式两类。

(1) 接触式密封

① 毡圈密封（图 12-18）

毡圈密封适用于接触处轴的圆周速度小于 4～5m/s，温度低于 90℃ 的脂润滑。此密封方式结构简单，但摩擦较大。

② 唇式密封（图 12-19）

密封圈由耐油橡胶或皮革制成。安装时注意密封唇的朝向。密封唇向里主要是防止轴承中润滑剂外泄[图 12-19（a）]；密封唇向外主要是防止杂质进入轴承[图 12-19（b）]；若兼需防尘和防漏油时，可用两个密封圈[图 12-19（c）]。唇式密封效果比毡圈密封好，使用方便，密封可靠，适用于接触处轴的圆周速度 $v \leqslant 7$ m/s，温度低于 100℃ 的脂或油润滑。

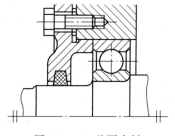

图 12-18　毡圈密封

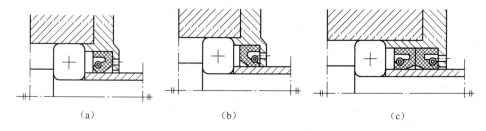

(a)　　　　　　　(b)　　　　　　　(c)

图 12-19　唇式密封

(a) 密封唇向里；(b) 密封唇向外；(c) 双密封唇

接触式密封要求轴颈硬度大于40HRC，表面粗糙度$Ra<0.8\mu m$。

(2) 非接触式密封

①缝隙密封（图12-20）

在轴和轴承盖间留有约为0.1～0.3mm的间隙或沟槽，常用于润滑脂。缝隙或油沟内填充的润滑脂既可以防止润滑脂外泄，又可以防尘。此密封方式结构简单，适用于转速$v\leqslant 5m/s$的场合。

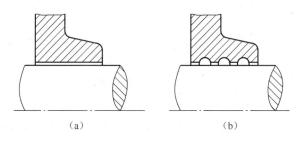

图12-20 间隙式密封
(a) 缝隙式密封 (b) 沟槽式密封

②迷宫式密封（图12-21）

这种密封为静止件与转动件之间有几道弯曲的缝隙密封，隙缝宽度约为0.2～0.5mm，缝中填满润滑脂。这种密封方式的密封效果较好，但结构复杂，制造、安装不便，适用于高速场合。

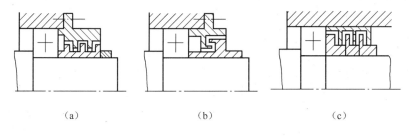

图12-21 迷宫式密封
(a) 轴向迷宫；(b) 径向迷宫；(c) 组合迷宫

使用非接触式密封，可避免接触处产生滑动摩擦，故常用于要求速度较高的场合。

思考与练习

12-1 如图12-22所示，左图为单级斜齿圆柱齿轮减速器传动简图，已知其传递的功率$P=44KW$，输出轴的转速$n=600r/min$，从动轮分度圆直径$d=310mm$，螺旋角$\beta=8°10'$（右旋），轴为单向转动，轴端装有联轴器，输出轴选用45钢，正火处理，右图为轴的结构形状，试校核该轴的强度，绘出轴的工作图。

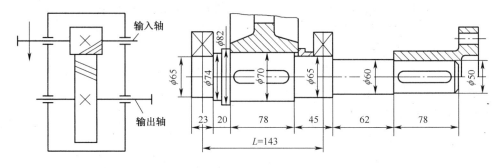

图 12-22 题 12-1 图

12-2 如图 12-23 所示,直齿圆柱齿轮轴传递的功率 $P=22$kW,转速 $n=1470$r/min,齿轮模数 $m=3$mm,齿数 $z=26$,若轴的结构及尺寸如图,支承间跨距 $L=180$mm,轴的材料为 45 钢,调质处理,单向转动,试校核该轴的强度。

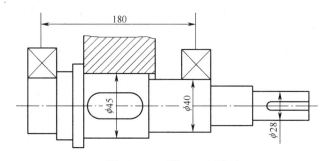

图 12-23 题 12-2 图

12-3 滚动轴承的主要失效形式有哪些?

12-4 什么是滚动轴承的基本寿命、基本额定动载荷和当量动载荷?

12-5 滚动轴承的支承结构有哪几种形式?它们各自适用于什么场合?

12-6 某减速器中的轴承型号为 6310 型,设其承受的轴向力 $F_a=6\,000$N,径向力 $F_r=7\,500$N,轴的转速 $n=260$r/min,正常温度下工作,有轻微冲击。试确定该轴承的寿命。

实 践 项 目

设计任务书1

一、设计题目

设计带式输送机传动装置。

二、工作条件及设计要求

1. 设计用于带式运输机的传动装置。
2. 该机室内工作,连续单向运转,载荷较平稳,空载启动,运输带速允许误差为±5%。
3. 在中小型机械厂小批量生产,两班制工作。要求使用期为10年,大修期为3年。

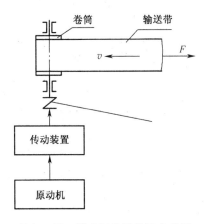

任务1图　带式运输机设计参考图

三、原始技术数据

数据编号	1	2	3	4	5	6	7	8	9	10
运输带工作拉力 F（N）	1100	1150	1200	1250	1300	1350	1450	1500	1500	1600
运输带工作速度 v（m/s）	1.5	1.6	1.7	1.5	1.55	1.6	1.5	1.65	1.7	1.8
卷筒直径 D（mm）	250	260	270	240	250	260	250	260	280	300

四、设计任务

1. 完成带式运输机传动方案的设计与论证，绘制总体设计原理方案图。
2. 完成传动装置的结构设计。
3. 完成减速器装配草图 1 张（A1），主要零件图两张（A3 或 A4）。
4. 完成设计说明书 1 份。

设计任务书 2

一、设计题目

设计卷扬机传动装置。

二、工作条件及设计要求

1. 卷扬机由电动机驱动，单向运转，电流为三相交流 380/220V，载荷较平稳，室外工作。
2. 生产批量为 5 台/年。
3. 使用期限为 10 年、大修周期为 3 年，双班制工作。
4. 专业机械厂制造，可加工 7、8 级精度的齿轮、涡轮。

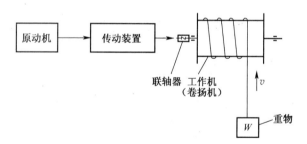

任务 2 图　卷扬机设计参考图

三、原始技术数据

数据编号	1	2	3	4	5	6	7	8	9	10
绳牵引力 W（kN）	12	12	10	10	10	10	8	8	7	7
绳牵引力速度 v（m/s）	0.3	0.4	0.3	0.4	0.5	0.6	0.4	0.6	0.5	0.6
卷筒直径 D（mm）	470	500	420	430	470	500	430	470	440	460

四、设计任务

1. 完成卷扬机总体传动方案设计和论证，绘制总体设计原理方案图。

2. 完成卷扬机主要传动装置结构设计。

3. 完成装配图1张（A0或A1），零件图2张。

4. 编写设计说明书。

设计任务书3

一、设计题目

设计加热炉装料机传动装置。

二、工作条件及设计要求

1. 装料机用于向加热炉内送料，由电动机驱动，室内工作，通过传动装置使装料机推杆做往复移动，将物料送入加热炉内。

2. 生产批量为5台。

3. 动力源为三相交流380/220V，电动机单向运转，载荷较平稳。

4. 使用期限为10年，大修周期为3年，双班制工作。

5. 生产厂具有加工7、8级精度的齿轮、涡轮的能力。

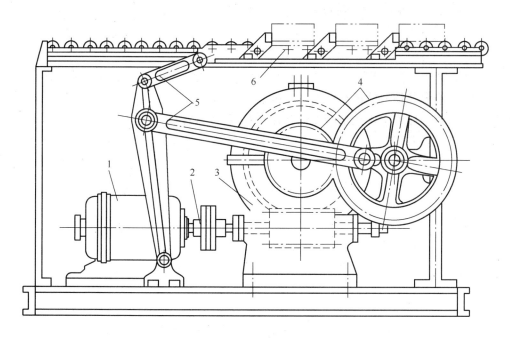

任务3图 加热炉装料机设计参考图
1—电动机；2—联轴器；3—蜗杆副；4—齿轮；5—连杆；6—装料推板

三、原始技术数据

数据组编号	1	2	3	4	5	6	7	8	9
推杆行程（mm）	200								
所需电机功率（kW）	2	2.5	2.8	3	3.4	3.9	4.5	5.1	6
推杆工作周期（s）	4.3	3.7	3.3	3.0	2.7	2.5	2.3	2.1	2.0

四、设计任务

1. 完成加热炉装料机总体方案设计和论证，绘制总体原理方案图。
2. 完成主要传动部分的结构设计。
3. 完成装配图 1 张（A0 或 A1），零件图 2 张。
4. 编写设计说明书 1 份。

设计任务书 4

一、设计题目

设计酱类食品灌装机机构及其传动装置。

二、工作原理

酱类食品灌装机是食品加工企业不可缺少的生产设备，其主要工艺动作有：

1. 将灌装物料输送至料斗（料腔）。
2. 将空瓶或空罐送至多工位转盘，并能自动转位。
3. 定量灌装。
4. 压盖密封。
5. 粘贴商标。
6. 送出成品。

三、原始数据

1. 灌装物料：芝麻酱、花生酱、草莓酱、甜面酱、辣椒酱或番茄酱等。
2. 灌装能力：12、13、14、15、16、17、18、19、20、21 瓶/min。
3. 每瓶酱净重：（200～400）g/min。
4. 定量灌装、加盖密封、粘贴商标工艺的工作行程：50、60、70、80mm。
5. 所需电机功率：1.5、1.7、1.9、2.1、2.3、2.5、2.7、2.9、3.1、3.3kW，电机同步转速为 1500r/min。
6. 产品要求：为防止酱类食品变质，产品密封性要好，最好在密封后有一定的保压时间。

7. 机由同一电机驱动，转盘的转位应准确平稳，整体结构紧凑、性能可靠、操作简单、外形美观、制造方便。

8. 传动装置设计说明

(1) 工作条件：二班制，非连续单向运转，工作环境良好，有轻微震动。

(2) 使用期限：10 年，大修期为 3 年。

(3) 生产批量：小批量生产（少于 10 台）。

(4) 生产条件：一般机械厂制造，可加工 7～8 级精度的齿轮及涡轮。

(5) 动力来源：电力，三相交流（220V/380V）。

(6) 工作转速允许误差：±（3%～5%）。

(7) 开式圆锥齿轮传动比 $i=4$，带传动比 $i=3.5$。

四、设计任务

1. 总体方案设计

(1) 按工艺动作要求拟定机构的运动循环图。

(2) 进行转盘间歇运动机构（自动转位机构）、定量罐装机构、压盖密封机构、粘贴商标机构的选型。

(3) 结合设计要求，比较各方案的优缺点，选定合理的机械运动方案。

(4) 按给定的电机和执行机构运动参数，拟定机械传动方案。

(5) 画出机械运动方案简图。

(6) 对传动机构和执行机构进行运动学尺寸计算。

(7) 对选定的某一机构进行运动分析，绘制其执行构件的运动线图。

(8) 计算总传动比，传动系统选择及分析。

2. 减速器设计

(1) 按给定的电机和选定传动方案，分配传动比。

(2) 齿轮传动、带传动、开式齿轮、链传动设计。

(3) 选联轴器，设计轴，选轴承及验算，选键及验算。

(4) 设计减速器箱体、箱盖及其他附件。

(5) 选定齿轮和轴承的润滑方式，选定润滑。

(6) 完成减速器装配图设计。

五、设计完成工作量

1. 灌装机构简图（转位机构、灌装推瓶机构、压盖机构、贴商标机构）和运动循环图 1 张（A3）。

2. 减速器装配图 1 张（A0 或 A1），零件图 2 张（A3，低速级大齿轮和低速轴）。

3. 设计计算说明书 1 份。

参 考 文 献

[1] 万苏文．机械设计基础［M］．重庆：重庆大学出版社，2005．
[2] 唐剑兵．机械基础与结构设计［M］．重庆：重庆大学出版社，2006．
[3] 徐灏．机械设计手册［M］．北京：机械工业出版社，2003．
[4] 孙宝宏．机械基础［M］．北京：化学工业出版社，2002．
[5] 陈立德．机械设计基础［M］．北京：高等教育出版社，2007．
[6] 成大先．机械设计手册［M］．北京：化学工业出版社，2004．
[7] 王大康．机械设计基础［M］．北京：机械工业出版社，2003．
[8] 阮宝湘．工业设计机械基础［M］．北京：机械工业出版社，2002．
[9] 张美麟．机械创新设计［M］．北京：化学工业出版社，2005．
[10] 黄继昌，徐巧鱼，张海贵．实用机构图册［M］．北京：机械工业出版社，2008．
[11] 王旭，王积森．机械设计课程设计［M］．北京：机械工业出版社，2003．
[12] 杨可桢，程光蕴．机械设计基础［M］．北京：高等教育出版社，1999．
[13] 方键编．机械结构设计［M］．北京：化学工业出版社，2006．
[14] 程靳．工程力学Ⅰ基本部分［M］．北京：机械工业出版社，2002．
[15] 沈养中．工程力学［M］．北京：高等教育出版社，1999．
[16] 朱熙然．工程力学［M］．上海：上海交通大学出版社，1999．
[17] 葛中民．机械设计基础［M］．北京：中央广播电视大学出版社，1991．
[18] 刘会英，扬志强．机械原理［M］．北京：机械工业出版社，2003．